빛이란 무엇인가?

주변의 현상에서 최첨단 연구까지

Newton HIGHLIGHT

빛이란 무엇인가?

주변의 현상에서 최첨단 연구까지

감수 **에마 가즈히로(江馬一弘)** 일본 조치(上智) 대학 이공학부 교수

제 1 장

여러 가지 빛의 현상

우리는 빛을 통해 세계를 보고 있다. 보통은 의식하지 못하지만, 빛에 관련된 신비한 현상은 우리 주변 곳곳에 있다. 예컨대 공기는 투명한데 하늘은 왜 푸른색일까? 저녁놀로 하늘이 붉어지는 현상도 곰곰이 생각해 보면 신기한 일이다. 또 빛이 물이나 렌즈 등에서 '굴절'하는 이유는 무엇일까? 이런 의문은 빛의 성질을 알면 금방 이해할 수 있다. 제1장에서는 우리 주변에서 흔히 보는 친숙한 현상을 바탕으로 빛의 여러 가지 성질을 알아보자.

좀더 알고 싶다! Q&A

태양의 빛에는 무수한 색깔의 빛이 포함되어 있다

자연계에서 빛이라고 하면 먼저 머리에 떠오르는 것이 태양이다. 우리 지구에 있는 생명은 태양빛 덕분에 살아가고 있다 해도 지나친 말은 아니다.

태양빛은 희게 보이므로 '백색광'이라고도 하지만, 실은 다양한 색깔을 띤 빛의 집합체이다. 이는 유리로 만든 삼각기둥인 '프리즘'이라는 기구를 사용하면 잘 알 수 있다. 프리즘에 태양빛을 통과시키면, 여러 가지 색깔로 이루어지는 빛의 띠가 나타난다(1). 이 현상은 영국의 과학자 아이작 뉴턴(1642~1727)이 발견했다.

이 빛의 띠를 **'태양빛의 스펙트럼'**이라고 한다. **빛이 다양한 색깔의 빛으로 분해되는 것을 빛의 '분산'이라고 한다.**

태양빛의 스펙트럼은 무지개와 같은 것이다(무지개에 대해서는 22쪽에서 설명한다). '일곱 색깔 무지개'라고 하는 것처럼, 태양빛의 스펙트럼에도 한쪽 끝부터 빨강, 주황, 노랑, 초록, 파랑, 남색, 보라의 일곱 색깔이 보인다. **여기에서 '일곱'이라는 수에는 과학적인 의미는 없다.** 그림에 그려진 것처럼, 각각의 색깔에는 명확한 경계가 없다. 실제로 '무지개는 여섯 색깔'이라고 하는 나라도 있다고 한다. **태양빛과 같은 백색광에는 '무수한 색깔의 빛이 포함되어 있다.'고 하는 것이 적절하다.**

그러면 이들 색깔의 차이는 도대체 무엇일까? 다음 페이지에서 자세히 살펴보자.

1. 태양빛을 프리즘에 통과시키면 무수한 색깔로 된 띠가 나타난다

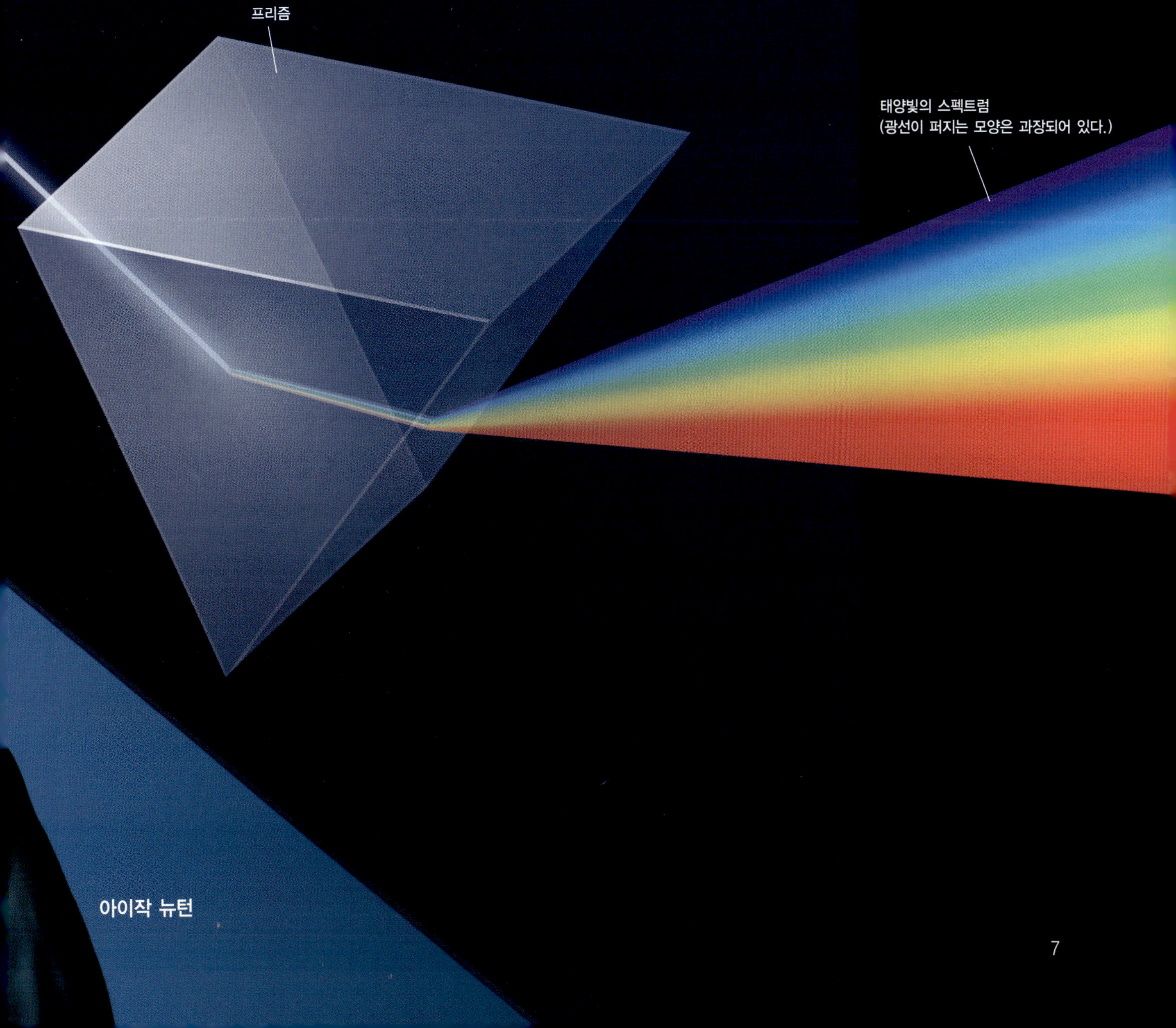

빛은 눈에 보이는 '가시광선'뿐만이 아니다

빛은 '파동'의 성질을 가지고 있다. 파동의 종류에는 수면파, 로프를 통해 전해지는 파동, 음파 등이 있다. **스펙트럼에 포함되는 여러 가지 색깔의 차이는 사실은 빛의 '파장'의 차이이다(1).** 파장이란 마루(파동에서 가장 높은 곳)와 마루 사이의 길이, 또는 골(파동의 가장 낮은 곳)과 골 사이의 길이를 말한다. 색깔로 말하면 **빨강, 주황, 노랑, 초록, 파랑, 남색, 보라의 순으로 빛의 파장이 짧아진다.**

자외선과 적외선도 태양빛 속에 포함되어 있다

또 빛에는 눈에 보이는 '가시광선' 뿐 아니라 여러 종류가 있다. '적외선'과 '자외선'도 빛의 한 종류이다(2). **적외선은 빨간색 가시광선보다 파장이 긴 빛**(스펙트럼에서 빨간색의 '바깥'), **자외선은 보라색 가시광선보다 파장이 짧은 빛**(스펙트럼에서 보라색의 '바깥')이라고 할 수 있다. 적외선과 자외선 모두 인간의 눈에는 보이지 않지만, 태양빛 속에 포함되어 있다.

'빛이 파동이라는 것은 어떤 의미인가?'와 '빛의 종류'에 대해서는 제3장에서 철저하고 상세하게 다룰 것이므로, 여기에서는 다른 이야기를 먼저 해 나가기로 한다.

다음 페이지부터는 빛의 신기한 성질 가운데 하나인 '굴절'에 관해 설명한다.

2. 여러 가지 빛의 종류(오른쪽으로 갈수록 파장이 길다)

각 파장의 범위는 엄밀하게 정해져 있지 않고, 서로 약간씩 겹쳐져 있다. 그리고 그림에서 각 전자기파의 파장은 실제의 비율로 그려져 있지 않다.

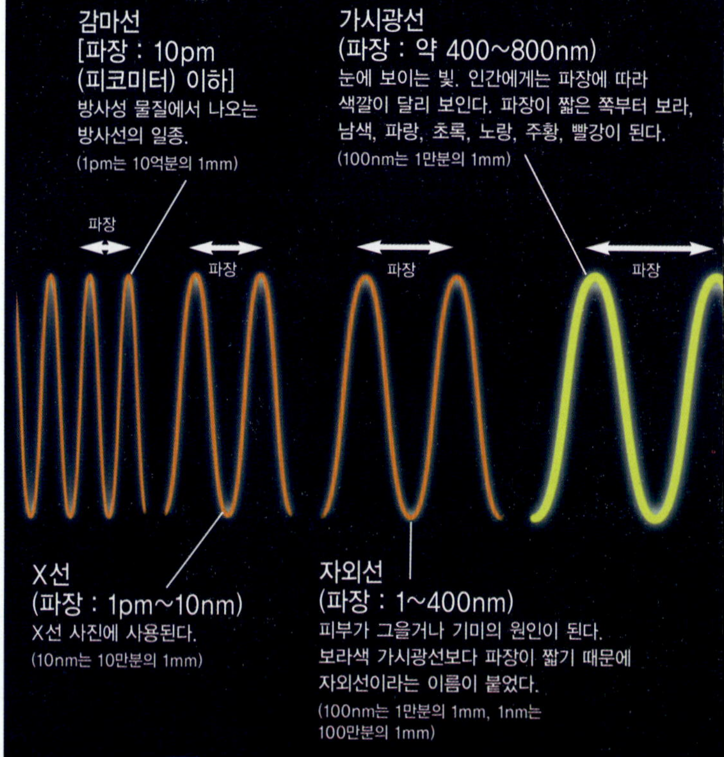

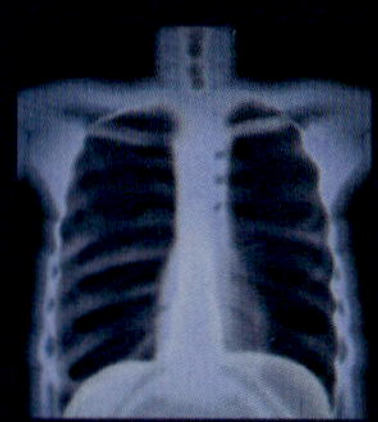
X선 사진의 이미지

자외선은 피부가 그을리는 원인이 된다.

자외선을 차단하는 선글라스

1. 색깔의 차이는 파장의 차이

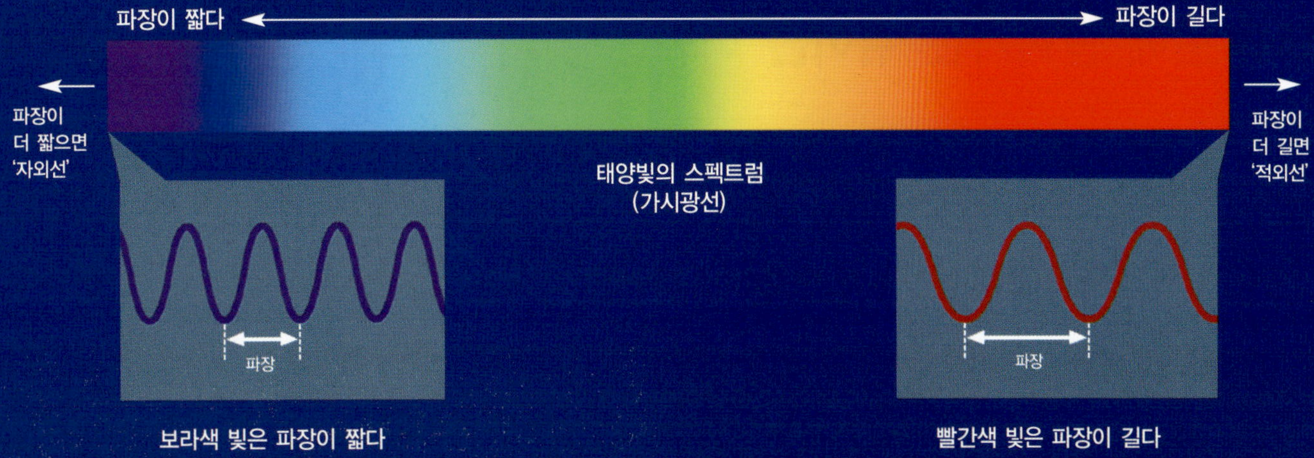

전파
(파장 : 약 0.1mm 이상)
휴대 전화나 텔레비전 등의 통신에 사용된다. 파장이 짧은 쪽부터 마이크로파, 초단파, 단파, 중단파, 중파, 장파 등으로 세분되어 있다. 장파는 파장이 1km에서부터 10km 정도.

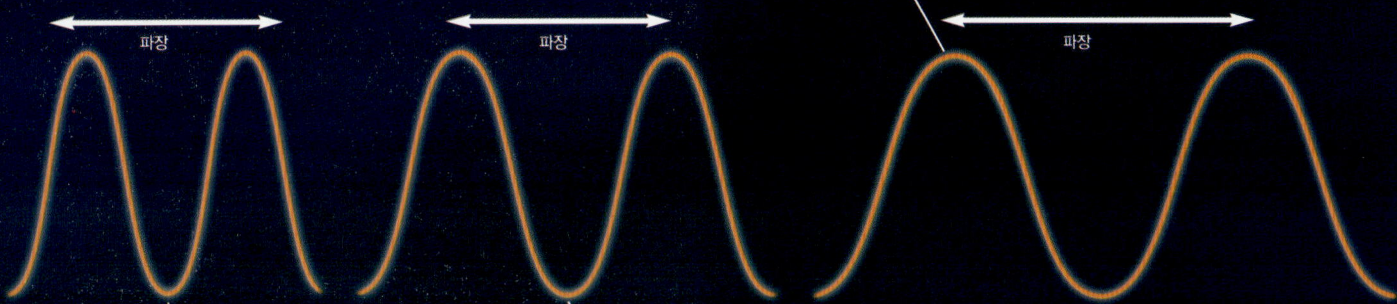

적외선
(파장 : 약 800nm~1mm)
열을 지닌 물질에서 방출된다. 빨간색 가시광선보다 파장이 길어서 적외선이라는 이름이 붙었다.

마이크로파(전파의 일부)
(파장 : 약 1mm~1m)
전자레인지에서 물체를 따뜻하게 하는 데 사용된다.

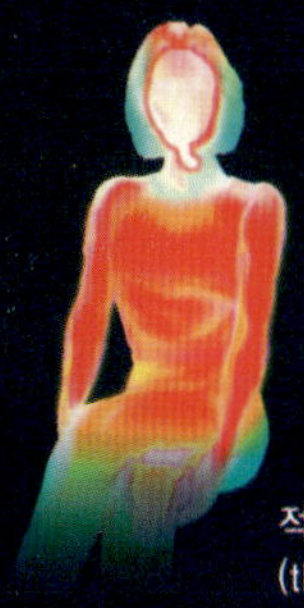

적외선 서모그래피(thermography) 영상의 이미지

전자레인지

휴대 전화

빛이 물에 들어가면 꺾이는 이유는 빛의 속도가 느려지기 때문

공기 속을 나아가는 빛이 물이나 유리 등 투명한 물체에 입사하면, 빛의 일부는 표면에서 '반사' 되고, 나머지는 '굴절' 을 일으켜 빛의 진로가 꺾인다.

그러면 빛은 왜 굴절할까? **물이나 유리 속에서의 빛의 속도는 공기 속에서의 그것보다 느려진다. 이 속도 변화가 굴절을 일으킨다.** 빛은 진공 속(공기도 아무것도 없는 공간)에서는 초속 약 30만 km라는 엄청난 빠르기로 나아간다. 공기 속에서는 진공 속에서보다 약간 느려지지만, 그 감속의 비율은 미세하다.

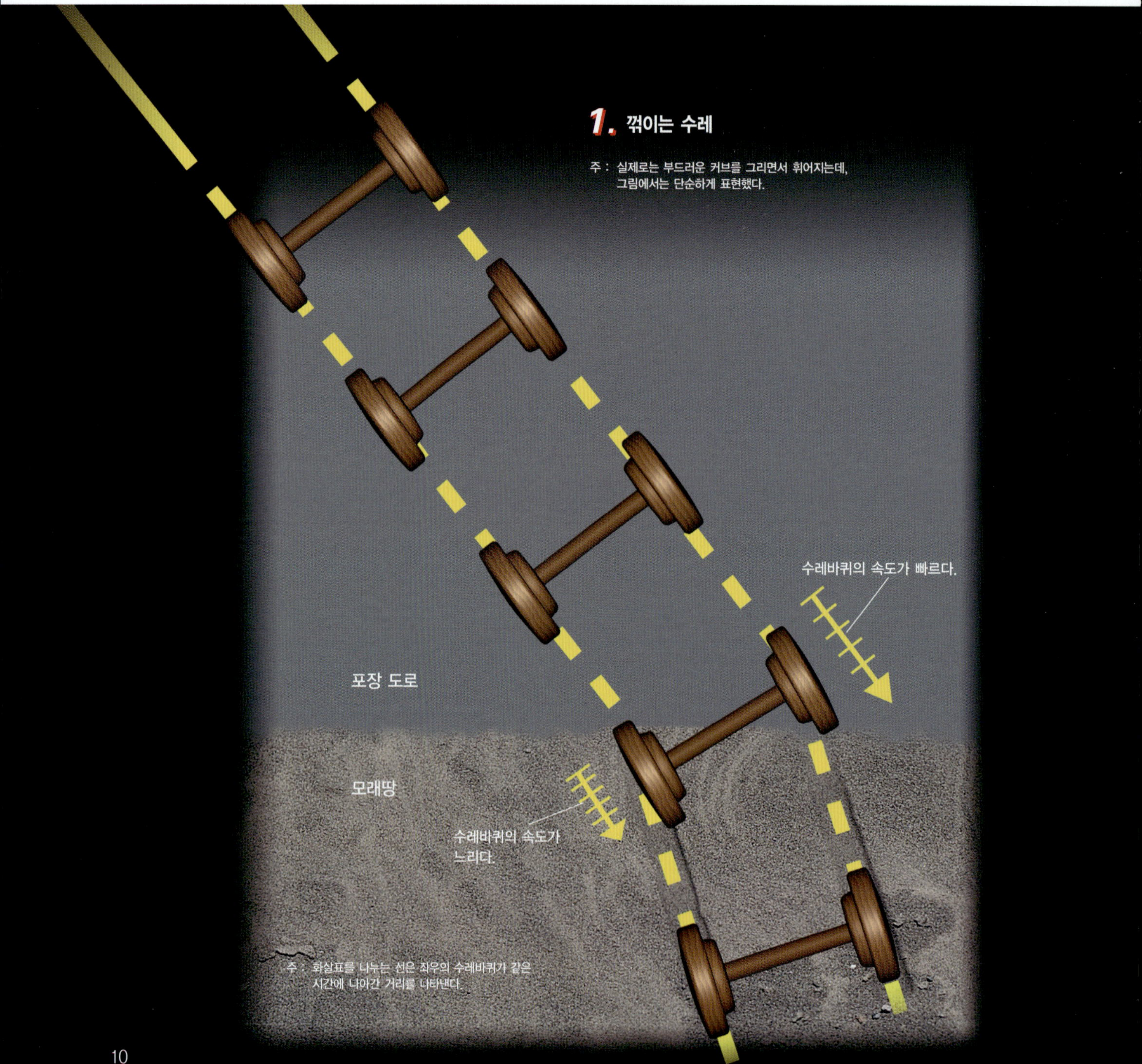

한편 빛은 물 속에서는 초속 약 23만 km, 렌즈 등에 사용되는 석영 유리 안에서는 초속 약 21만 km까지 감속된다. 이는 **물이나 유리의 분자가 빛의 진행을 느리게 하기 때문이다.** 빛의 속도가 느려지는 이유에 대해서는 104쪽에서 다룬다.

속도의 차이가 진행 방향을 바꾼다

막대로 연결된 두 수레바퀴가 포장 도로에서 모래땅으로 비스듬히 들어가는 것을 생각해 보자(*1*). 모래땅에는 앞에서 보아 왼쪽의 수레바퀴가 먼저 들어간다. 그러면 왼쪽의 속도가 떨어진다. 한편 오른쪽의 수레바퀴는 아직도 포장 도로 위에 있으므로, 속도는 떨어지지 않는다. 결국 좌우 수레바퀴의 속도 차이 때문에 진행 방향이 꺾인다.

이번에는 빛을 폭이 있는 띠로 생각해 보자(*2*). 빛의 띠는 앞에서 보아 왼쪽이 물에 들어가면 속도가 떨어진다. 그러나 오른쪽은 아직 물에 들어가지 않았으므로 속도가 떨어지지 않는다. 그래서 앞에서 말한 것과 같은 이유로 빛이 꺾인다. 이것이 바로 굴절이다. **반대로 빛이 물에서 공기로 나올 때도 완전히 같은 경로로 굴절한다.**

2. 굴절하는 빛

다이아몬드 안에서 광속은 40%까지 감속된다

빛의 굴절은 물질에 따라 크기가 달라지며, '굴절률'로 나타낸다(1). 굴절률은 진공과 비교했을 때 '빛이 느려지는 정도'를 나타내는 지표이다. 굴절률이 클수록 그 물질 속에서 빛의 속도는 느려진다. 예컨대 다이아몬드의 굴절률은 매우 크며, 다이아몬드 안에서의 광속은 초속 약 12만 km로 진공에서의 40% 정도까지 감속된다.

굴절은 시각을 혼란시킨다. 컵의 바닥에 동전을 붙여 놓고, 컵의 가장자리에 가려 동전이 보이지 않는 각도에서 바라보면서 물을 부어 보자. 동전이 컵의 바닥과 함께 '떠오르면서' 그 모습을 드러낸다(2). 동전에서 나온 빛이 11쪽 (2)의 예와는 반대의 길로 굴절해 눈에 도달했기 때문이다. **우리의 시각은 '빛이 직진해 왔을 것'이라고 인식**하므로, 2의 아래 그림에 그려진 '동전의 허상' 방향에 동전이 있는 것처럼 보인다.

물이 들어 있는 컵에 꽂힌 빨대가 수면 위와 아래에서 꺾여 보이는 것도 같은 이유 때문이다.

1. 여러 가지 물질 속에서의 광속

물질명	광속(만km/초)	굴절률
진공	30.0	1.00
물	22.5	1.33
에탄올	22.0	1.36
석영 유리	20.5	1.46
수정	19.4	1.54
사파이어	17.0	1.77
다이아몬드	12.4	2.42

진공에서의 광속을 굴절률로 나누면, 그 물질 속에서의 광속이 구해진다. 물질 속에서 빛의 속도가 느려진다고는 하지만, 엄청난 빠르기에는 변함이 없고 감각적으로는 감속을 알지 못한다. 표의 굴절률은 주황색(파장 589.3nm) 빛에 대한 수치이다(nm는 나노미터로, 10억분의 1m).

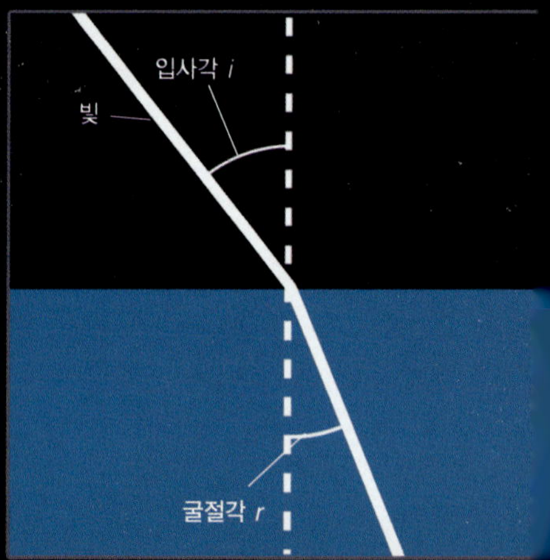

'좀더 자세히!' 굴절의 법칙(스넬의 법칙)

입사각을 i, 굴절각을 r라고 하면, 굴절률 n과의 사이에는 아래의 관계가 성립한다.

$$\frac{\sin i}{\sin r} = n$$

※ 'sin'은 삼각함수의 사인.

또 진공 중에서의 광속을 c, 굴절률 n인 물질 중에서의 광속을 v라고 하면 아래와 같은 관계가 성립한다.

$$\frac{c}{v} = n$$

'좀더 자세히!' 광속도는 불변?

시간과 공간의 이론인 상대성 이론은 '광속도 불변의 원리'를 토대로 한다. 이 원리는 '어떤 빠르기로 운동하고 있는 관측자가 보아도 진공 중에서의 광속은 초속 30만 km로 일정'하다는 것이다. 그러므로 투명한 물체 안에서 빛의 속도가 느려지는 일과, 광속도 불변의 원리는 모순되지 않는다.

2. 굴절은 시각을 헷갈리게 한다

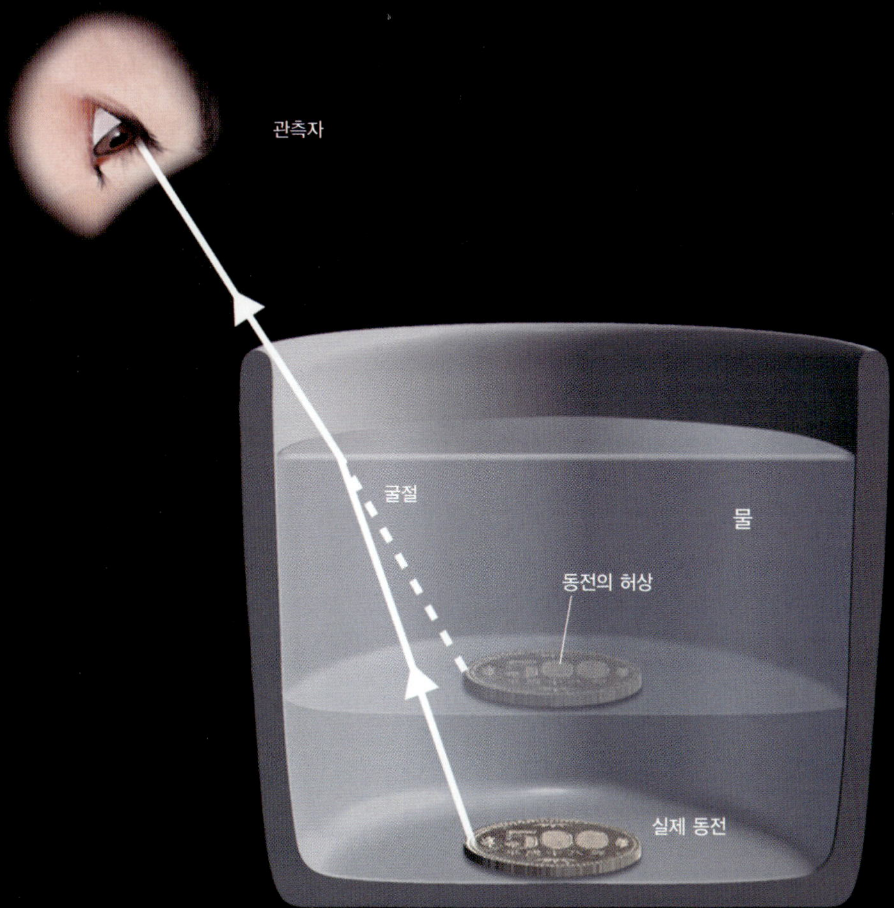

볼록 렌즈를 통하면 물체가 크게 보이는 이유

볼록 렌즈와 오목 렌즈는 빛의 굴절을 이용한다. **볼록 렌즈는 평행하게 입사하는 많은 광선을 작은 점에 모을 수 있다(1). 반대로 오목 렌즈는 평행하게 입사하는 많은 광선을 퍼지게 한다(2).**

확대경(볼록 렌즈) 가까이 물체를 놓고 반대쪽에서 들여다보면 그것이 확대되어 보이는 이유는 무엇일까?(3) 태양이나 조명의 빛은 물체에 닿으면 반사된다. 물체의 맨 위 A에서 반사된 빛은 퍼져 나가다가 렌즈에서 꺾인 다음 눈에 이른다.

이들 광선을 똑바로 연장하면 한 점(A′)에서 만난다. 만약 A′에 물체의 맨 위가 존재하고 렌즈도 없다면, 빛은 그림의 점선을 따라 나아가 눈에 들어올 것이다. **우리의 시각은 '빛은 똑바로 진행해 왔을 것'이라고 인식하기** 때문에, A′에 물체의 맨 위가 정말로 있는 것처럼 보인다. 이러한 원리는 물체의 모든 점에서 같으므로, 볼록 렌즈를 통하면 물체가 크게 보이는 것이다.

다음 페이지에서는 렌즈의 응용 사례를 살펴본다.

1. 볼록 렌즈는 빛이 모이도록 만들어져 있다

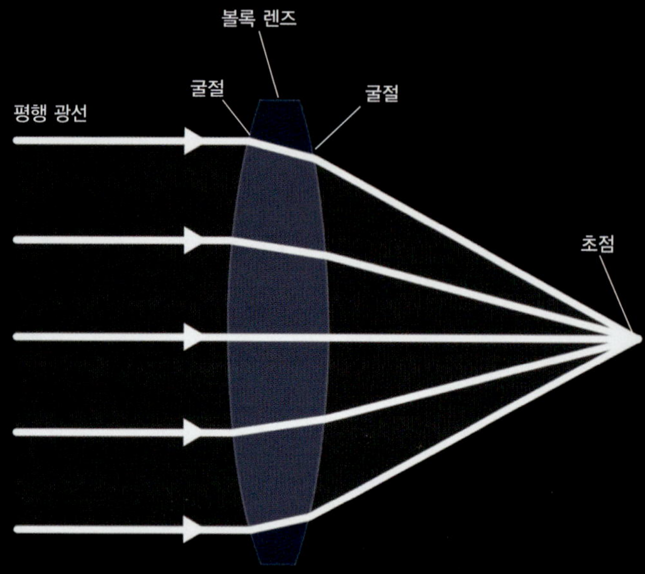

2. 오목 렌즈는 빛이 퍼지도록 만들어져 있다

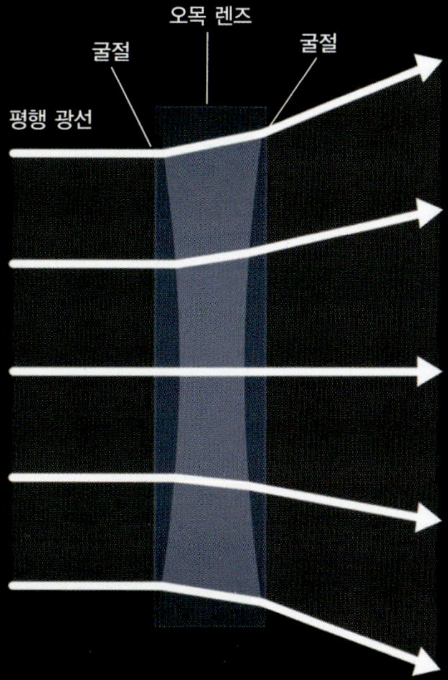

3. 볼록 렌즈의 확대경에서 물체가 커 보이는 이유

주 : 실제로는 빛은 볼록 렌즈에 들어갈 때와 렌즈에서 나올 때, 두 번 굴절한다. 여기에서는 설명을 간단히 하기 위해, 렌즈의 중앙에서 1회만 굴절하는 것처럼 그렸다.

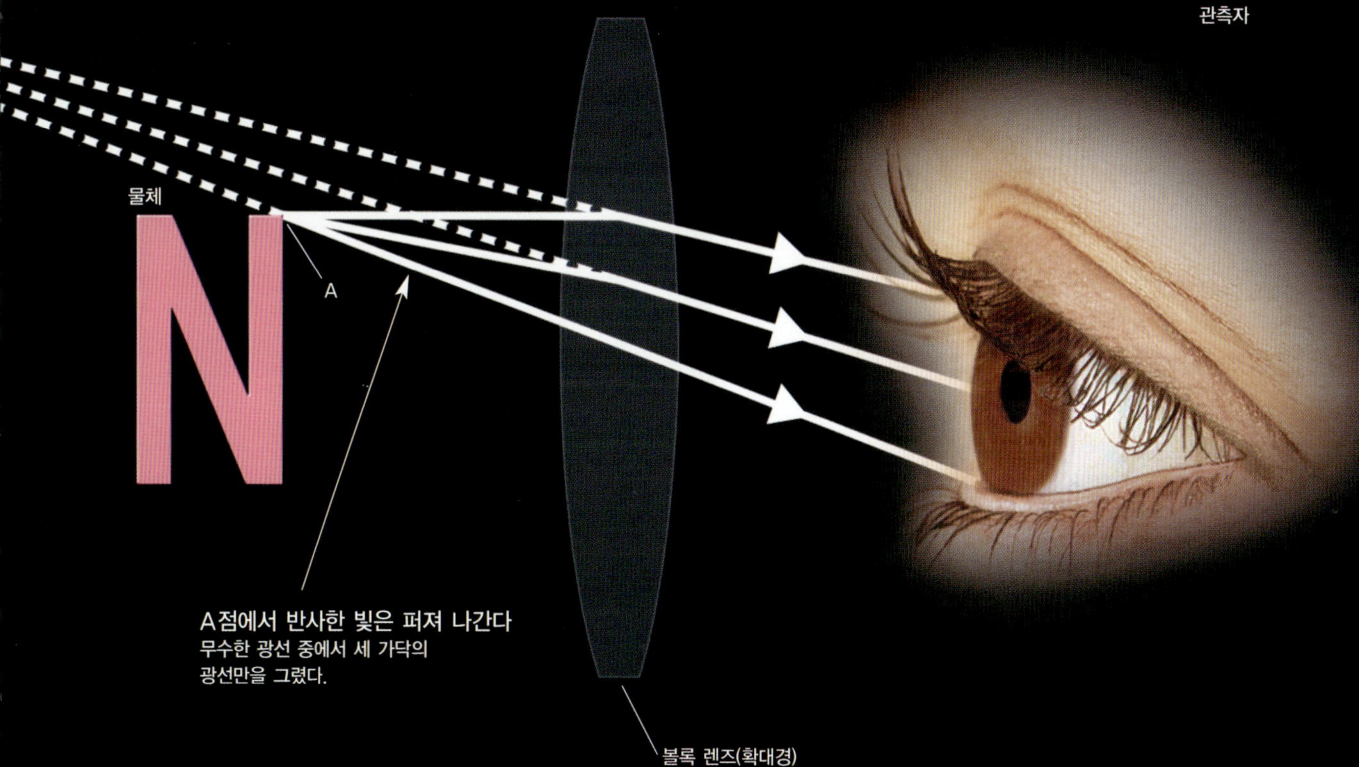

근시용 안경은 오목 렌즈로 빛을 일단 확산시킨다

안경도 렌즈를 응용하는 좋은 예이다. 근시인 사람은 먼 곳을 볼 때, 망막 바로 앞에서 초점이 맺힌다(1-a). 각막(눈의 표면에서 빛을 굴절시키는 필터)이나 수정체(두께를 바꾸어 핀트를 조절하는 렌즈)가 빛을 지나치게 굴절시키거나, 각막에서 망막까지의 거리가 지나치게 긴 것 등이 원인으로 생각된다. 그래서 근시용 안경은 오목 렌즈를 사용한다(1-b). 오목 렌즈로 일단 빛을 확산시키면 망막에 초점이 모이게 된다.

한편 원시인 사람은 망막 뒤에 초점이 맺힌다(2-a). 굴절시키는 정도가 부족하기 때문이다. 그래서 원시용 안경으로는 볼록 렌즈가 사용된다(2-b). 볼록 렌즈로 빛을 약간 좁혀, 부족한 만큼 굴절을 더 시켜 주는 셈이다.

큰 볼록 렌즈일수록 빛을 많이 모을 수 있다

이번에는 카메라의 기본적인 메커니즘을 소개한다(3). 물체의 점 X에서 나온 빛은 거기에서부터 퍼져 나가는데, 볼록 렌즈에 의해 다시 점 X′에 모인다. 마찬가지로 점 Y에서 나온 빛은 다시 점 Y′에 모인다. 물체의 모든 점에서 같은 원리가 성립하므로 여기에 필름(디지털 카메라의 경우 CCD)을 놓으면 거기에 물체의 상이 생긴다. 그곳에 필름이 아니라 흰 스크린을 놓더라도 물체의 상이 비친다.

그러면 이 렌즈의 크기를 축소해 나간다고 생각해 보자. 렌즈가 빛을 받아들이는 면적이 감소하므로, 점 X에서 나와 점 X′에 모이는 빛의 양도 줄어든다. 그래서 밝은 사진을 찍으려면 셔터 속도를 느리게 해서 빛의 양을 늘려야 한다. 이처럼 렌즈의 크기는 모을 수 있는 빛의 양을 결정하는 중요한 요소이다.

볼록 렌즈를 사용해 빛을 모으는 '굴절 망원경'도 마찬가지이다. 지름이 큰 렌즈일수록 집광력이 커서 어두운 천체를 관측할 수 있다.

사람의 눈의 단면

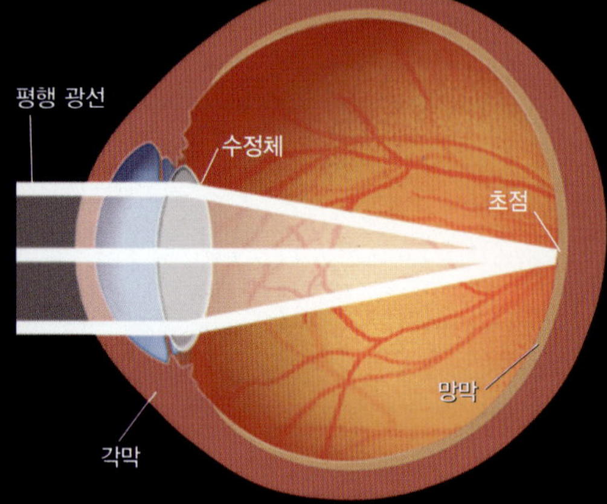

정상인 눈
수정체는 먼 곳을 볼 때 얇아지고, 가까운 곳을 볼 때는 두꺼워짐으로써 빛(평행 광선)의 초점을 망막 위에 맺게 한다.

3. 카메라는 볼록 렌즈로 빛을 모은다

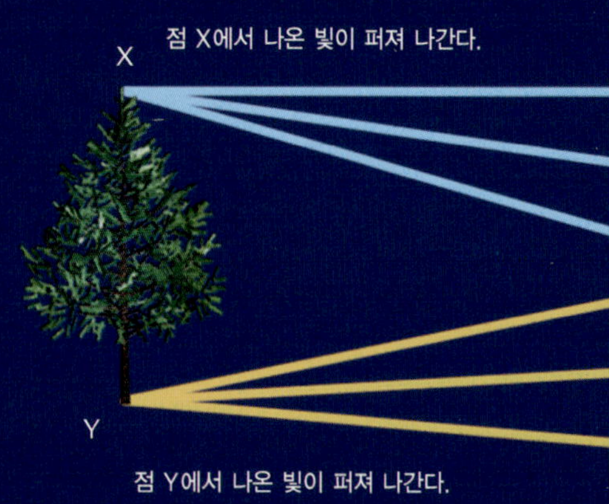

주 : 실제의 카메라는 여러 개의 렌즈를 조합해 사용하는 등 구조가 더욱 복잡하다. 여기에서는 기본 원리를 설명하기 위해 카메라의 구조를 간략하게 나타냈다.

1-a. 근시인 사람은 망막 바로 앞에서 초점이 맺힌다

'과도한 굴절'로 생각할 수 있다.

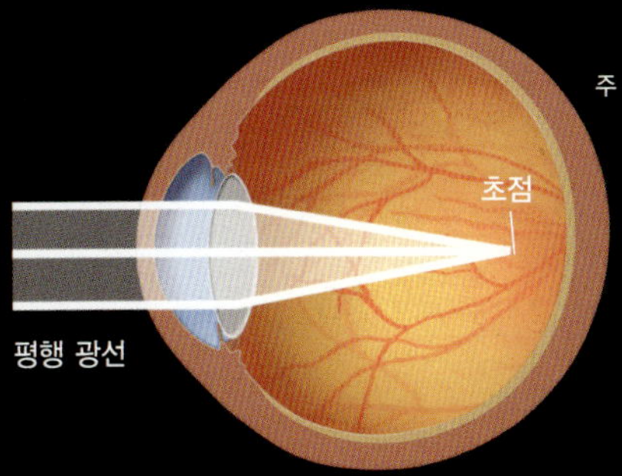

주 : 가까이 있는 물체를 보기 위해서는, 수정체를 두껍게 해 굴절을 많이 시켜야 한다. 일반적으로 근시인 사람의 눈은 굴절을 강화시키는 일에 대해서는 문제가 없으므로, 가까운 물체는 분명히 볼 수 있다.

1-b. 근시용 안경은 오목 렌즈

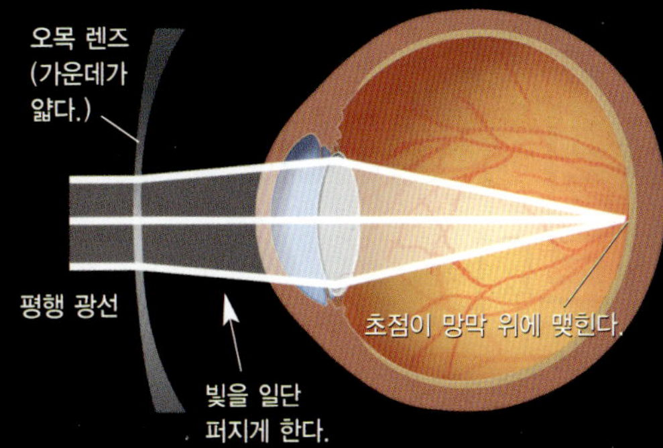

2-a. 원시인 사람은 망막 뒤에 초점이 맺힌다

'굴절 정도가 부족하다.'고 생각할 수 있다.

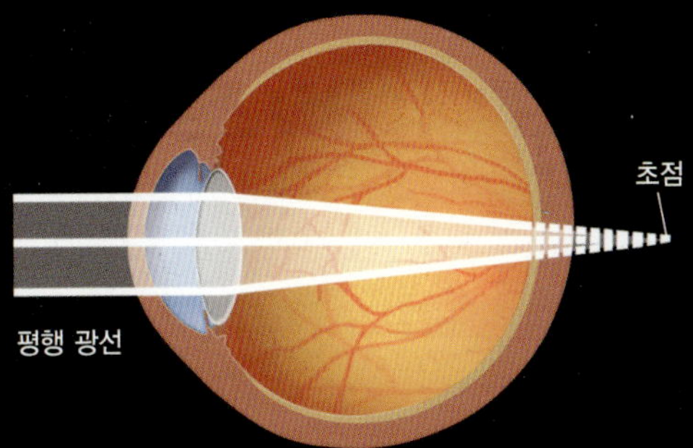

주 : 당연히 망막 뒤에는 빛이 가지 않는다. 광선을 연장해서 생각한 경우의 초점을 나타냈다.

2-b. 원시용 안경은 볼록 렌즈

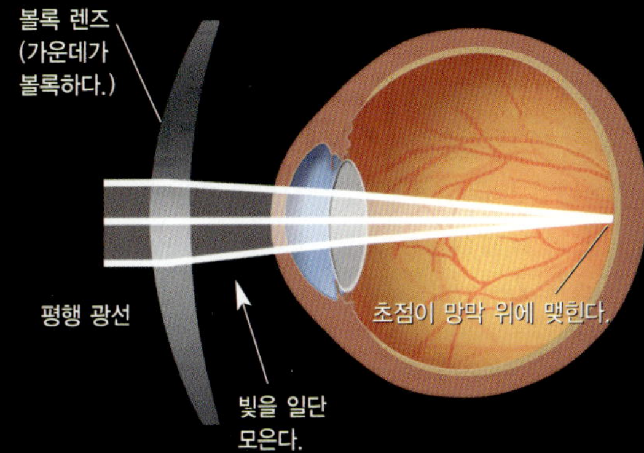

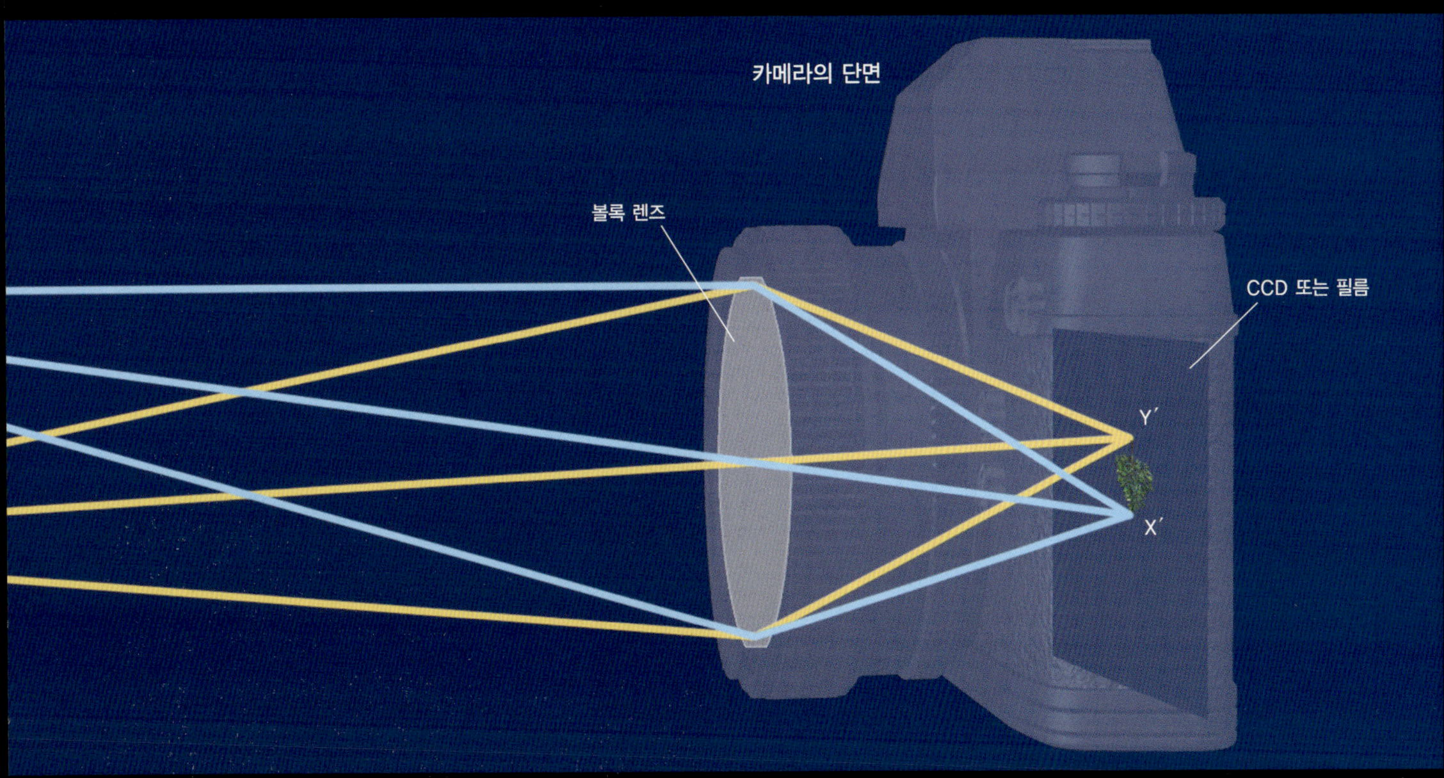

색깔이 다른 빛은 유리 안에서의 빠르기도 다르다

10~13쪽에서 본 것처럼 물이나 유리 등 투명한 물체 속에서는 빛이 나아가는 속도가 공기 속에서보다 느려진다. 이 감속의 방식은 빛의 색깔(파장)에 따라 미세하게 서로 다르다. **태양빛 스펙트럼의 '빨강, 주황, 노랑, 초록, 파랑, 남색, 보라'로 말하면 빨간색 빛의 감속이 가장 적고, 차례로 감속이 커지다가 보라색에서 감속이 최대가 된다**(*1*). 요컨대 파장이 짧은 빛일수록 그 감속이 커진다.※

10~13쪽의 경우와 같이 생각하면, 빨간색 빛의 띠는 좌우의 속도 차가 비교적 작으므로, 물이나 유리에 입사했을 때의 꺾임이 약간 작아진다. 한편 보라색 빛은 꺾이는 정도가 약간 커진다.

프리즘은 색깔에 따라 굴절의 크기가 서로 다른 점을 이용해, 백색광을 무지개 색깔의 띠로 분해한다(*2*, 빛의 분산). 프리즘은 2회의 굴절에 의해, 빛의 색깔에 따라 굴절 크기가 다르다는 점을 두드러지게 하는 셈이다.

※: 색깔(파장)에 따른 빛의 감속(굴절률)의 차이는 물질에 따라 서로 달라진다. 석영 유리의 경우, 빨간색과 보라색 빛의 속도는 서로 약 1% 다르다.

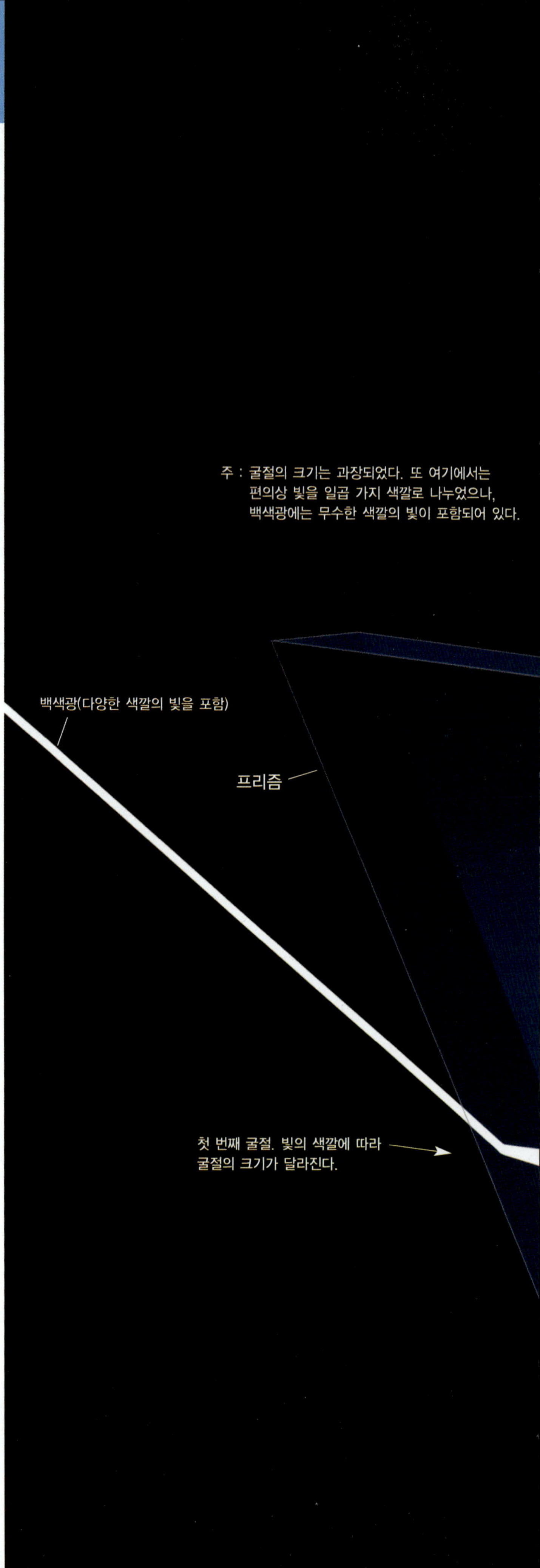

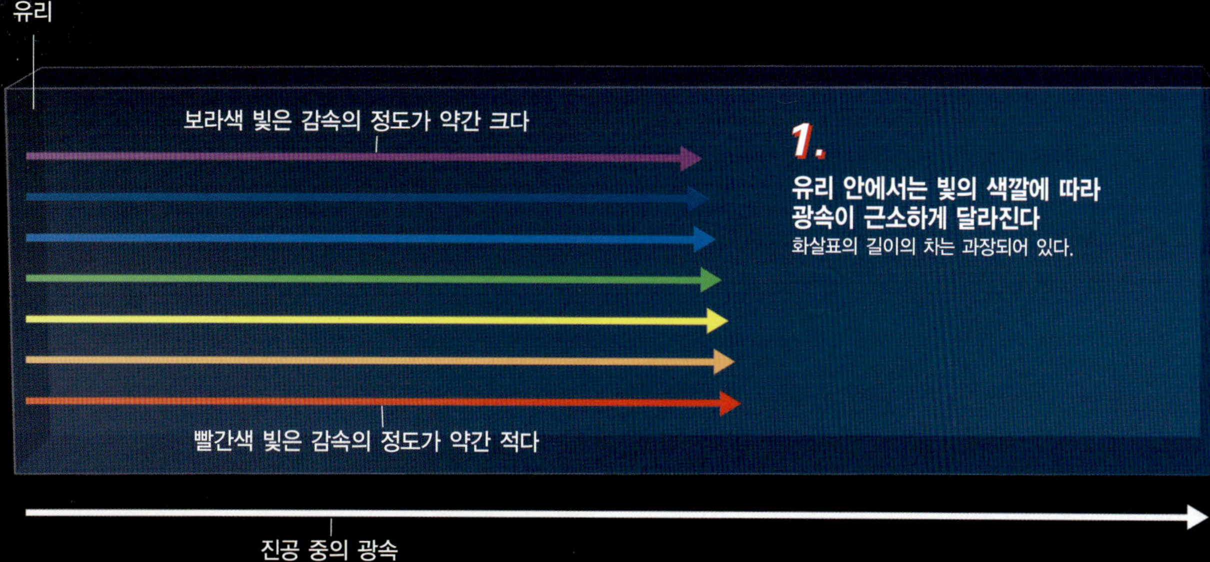

1.

유리 안에서는 빛의 색깔에 따라 광속이 근소하게 달라진다

화살표의 길이의 차는 과장되어 있다.

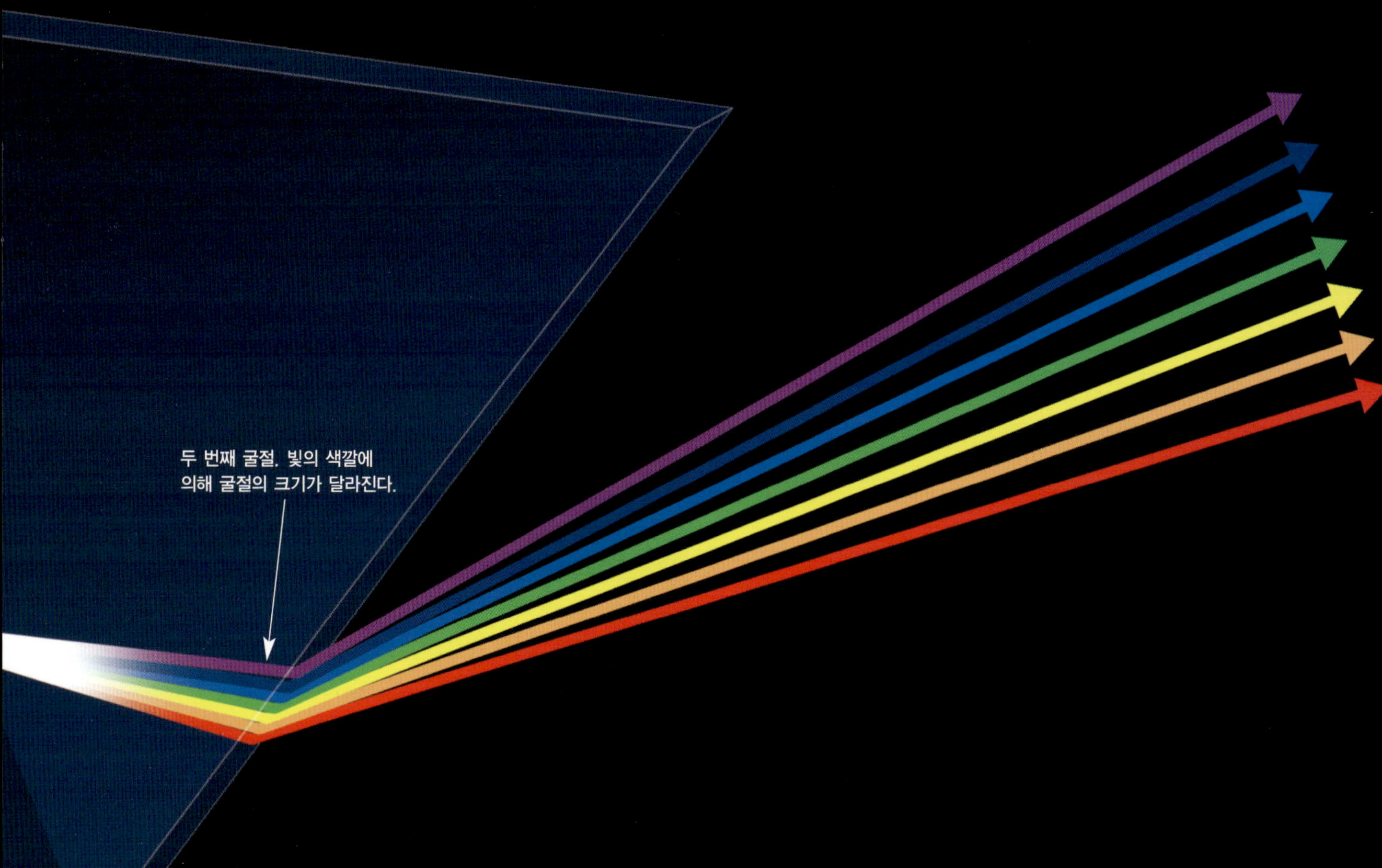

2. 프리즘은 빛의 색깔에 따른 굴절 정도의 차이를 이용한다

볼록 렌즈는 빛을 완전하게 한 점에 모으지는 못한다

렌즈를 정밀한 광학 기계에서 사용하는 경우에도, 굴절의 크기가 빛의 색깔에 따라 다른 점을 고려해야 한다.

볼록 렌즈가 빛을 작은 점에 모을 수 있다는 사실은 잘 알려져 있다. 그러나 **볼록 렌즈를 통과한 빛이 완전하게 한 점에 모이는 것은 아니다.** 그 커다란 원인은 빛의 색깔에 따른 굴절률의 차이 때문이다. 빨간색 빛은 굴절이 작으므로 약간 먼 곳에서 초점을 맺고, 보라색 빛은 굴절이 크므로 약간 가까운 곳에서 초점을 맺는다(1-a). 이것을 '색수차(色收差)'라고 한다.

볼록 렌즈로 빛을 모으는 '굴절 망원경'이 지금도 개인용 망원경으로 사용되고 있다. 그러나 대형 볼록 렌즈를 제작하기가 매우 어렵기 때문에, 현재는 오목한 반사경을 사용해 빛을 모으는 '반사 망원경'이 천문학의 주역이 되었다(1-b).

먼 곳의 천체에서 나온 빛을 하나의 볼록 렌즈로 모으려고 하면 색수차에 의해 천체의 상이 약간 희미해진다. 굴절 망원경에서도 여러 개의 렌즈를 잘 조합함으로써 색수차를 억제할 수 있다. 그러나 반사경을 사용하면 색수차가 아예 일어나지 않는다. 이것은 반사경 망원경의 이점 가운데 하나라고 할 수 있다.

※ 여기에서는 '색수차'로 초점이 흐릿해지는 것을 설명하고 있으나, 사실은 단색(색깔이 한 가지)에서도 완전하게 한 점으로 모을 수는 없다. 그것이 Q2(49쪽)에서도 언급되는 '회절 한계'이다. 빛은 파장 정도의 크기보다 작은 점에 모을 수는 없다.

1-a. 볼록 렌즈는 빛을 완전하게 한 점에 모을 수 없다(색수차)

빛의 색깔(파장)에 따라 굴절의 크기가 다르기 때문에, 완전하게 한 점에 모이지는 않는다.

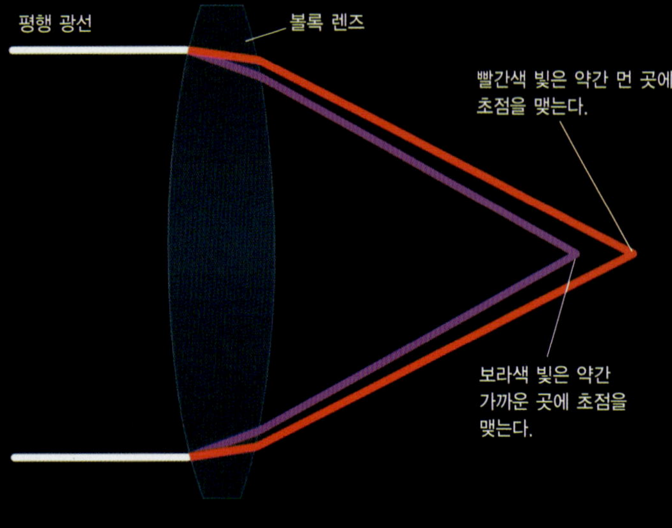

1-b. 대형 망원경은 오목 거울로 빛을 모은다

굴절이 아니라 반사를 이용하므로 색수차가 없다.

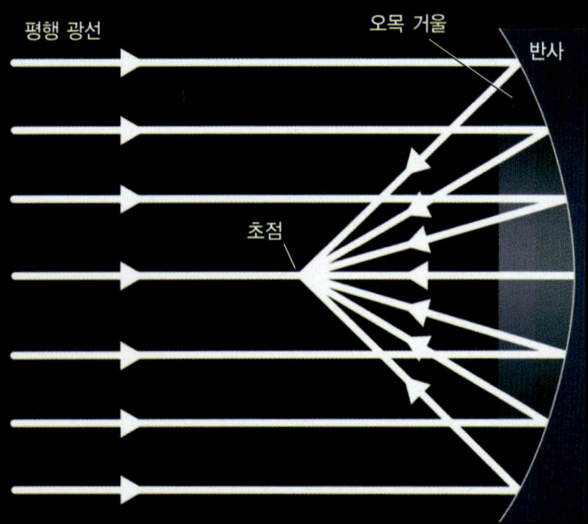

지름 8.2m의 오목 거울을 갖춘, 일본의 '스바루 망원경'의 겉모습.

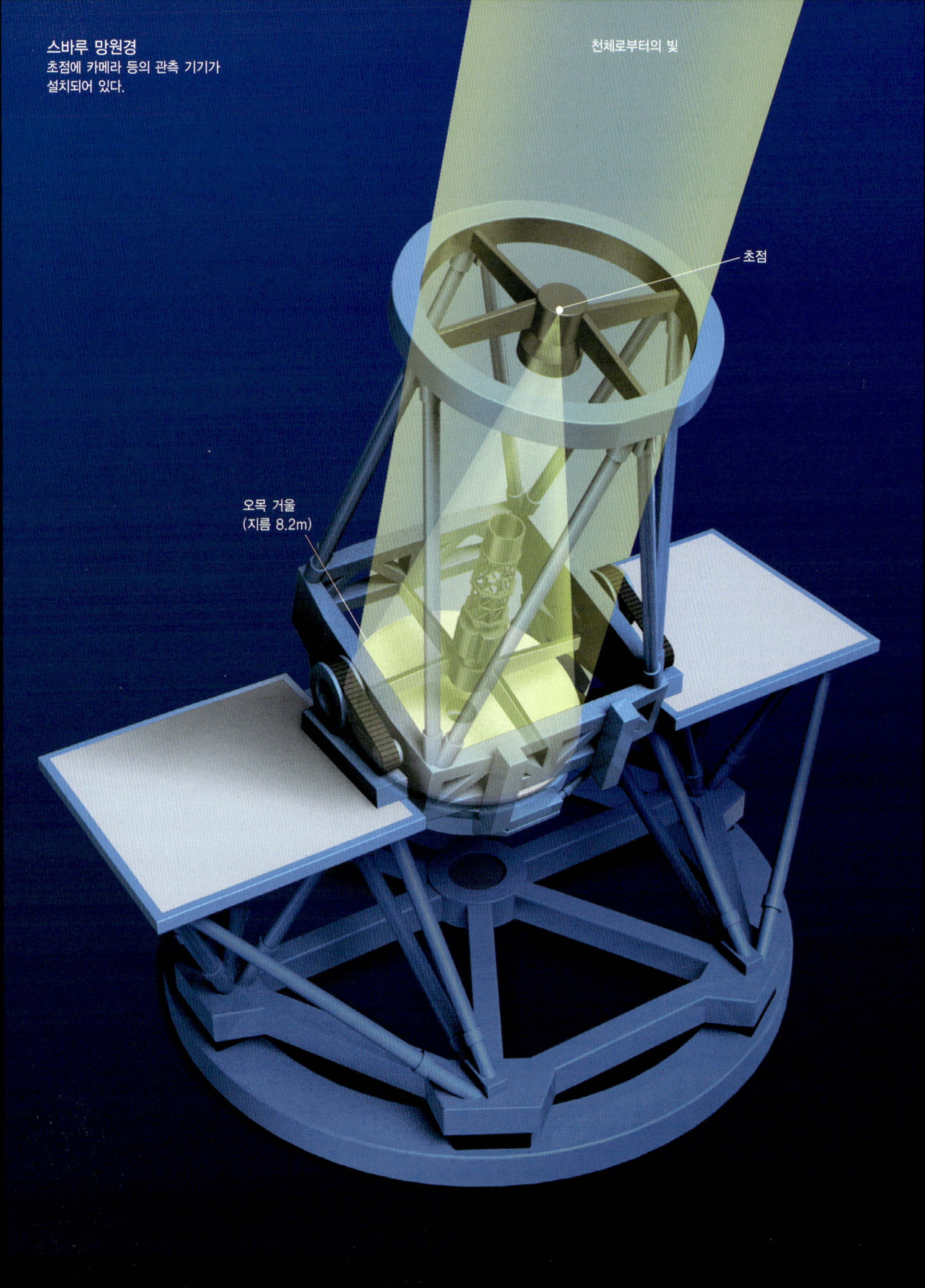
스바루 망원경
초점에 카메라 등의 관측 기기가
설치되어 있다.
천체로부터의 빛
초점
오목 거울
(지름 8.2m)

무지개는 천연 프리즘이 만든다

프리즘과 마찬가지로 태양빛을 무수한 색깔의 빛으로 분해하는 자연 현상이 무지개이다. **무지개는 공중의 무수한 물방울이 프리즘 역할을 해서 생기는 현상이다.**

물방울에 입사한 빛 가운데 일부는 반사하지만, 일부는 물방울의 내부로 굴절하면서 들어간다(*1*). 그리고 빛은 물방울 내부에서 반사하고, 다시 굴절해 밖으로 나간다. 빛의 색깔에 따라 굴절의 크기가 다르기 때문에, 두 번의 굴절에 의해 백색광이 무지개 색깔로 분해되는 셈이다.

빨간색 빛은 태양빛이 비치는 방향에서 약 42° 방향으로 가장 강하게 나온다. 한편 보라색 빛은 약 40° 방향으로 가장 강하게 나온다. 어떤 물방울에서 빨간색 빛이 눈에 도달했다면, 같은 물방울에서 보라색 빛은 약간 위로 어긋나 도달하므로 눈에 들어오지 않는다(*2*). 눈에 도달하는 보라색 빛은 더 아래쪽의 물방울에서 나온 것이다(*3*). 이처럼 **각각의 색깔의 빛이 서로 다른 높이(각도)의 물방울에서 눈에 도달하므로 무지개가 보이게 된다.**

조건이 좋으면 뚜렷한 무지개(제1차 무지개)의 바깥쪽에 옅은 무지개(제2차 무지개)가 보이는 경우가 있다. 이것은 물방울 안에서 두 번 반사해 나오는 빛에 의해 만들어진다(*4*). 이때 빨간색 빛은 태양빛이 비치는 방향에서 약 50°, 보라색 빛은 약 54° 각도에서 가장 강하게 나온다. 주의해야 할 점은 빨간색과 보라색 빛이 나오는 각도의 대소 관계가 제1차 무지개의 경우와 반대라는 사실이다. 그래서 제2차 무지개의 색깔 배치는 제1차 무지개와는 정반대가 된다(*5*). 제2차 무지개가 옅은 것은 반사할 때마다 일부의 빛이 투과되어 밖으로 나가기 때문이다.

제1차 무지개와 제2차 무지개가 원호(圓弧)를 그리는 이유를 *6* 의 그림으로 설명한다. 태양빛이 비치는 방향과 빨간색 빛이 만드는 각도는 그림에서 나타내는 가상적인 삼각형의 각도 A와 같아진다. 즉 관측자가 볼 때 각도 A 방향에 있는 물방울에서는 빨간색 빛이 도달한다. 삼각형의 밑변을 고정시키고 그림처럼 빙글빙글 돌려 보자. 이때 꼭짓점이 그리는 원호 위에 있는 물방울이라면 어디서부터라도 빨간색 빛이 관측자의 눈에 도달한다.

무지개는 언제나 이 삼각형의 꼭짓점 부근에 보인다. 관측자가 움직이면 삼각형도 함께 움직여 생각해야 하므로, 무지개의 '뿌리'에는 절대로 도달할 수 없다. **관측자가 움직이면 다른 곳의 물방울에서 오는 빛이 눈에 도달하므로, 움직이기 전과는 '다른 무지개'가 보인다.** 무지개는 실체로 존재하는 것은 아니다.

1. 물방울이 태양빛을 색깔별로 나눈다

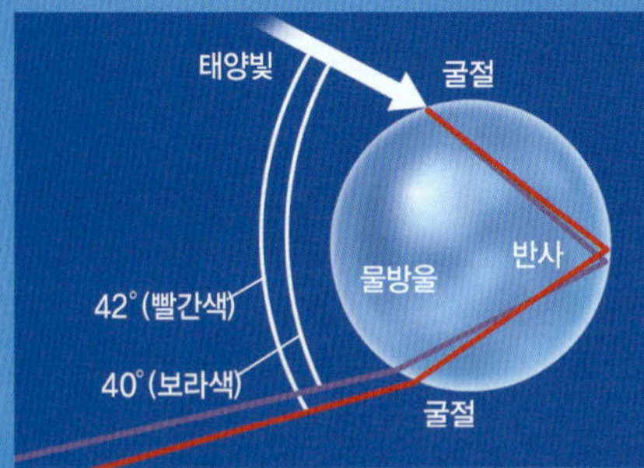

주 : 설명할 필요 없는 반사광이나 투과광은 생략했다.

4. 제2차 무지개의 빛은 물방울 안에서 두 번 반사한다

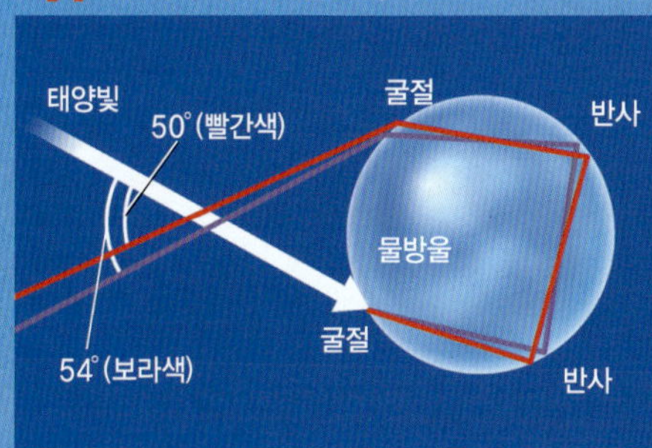

주 : 설명할 필요 없는 반사광이나 투과광은 생략했다.

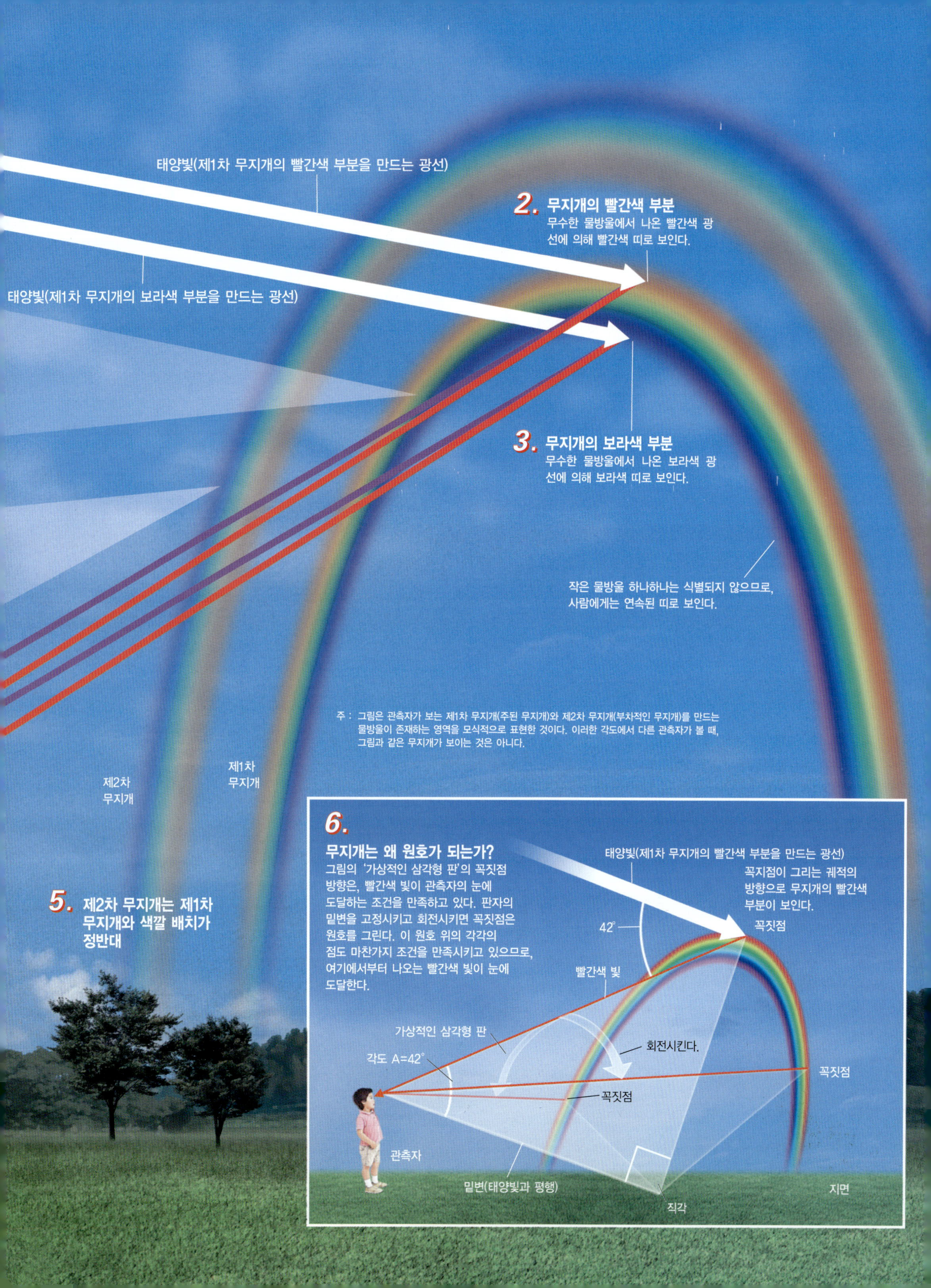
태양빛(제1차 무지개의 빨간색 부분을 만드는 광선)
2. 무지개의 빨간색 부분
무수한 물방울에서 나온 빨간색 광선에 의해 빨간색 띠로 보인다.
태양빛(제1차 무지개의 보라색 부분을 만드는 광선)
3. 무지개의 보라색 부분
무수한 물방울에서 나온 보라색 광선에 의해 보라색 띠로 보인다.
작은 물방울 하나하나는 식별되지 않으므로, 사람에게는 연속된 띠로 보인다.
주 : 그림은 관측자가 보는 제1차 무지개(주된 무지개)와 제2차 무지개(부차적인 무지개)를 만드는 물방울이 존재하는 영역을 모식적으로 표현한 것이다. 이러한 각도에서 다른 관측자가 볼 때, 그림과 같은 무지개가 보이는 것은 아니다.
제2차 무지개
제1차 무지개
5. 제2차 무지개는 제1차 무지개와 색깔 배치가 정반대
6.
무지개는 왜 원호가 되는가?
그림의 '가상적인 삼각형 판'의 꼭짓점 방향은, 빨간색 빛이 관측자의 눈에 도달하는 조건을 만족하고 있다. 판자의 밑변을 고정시키고 회전시키면 꼭짓점은 원호를 그린다. 이 원호 위의 각각의 점도 마찬가지 조건을 만족시키고 있으므로, 여기에서부터 나오는 빨간색 빛이 눈에 도달한다.
태양빛(제1차 무지개의 빨간색 부분을 만드는 광선)
꼭지점이 그리는 궤적의 방향으로 무지개의 빨간색 부분이 보인다.
42°
꼭짓점
빨간색 빛
가상적인 삼각형 판
회전시킨다.
각도 A=42°
꼭짓점
꼭짓점
관측자
밑변(태양빛과 평행)
직각
지면

신기루는 공기 속에서 빛이 굴절하는 것이 원인

여름철 더운 날에 아스팔트 도로 끝에 물 같은 것이 보이거나, 먼 곳의 풍경이 비쳐 보이는 경우가 있다. '신기루'라는 현상이다(1-a).

공기 속에서의 빛의 속도는 진공 속에서보다 약간 느리다. 이는 공기의 분자(질소 분자나 산소 분자 등)가 빛에 영향을 끼쳐 빛의 속도를 느리게 하기 때문이다(자세한 이유는 104쪽에서 소개한다). 그래서 공기 분자의 밀도가 높을수록 빛은 느려진다.

날씨가 더우면 지면 가까이에서는 공기가 가열되어 고온이 된다. 뜨거운 공기는 팽창하므로 공기 분자의 밀도가 낮아져, 차가운 공기에 비해 빛이 빠르게 나아간다(1-b). 지면에 가까울수록 공기는 가열되어 밀도가 낮아지므로, 빛을 폭이 있는 띠라고 생각하면 지면에 가까운 쪽이 빨리 나아가는 셈이 된다. 그래서 10쪽에서 본 '모래땅에 들어가 꺾이는 수레바퀴'와 같은 이유로 빛이 꺾인다. 그러나 이 경우에는 공기 분자의 밀도(공기의 굴절률)가 연속적으로 변하고 있으므로, 빛은 급하게 꺾이는 것이 아니라 조금씩 연속적으로 부드럽게 구부러진다. 결국 위쪽에서 비스듬히 도로를 향해 온 빛은 떠오르는 것처럼 구부러진다.

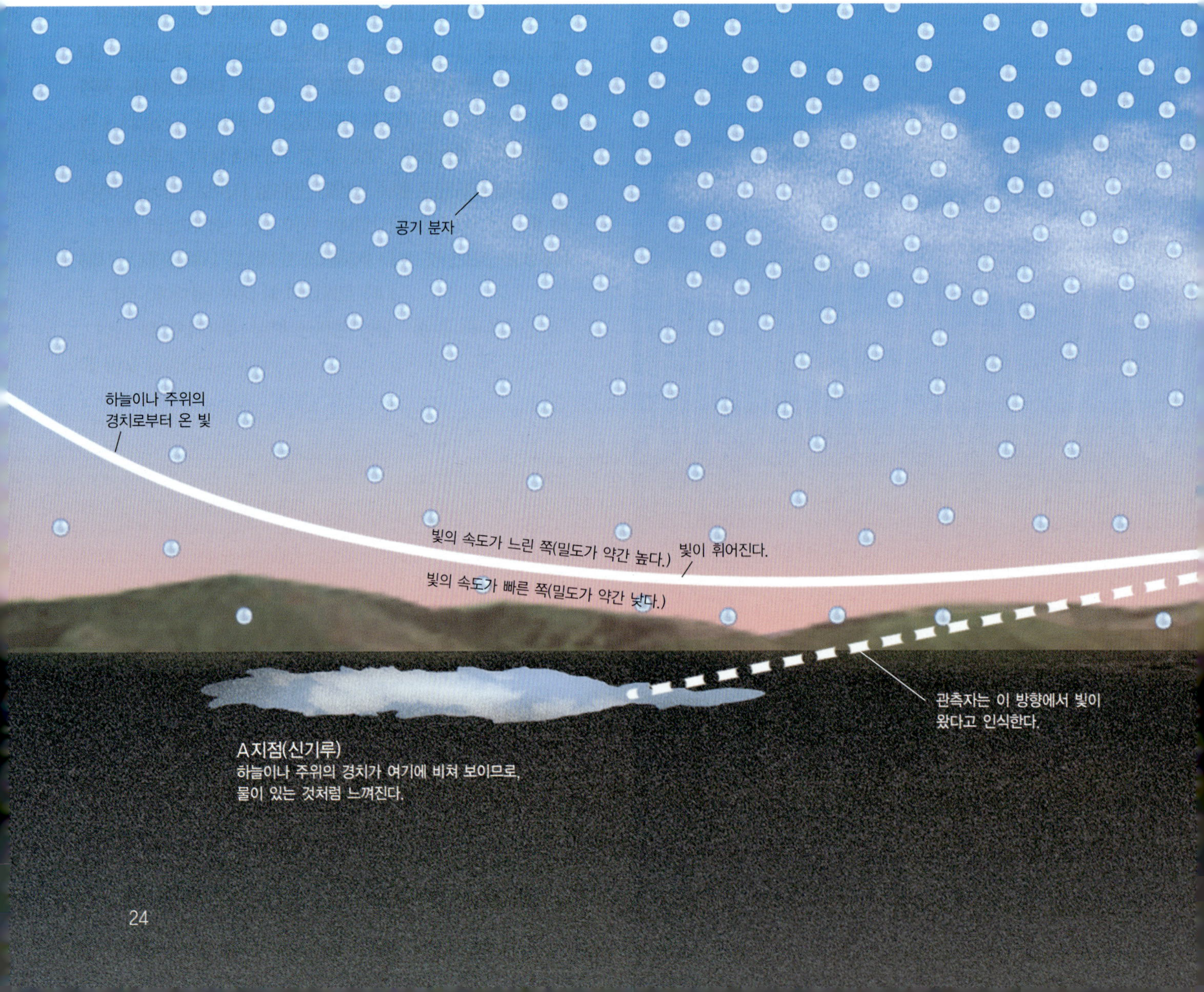

이것은 1-b 의 A 지점에 물이 있어 상공에서 오는 빛을 반사하는 상황과 아주 비슷하다. 우리의 시각은 '빛은 똑바로 진행되어 오는 것'이라고 인식하므로, A 지점에 무언가 빛을 반사하는 물체가 있는 것처럼 보인다. 결국 신기루란 하늘이나 먼 곳에서 온 빛이 지면 부근에서 휘어져 눈에 이르는 현상이다. 신기루가 어른거리며 흔들리듯 보이는 이유는, 뜨거운 공기의 밀도가 항상 일정하지 않고 유동적이기 때문이다.

1-a. 신기루의 일종

1-b. 신기루는 공기에 의한 굴절 때문에 생긴다

밤 하늘의 별은 보이는 방향에는 존재하지 않는다!

더운 날의 지면 가까이에서는 공기 밀도가 낮아져 신기루가 보인다는 사실을 알았다. 그러면 상공으로 올라가면 어떨까? 높은 산 위에서 공기가 희박해지는 사실이 잘 알려져 있듯이, 일반적으로 대기는 상공으로 갈수록 희박해진다. 그리고 **상공일수록 공기 분자의 밀도가 낮으므로 빛은 빨리 나아가게 된다.** 그 결과, 밤 하늘의 별에서 나오는 빛은 미세하게 휘어져 우리 눈에 도달한다(1). 우리가 보는 별은 실제로는 그 방향에 존재하지 않는다.

실제로 별이 존재하는 방향과, 별이 보이는 방향의 각도차를 '대기차(大氣差)'라고 한다. 바로 위의 밤 하늘(천정 방향)에서는 대기차가 없으며, 지평선에 가까워짐에 따라 대기차가 커진다. 지평선에서 40° 위를 바라보면 대기차는 약 0.017°이지만, 지평선 방향에서는 약 0.5°에 이른다.

밤 하늘의 별뿐만이 아니다. 태양이나 달도 마찬가지라고 할 수 있다. 지평선으로 넘어가는 태양을 생각해 보자. 이때의 대기차는 약 0.5°이다. 0.5°라 하면 태양의 겉보기 크기(맨 위와 맨 아래의 각도차)와 거의 같다. 즉 수평선에 태양의 맨 아래 부분이 걸려 있는 것을 보았을 때, 실제의 태양은 이미 수평선 아래로 가라앉아 있다(2).

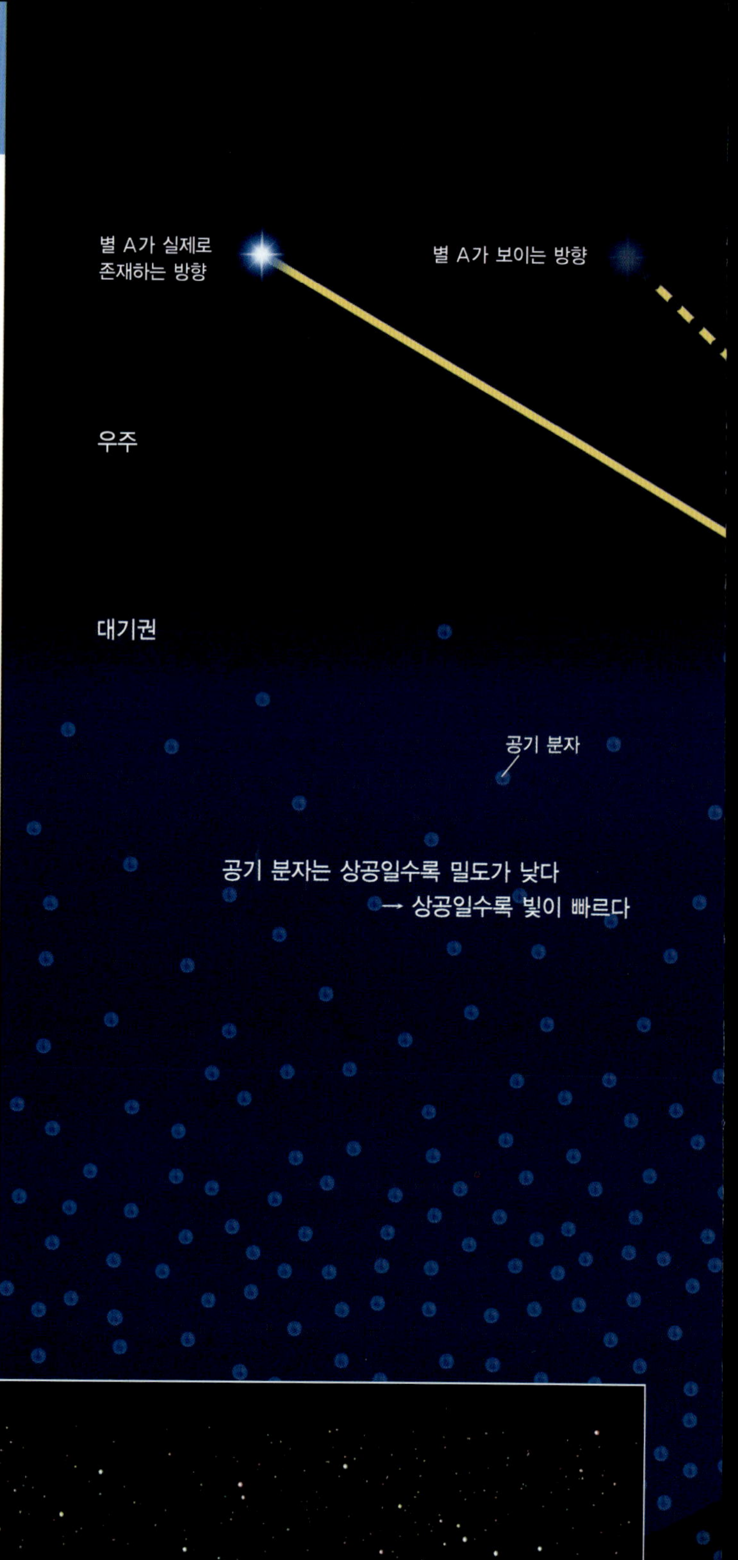

2. 수평선 위에 보이는 태양은 수평선 아래에 있다

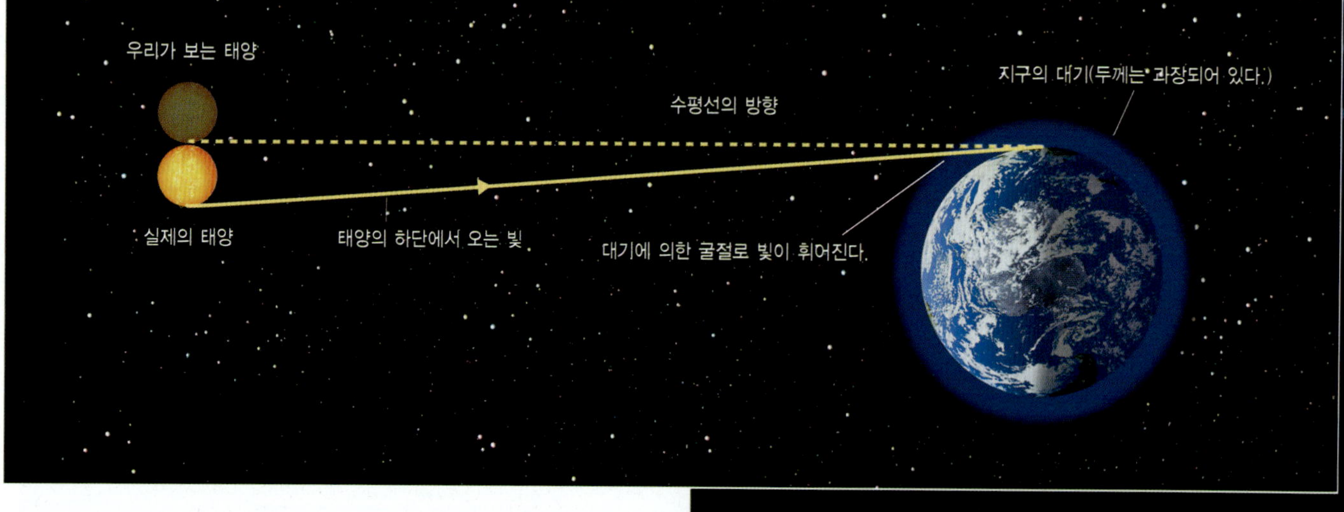

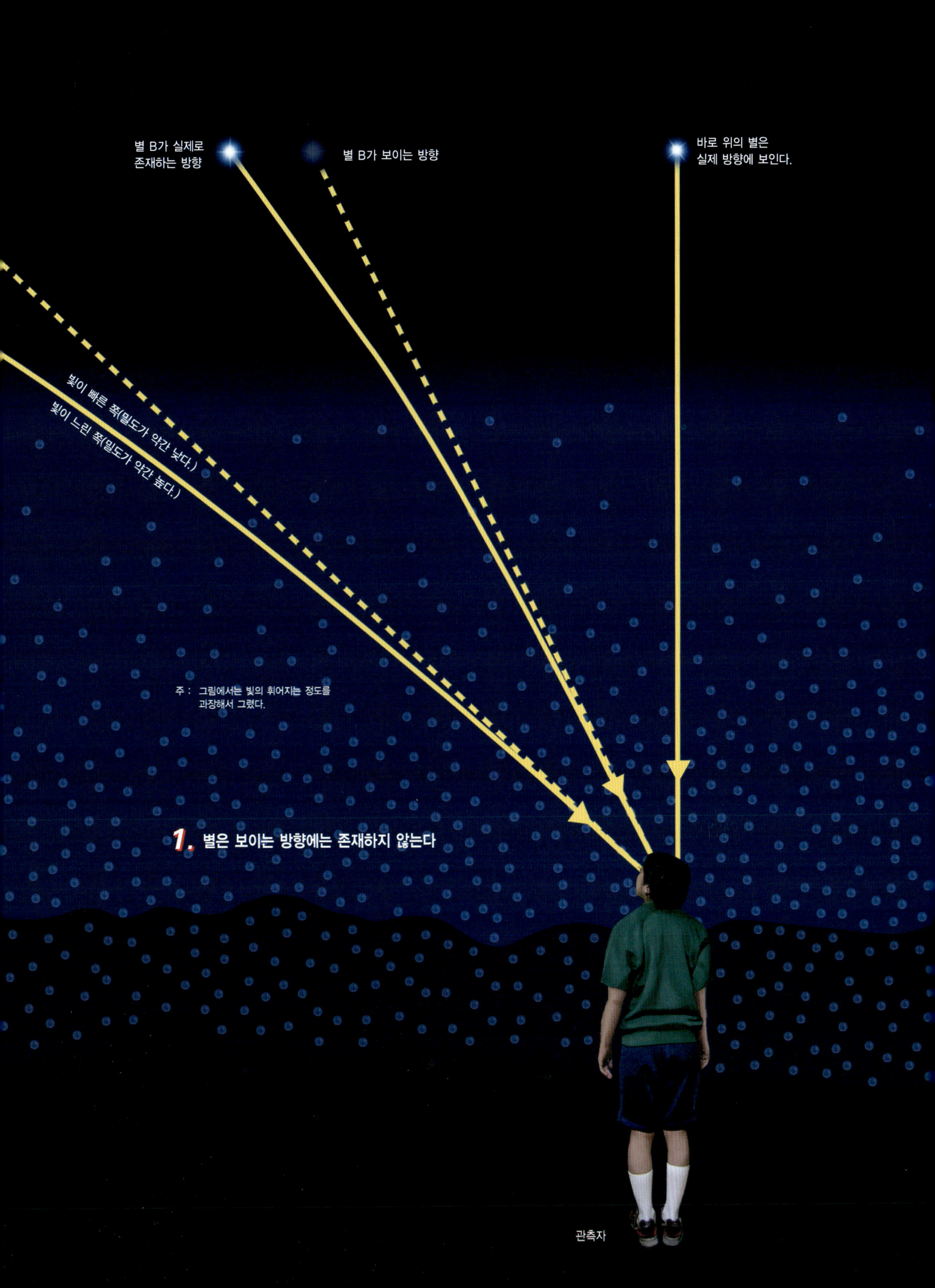

별 B가 실제로
존재하는 방향
별 B가 보이는 방향
바로 위의 별은
실제 방향에 보인다.
빛이 빠른 쪽(밀도가 약간 낮다.)
빛이 느린 쪽(밀도가 약간 높다.)
주 : 그림에서는 빛의 휘어지는 정도를
과장해서 그렸다.
1. 별은 보이는 방향에는 존재하지 않는다
관측자

거울은 모든 색깔의 빛을 반사한다

거울에는 아무것도 그려져 있지 않은데 왜 자신의 얼굴이 비쳐 보일까?

원래 거울이란 유리판 뒷면에 알루미늄이나 은 등의 금속이 도금된 것이다. 이 뒷면의 금속은 매우 부드럽고 요철이 없어 빛을 깨끗하게 반사하므로 거울에 상이 비친다(1). 거울에는 붉은 것은 붉게, 파란 것은 파랗게 비친다. 이는 **거울이 어떤 색깔의 빛도 반사한다**는 사실을 뜻한다.

거울은 '반사의 법칙'을 만족시킨다(2). 반사의 법칙이란 2의 입사각과 반사각이 같아지는 것을 말한다. 거울 앞에 서서 자신의 얼굴을 본다고 생각해 보자(3). 조명에서 나온 빛이 이마나 턱 등 얼굴의 각 부분에서 반사하고, 그 빛이 거울에서 다시 반사해 눈으로 들어온다. 우리는 결국 자신의 얼굴에서 반사된 빛을 보고 있는 셈이다.

우리의 시각은 '빛이 직진해 왔을 것'이라고 인식한다. 예컨대 3에서 이마에서 나와 눈으로 들어온 빛을, 눈과 A점을 이은 연장선상에서 왔다고 인식한다. 얼굴의 모든 곳에서 나온 빛의 경우에도 같으므로, 결국 거울면과 대칭인 위치에 자신의 얼굴이 있는 것처럼 보인다.

1. 거울의 뒷면에는 요철이 없는 금속면이 있다

거울은 모든 색깔의 빛을 반사한다.

3. 거울을 볼 때, 우리는 자신의 얼굴에서 나온 빛을 보고 있다

주 : 그림에서는 거울의 유리면에서의 반사나 굴절은 무시하고 있다.

2. 거울은 반사의 법칙을 만족시킨다

반사의 법칙이란 입사각과 반사각이 같아지는 것을 말한다.

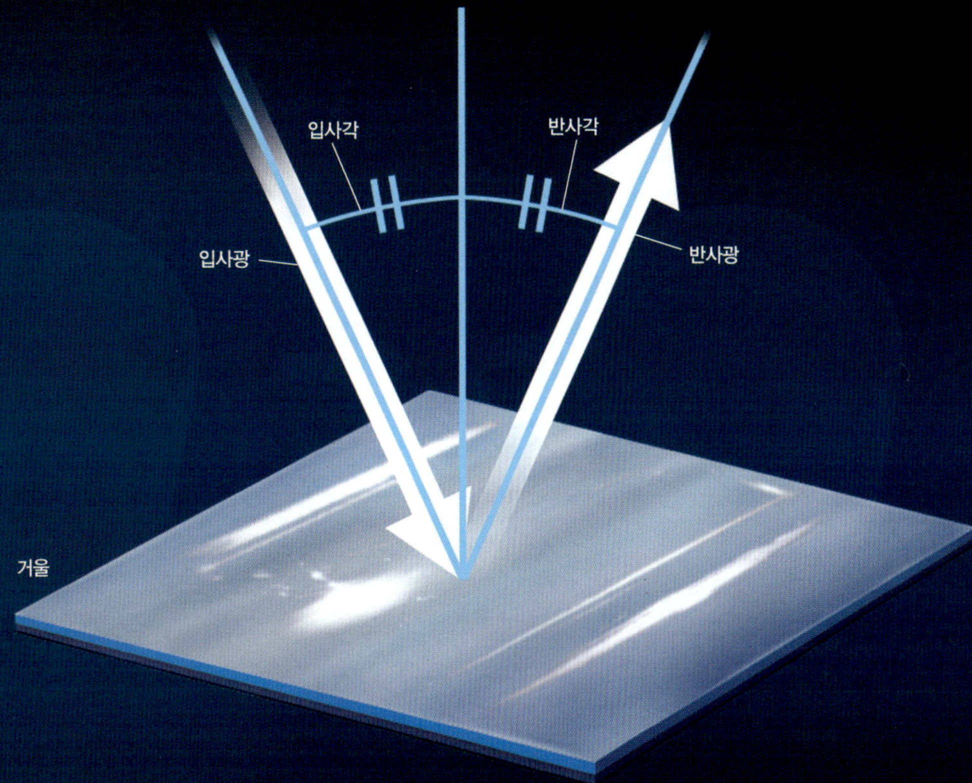

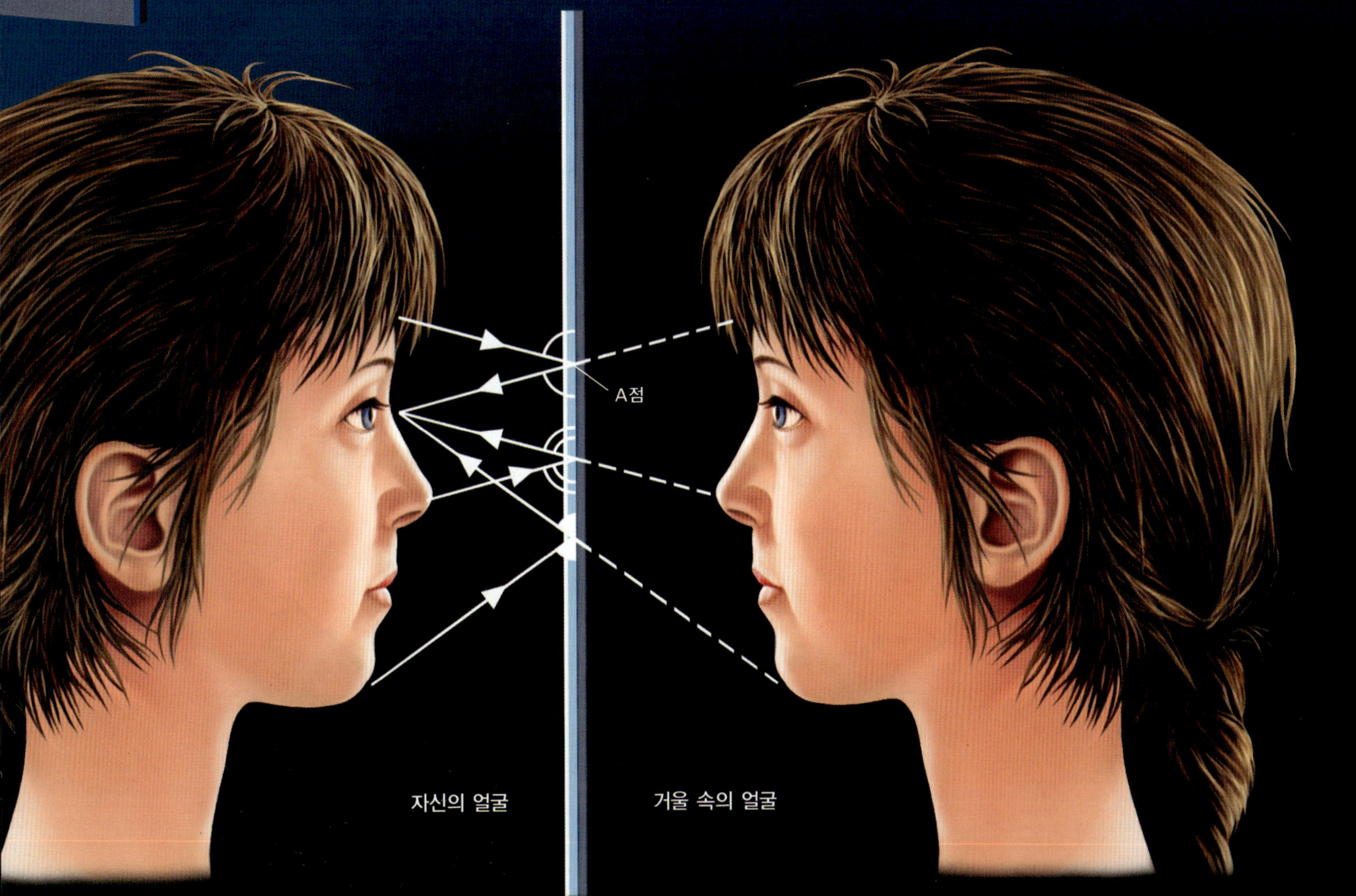

물체가 보이는 것은 '난반사' 덕분

사과는 왜 붉게 보일까? 그것은 태양이나 조명에서 나온 빛(백색광)이 사과의 표면에 닿았다가 빨간색 빛만 반사되어 우리 눈에 이르기 때문이다. 빨간색 이외의 빛은 사과에 흡수된다.※1

흰 종이는 어떨까? 우리가 희다고 느끼는 빛에는 무수한 색깔의 빛이 포함되어 있다. 즉 **흰 물체는 어떠한 색깔의 빛이라도 반사하므로 희게 보이는 것이다(1).**

그러면 흰 물체와 거울의 차이는 무엇일까? 매끈하게 보이는 흰 종이도 확대해 보면 표면에 요철이 있다. 그 요철에 빛이 닿으면 빛은 사방팔방으로 반사된다. 이런 반사를 '난반사'라고 한다. 더욱이 종이의 내부에 흡수되는 빛도 있고, 그 빛은 종이 내부에서 사방팔방으로 움직이다.※2 결국 빛 전체로는 거울처럼 반사의 법칙(입사각=반사각)을 충분히 만족시키지 못하므로, 흰 종이의 표면에는 얼굴이 비치지 않는다.

사과가 붉게 보이는 부분도 조명의 백색광 가운데 빨간색 빛

1. 흰 종이는 모든 색깔의 빛을 사방팔방으로 흩어지게 한다(난반사)

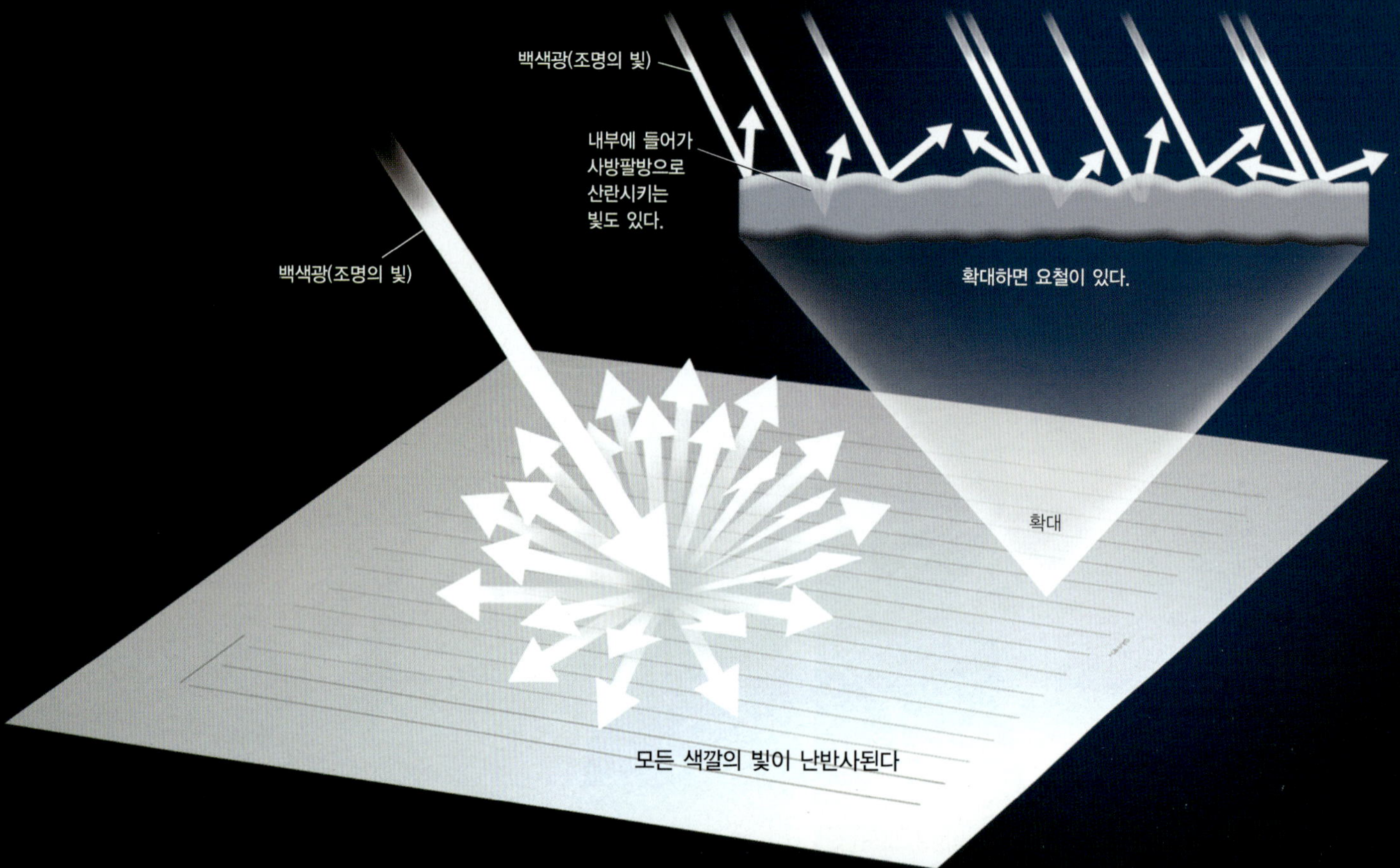

을 난반사시키고 있다(2). **일반적으로 눈에 보이는 물체는 대부분 조명의 일부를 난반사하고 있다. 그래서 우리가 보는 위치를 바꾸어도 그 물체가 계속 보인다.** 우리가 시각에 의지해 살아갈 수 있는 이유도 물체가 빛을 난반사하기 때문이다.

※1 : '물체의 색깔' 에 대해서는 제2장에서 자세히 다룬다.

※2 : 이것은 빛의 '산란' 이라는 현상이다. 44~47쪽에서 자세히 소개한다.

'좀더 자세히!' 거울에 빛을 '저장'할 수 있나?

모든 방향에 거울이 설치된 방에서, 광원을 한순간만 발광시키는 일을 생각하자. 빛은 거울에서 반사를 되풀이해, 방 안에 '저장' 될까? 이상적인 거울에서도 반사율은 100%가 되지 못해, 일부의 빛은 거울에 흡수된다. 빛은 초속 30만 km라는 엄청난 빠르기로 나아가므로, 한순간에도 거울 사이를 어마어마한 횟수만큼 왕복한다. 그래서 비록 반사율이 99.9%라 해도, 빛은 한순간 사이에 감쇠(減衰)되어 사라질 것이다. 흡수된 빛의 에너지는 거울의 열에너지가 되어, 거울의 온도를 극히 조금 상승시키는 결과가 된다. 48쪽의 Q1에서 관련 내용을 소개한다.

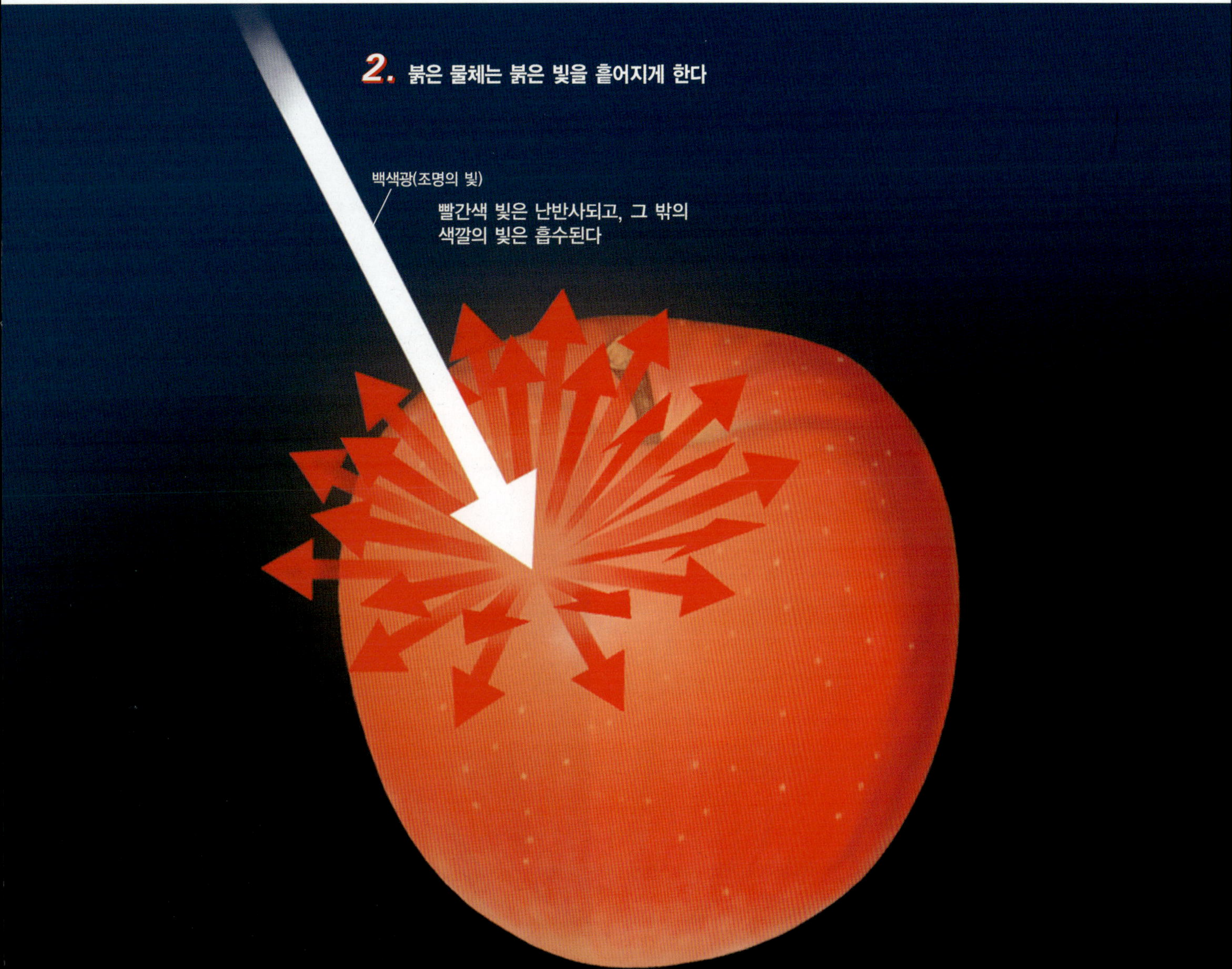

여러 가지 빛의 현상
반사 ③

물을 '거울'로 만드는 입사각은 48°

물을 거울로 바꾸는 방법을 소개한다. 물 속에 광원(방수성 회중전등)을 놓으면, 일부의 빛은 굴절하면서 수면을 투과하고, 나머지 빛은 반사되어 물 속으로 돌아간다. 투과광과 반사광의 비율은 빛이 입사하는 각도(입사각)에 따라 다르다(1). 입사각이 작으면 투과광이 대부분이고 반사광은 미미하지만, 입사각이 커지면 반사광이 많아진다.

입사각이 48°에 이르면 투과광이 나아가는 방향은 수면과 일치한다. 이것보다 더 입사각을 크게 하면 어떻게 될까? 더 이상 굴절할 수는 없으므로, 입사한 빛은 100% 모두 반사한다. 물이 '거울'이 되는 셈이다. 이것이 **'전반사(全反射)'이다.**※1 **전반사가 일어나기 시작하는 각도를 '임계각'이라고 한다**(물은 48°).

전반사를 이용한 프리즘의 '거울'

임계각은 물질에 따라 달라진다.※2 유리의 임계각은 약 43° 정도(재질에 따라 달라진다)이므로, 그보다 큰 각도로 입사하면 전반사를 일으킨다.

이 책의 앞부분에서 프리즘에 의한 빛의 분산을 소개했는데, 프리즘은 전반사를 이용해 '거울'로 광학 기기(쌍안경 등) 안에 이용되기도 한다. 유리로 된 프리즘에 대해 2와 같이 면에 수직으로 광선을 입사하면, 바닥면에서 전반사를 일으킨다. 투과하는 빛이 없으므로 거울로 이용할 수 있다.

※1 : 전반사는 빛이 굴절률(12쪽의 표 참조)이 큰 물질에서 굴절률이 작은 물질로 나아갈 때 일어난다.
※2 : 임계각은 굴절률이 큰 물질일수록 작아진다.

1. 수면에서 일어나는 반사와 투과

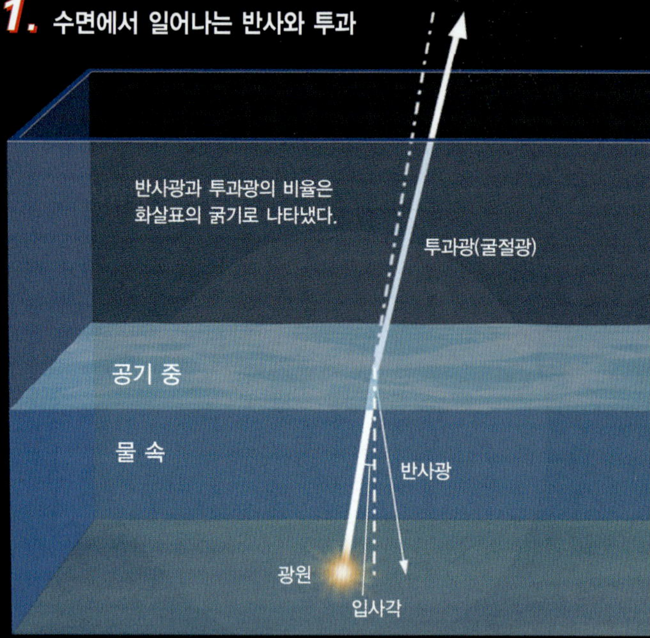

2. 유리도 전반사를 이용하면 '거울'이 된다

유리의 내부에서는 입사각이 43°~90°일 때 전반사가 일어난다.

주 : 그림에서는 입사광과 반사광 모두 면과 수직으로 만나므로 굴절은 일어나지 않는다. 그래서 색깔에 따른 굴절 크기의 차이에 의해 일어나는 '빛의 분산'도 일어나지 않는다.

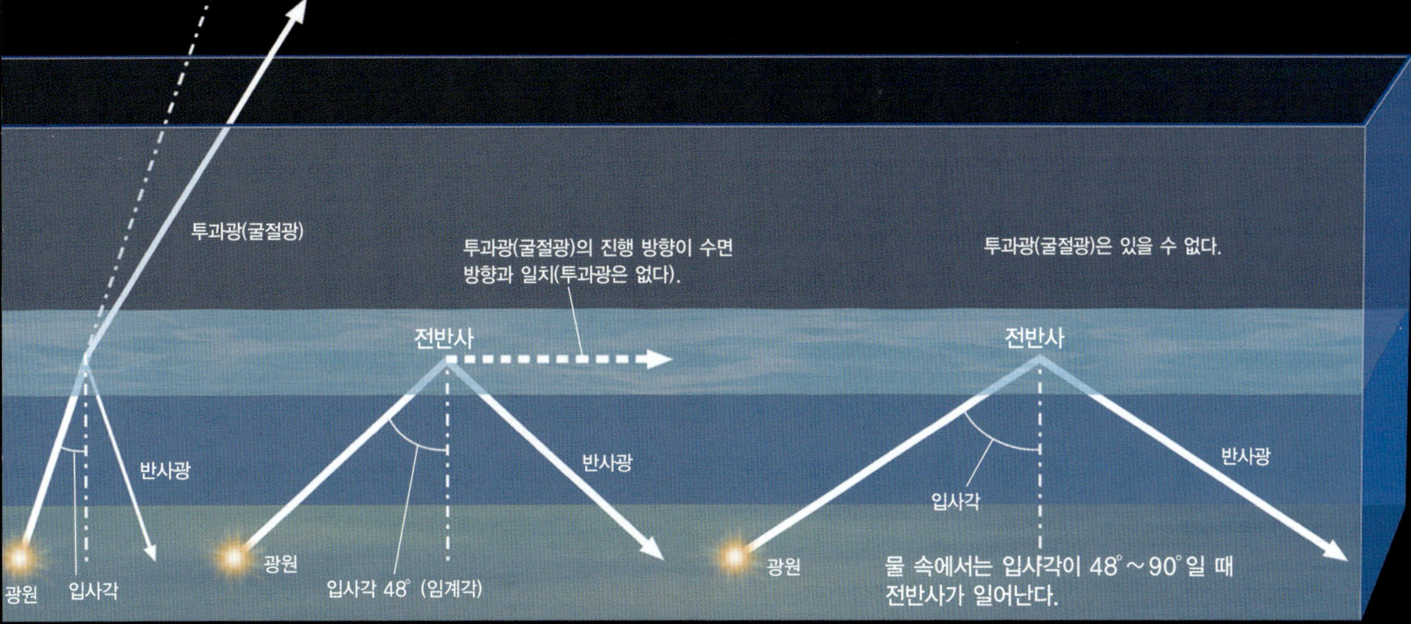
투과광(굴절광)
투과광(굴절광)의 진행 방향이 수면
방향과 일치(투과광은 없다).
투과광(굴절광)은 있을 수 없다.
전반사
전반사
반사광
반사광
반사광
입사각
광원
입사각
광원
입사각 48° (임계각)
광원
물 속에서는 입사각이 48°～90°일 때
전반사가 일어난다.

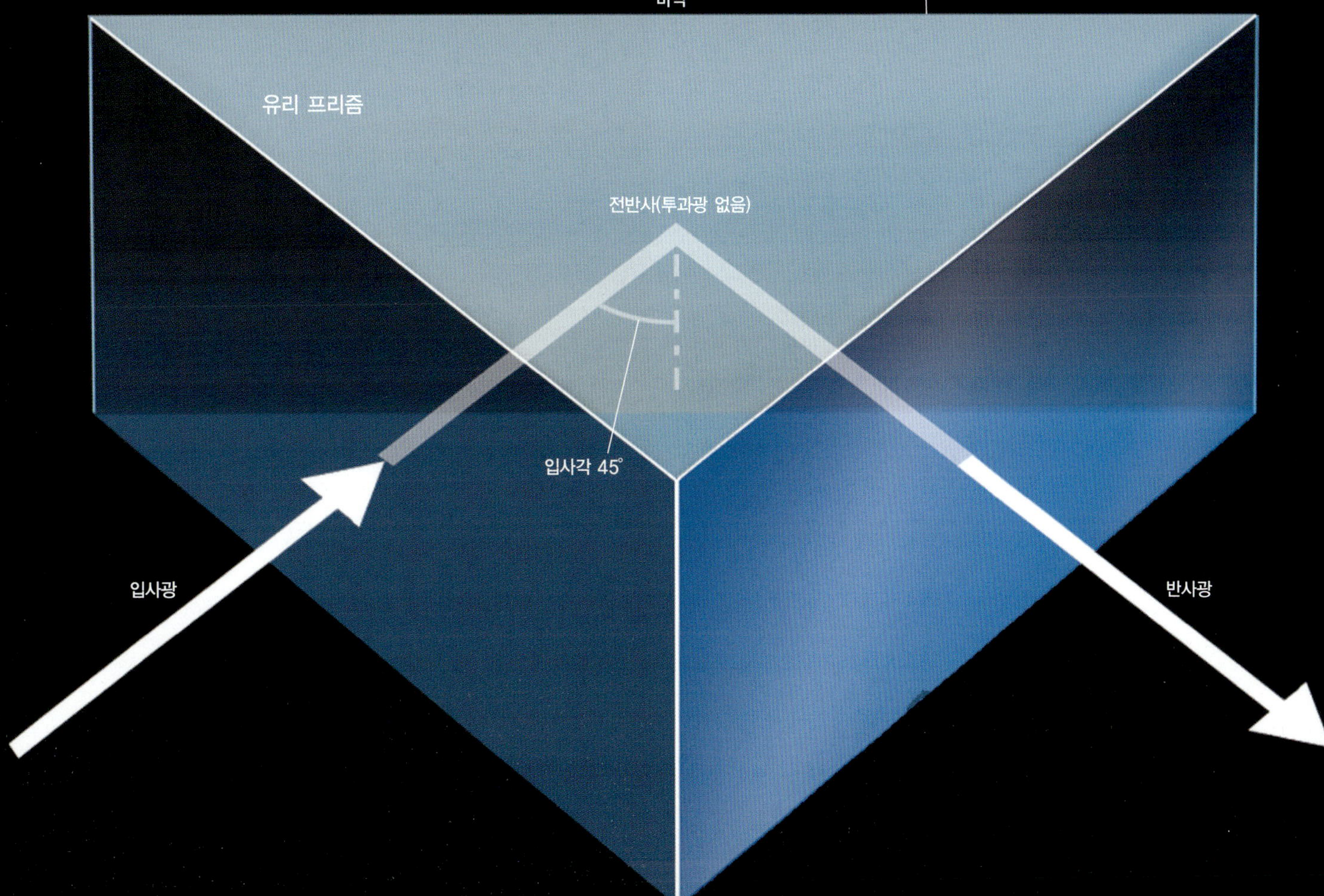
윗면과 아랫면은 직각 이등변삼각형
바닥
유리 프리즘
전반사(투과광 없음)
입사각 45°
입사광
반사광

다이아몬드의 광채는 '전반사' 덕분

전반사를 이용하는 예로는 장식용 다이아몬드를 들 수 있다. 다이아몬드는 임계각이 약 25°로 아주 작다. 다이아몬드 내부에서는 작은 각도라도 전반사가 일어난다.

장식용 다이아몬드에는 '브릴리언트 컷'이라고 하는 독특한 모양으로 가공된 것이 있다(1). 브릴리언트 컷의 다이아몬드 윗면에 입사한 빛은 내부에 들어가면 바닥면에서 전반사를 일으키고 다시 밖으로 나온다. 바닥면을 투과해 달아나는 빛이 적으므로, 반사광으로 반짝반짝 밝게 빛난다. 브릴리언트 컷은 많은 빛을 바닥면에서 전반사시키려는 가공법이다.

또 다이아몬드는 프리즘과 마찬가지로 백색광을 빛의 색깔별로 나누므로(분산시키므로), 다양한 색깔로 빛나는 것처럼 보이게 된다.

그 밖에 전반사의 예로는 '광섬유' 등을 들 수 있는데, 광섬유에 관해서는 130~131쪽에서 자세히 소개한다.

1. 다이아몬드와 전반사

다이아몬드의 밝고 아름다운 빛은 전반사가 작은 각도에서도 일어나고, 백색광을 색깔마다 분해하는 데서 나온다.

다이아몬드 내부에서는 입사각이 25°~90°일 때 전반사가 일어난다.

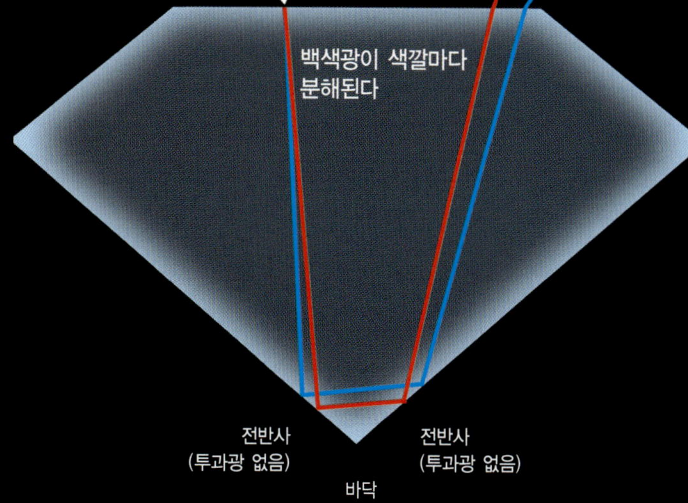

밝고 다양한 색깔로
빛나는 다이아몬드

비눗방울의 신비한 색채는 어떻게 생길까?

비눗방울이나 물에 뜬 엷은 기름막이 무지개처럼 착색되어 보이는 것은 무엇 때문일까? 이 수수께끼를 풀기 위해서는 빛이 가진 '파동'의 성질에 대해 알아야 한다. 8쪽에서도 다루었지만, **빨강, 주황, 노랑, 초록, 파랑, 남색, 보라의 순으로 빛의 파장이 짧아진다**(*1*).

두 사람이 로프의 한쪽 끝을 잡고 흔들어 파동을 일으키는 것을 생각해 보자(*2*). 로프는 도중에서 연결되어 거기서부터는 한 가닥이 된다. 두 사람이 똑같은 타이밍으로 똑같이 로프를 흔들면 어떻게 될까? 어느 순간에는 연결부에서 그 양쪽에서 오는 마루와 마루가 겹쳐 높이가 두 배 되는 마루가 생긴다. 또 어느 순간에는 골과 골이 겹쳐 깊이가 두 배 되는 골이 생긴다. 결국 연결부의 뒤로는 두 배의 높이와 깊이를 가지는 파동이

무지개처럼 착색되는 비눗방울

1. 색깔과 빛의 파장의 관계

생긴다. 이와 같이 **여러 개의 파동이 겹쳐 새로운 파동이 생기거나 상쇄되는 것을 '간섭'이라고 한다.** 2에서는 간섭에 의해 파동이 더욱 강해진 것이다(보강되어 서로 강해지는 간섭).

한쪽이 로프를 들어올릴 때 다른 쪽이 로프를 내린 채 흔들면 어떻게 될까?(3) 이번에는 연결부에서 마루와 골, 골과 마루가 충돌하게 되므로 두 파동은 상쇄되어, 연결부의 뒤로는 로프가 파동을 만들어 내지 않는다. 간섭에 의해 파동이 서로 약해진 것이다(상쇄되어 서로 약해지는 간섭).

이 간섭이 비눗방울의 신비한 색채와 관계되어 있다. 다음 페이지에서는 그 메커니즘을 자세히 소개한다.

2. 로프의 파동이 간섭해 서로 강해진다

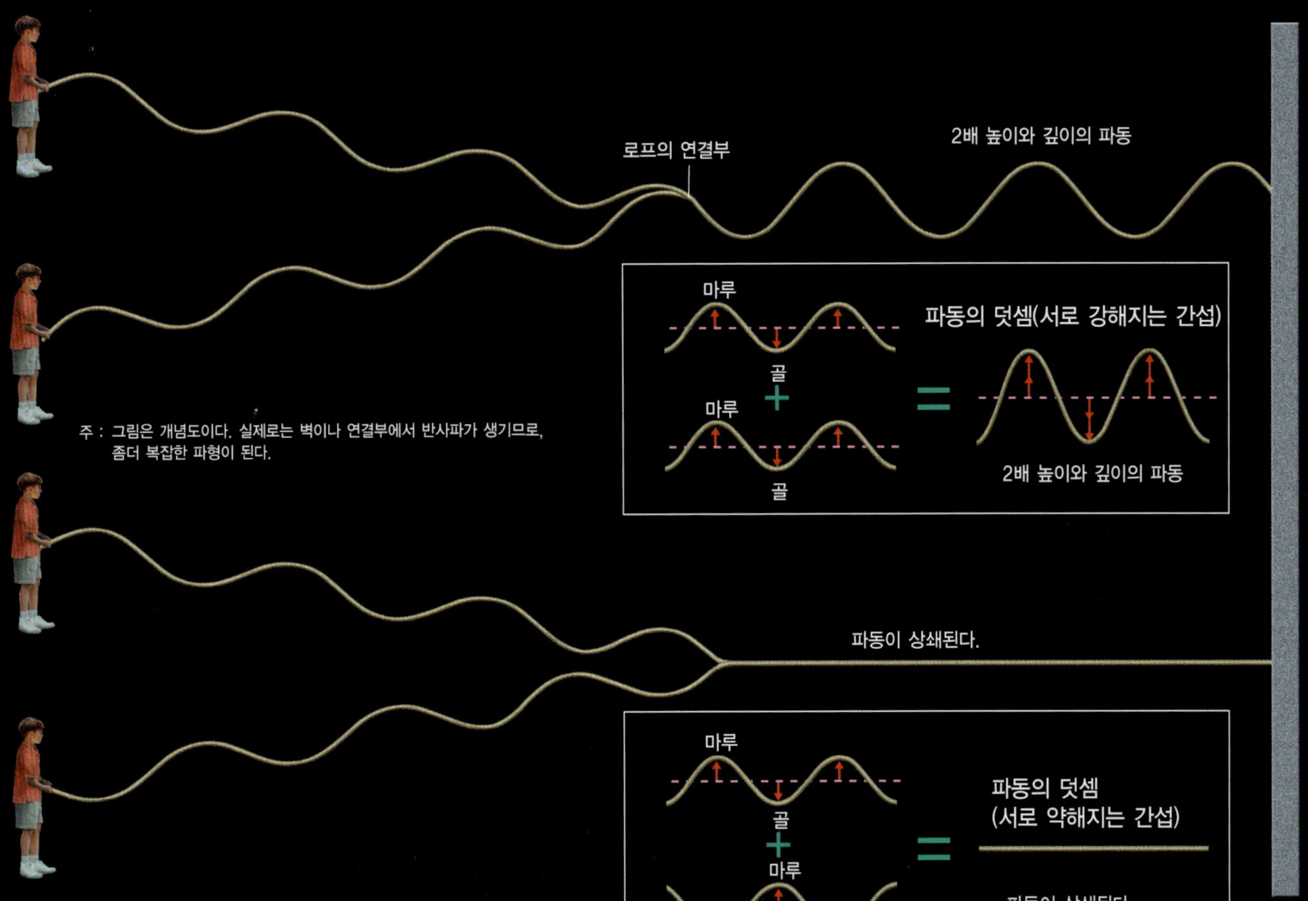

비눗방울의 색깔은 '막의 두께'와 '보는 방향'에 따라 정해진다

비눗방울은 얇은 막으로 되어 있다. 비눗방울의 표면에 입사한 빛(태양빛이나 조명의 빛) 가운데 일부는 막의 표면에서 반사해 눈에 이르고, 일부는 막 안에 일단 들어갔다가 막의 바닥에서 반사하고 나서 눈에 들어온다(1). 이들 두 빛이 간섭을 일으킨다.

막의 안으로 들어간 빛(A)은 막의 표면에서 반사한 빛(B)보다 X→Y→Z의 길이만큼 멀리 나아가므로, 두 빛의 파동에서 마루의 위치가 어긋나는 것이 일반적이다. 그러나 비눗방울의 어느 곳이 파란색으로 보였다면, A와 B의 두 경로를 지난 파란색 빛 파동의 마루와 마루가 정확히 겹쳐 눈에 이르는 조건을 X→Y→Z의 길이가 만족시키고 있음을 의미한다. 파란색 빛이 서로 강해지는 간섭을 일으켜 밝게 보일 것이다. 그러나 막을 바라보는 각도에 따라 X→Y→Z의 길이가 바뀌므로, 바라보는 각도에 따라서는 서로 약해지는 간섭이 일어나 파란색 빛은 보이지 않게 된다(2).

또 비눗방울은 중력의 영향에 의해 아래쪽일수록 막이 두터워지므로, 보는 각도가 같더라도 장소에 따라 X→Y→Z의 길이가 변한다. 그래서 장소에 따라 서로 다른 색깔의 빛이 서로 강해지는 간섭을 일으키게 된다. 이처럼 **보는 각도와 막의 두께에 의해 간섭 조건이 바뀜으로써, 비눗방울의 신비한 색채가 만들어진다.**

1. 비눗방울의 막의 표면과 바닥면의 반사광이 간섭을 일으킨다

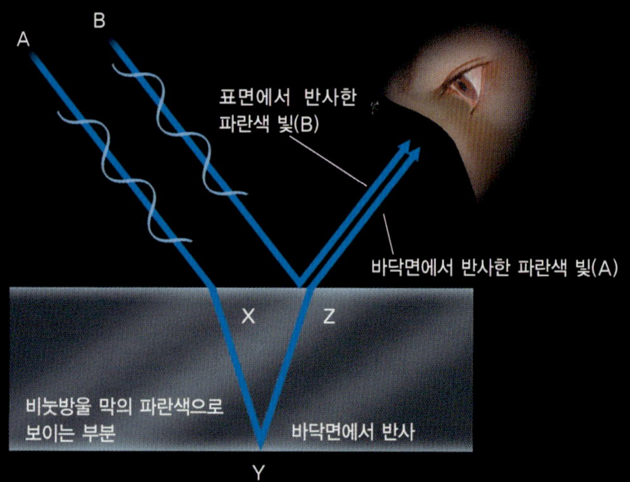

2. 보는 각도에 따라 간섭의 조건이 달라진다

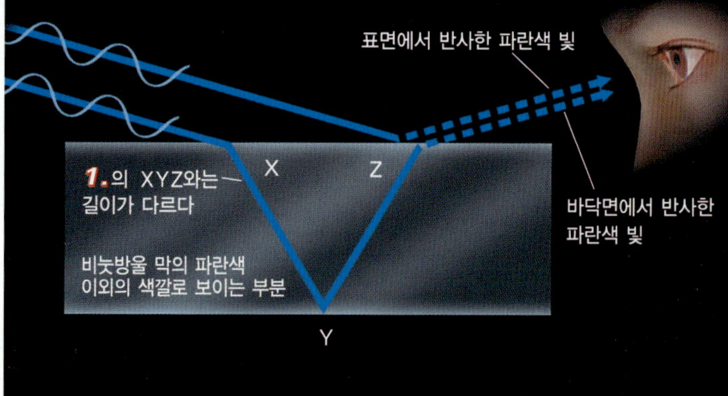

주 : 비눗방울에서 보는 것과 같은 간섭 효과가 나타나기 위해서는,
투명한 막의 두께가 빛(가시광선)의 파장 정도로 얇아야 한다.

파란색 빛만 서로 강해져
밝게 보인다

주 : 설명과 관계 없는 투과광 등은
생략했다.

서로가 보조가 잘 맞아, 강해지는 간섭을 일으킨다

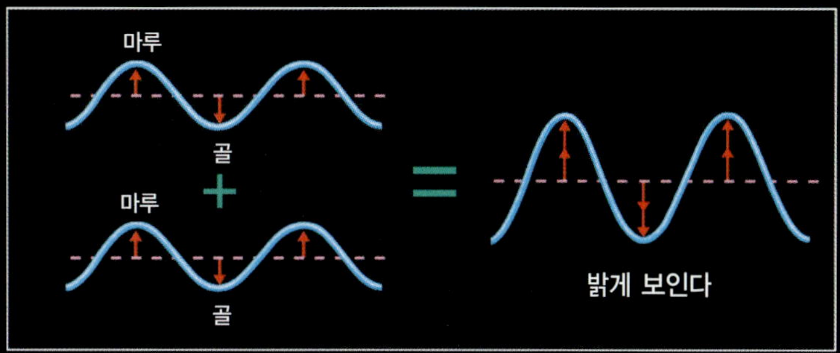

파란색 빛은 서로 약해져
어둡게 보인다(강해지는 것은
다른 색깔의 빛).

보조가 맞지 않아, 서로 약해지는 간섭을 일으킨다

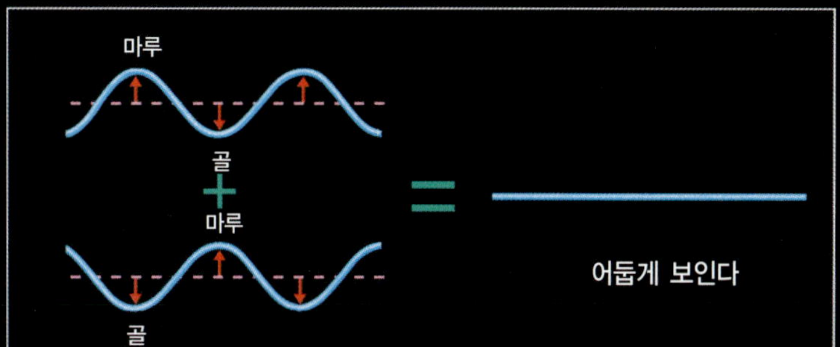

CD나 DVD의 색채는 미세 구조가 만들어 낸다

광디스크(CD, DVD 등)의 표면에서도 무지개 같은 색채를 볼 수 있다. 이것도 간섭이 일으키는 것이며 '회절'이라는 현상도 관련되어 있다.

회절이란 파동이 작은 구멍을 통과한 뒤나, 작은 장애물에 부딪친 다음에 그 끝에서 퍼져 나가는 현상이다. 틈이 있는 판자에 수면의 파동이 밀려온 상황을 생각해 보자. 판자의 틈이 넓으면, 파동은 회절을 거의 일으키지 않고 그대로 지나간다(1-a). 그러나 판자의 틈이 좁으면, 파동은 회절을 일으켜 퍼져 나간다(1-b).

CD나 DVD에는 데이터가 미세한 요철 모양으로 새겨져 있다(2-a).※ 볼록한 부분(피트, pit)은 빛을 반사하는데, 이러한 미세 부분에서의 반사광은 회절을 일으켜 퍼져 나간다(2-b).

1-a. 간격이 넓으면 파동은 별로 퍼지지 않는다

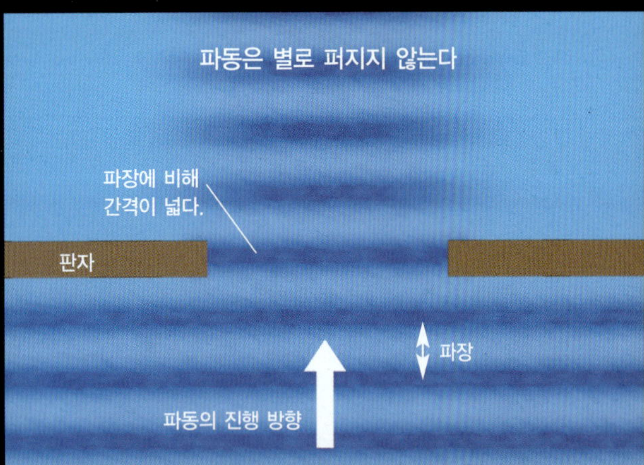

1-b. 간격이 좁으면 파동은 넓게 퍼진다

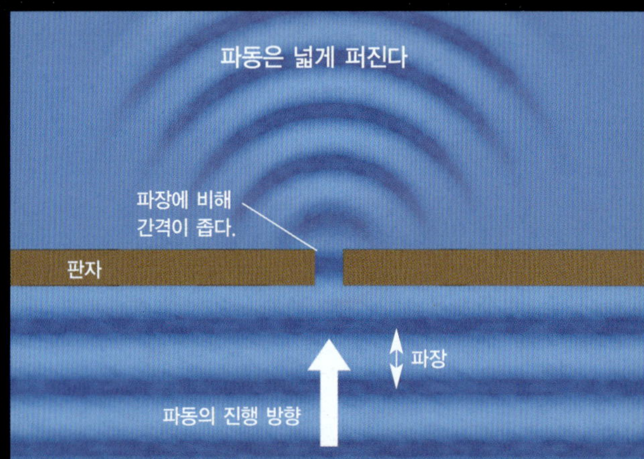

'좀더 자세히!' 회절은 왜 일어나는가?

한 줄로 진행하는 파동을 생각하자(A). 실은 파동 끝의 각 점에서는 그 점을 중심으로 한 반원(반구) 모양의 새로운 파동이 발생하고 있다. 이들의 무수한 파동이 겹쳐서, 다음 순간의 파동이 만들어지는 것이다. 장애물이 없으면 다음 순간도 파동은 한 줄로 나란히 진행한다.
한편, 파동의 진행 방향에 벽이 있고 작은 구멍이 나 있는 경우(B), 그리고 벽에 작고 쑥 나온 것이 있는 경우(C)에는, 각각의 점에서 발생한 원 모양의 파동이 '살아남는다'.
그래서 파동이 퍼져 나가는 것이다.

A. 파동의 각각의 점에서 반원 모양의 새로운 파동이 발생해, 다음 순간의 파동을 만든다[호이겐스(하위헌스)의 원리]

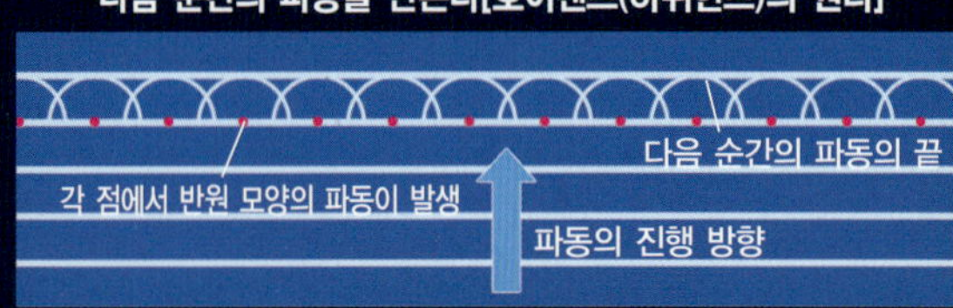

B. 벽에 구멍이 나 있는 경우

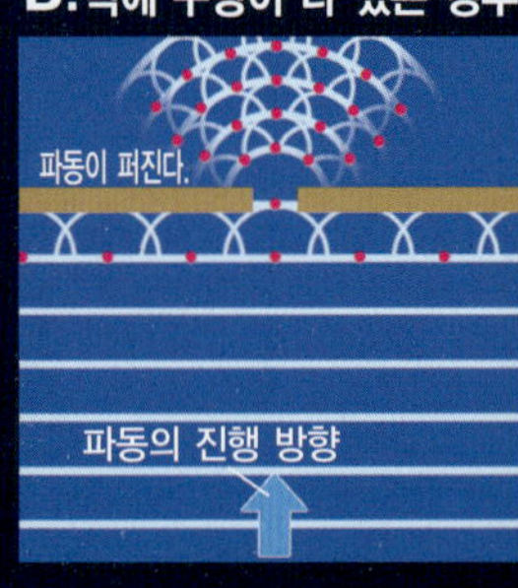

C. 벽에 작고 쑥 나온 것이 있는 경우

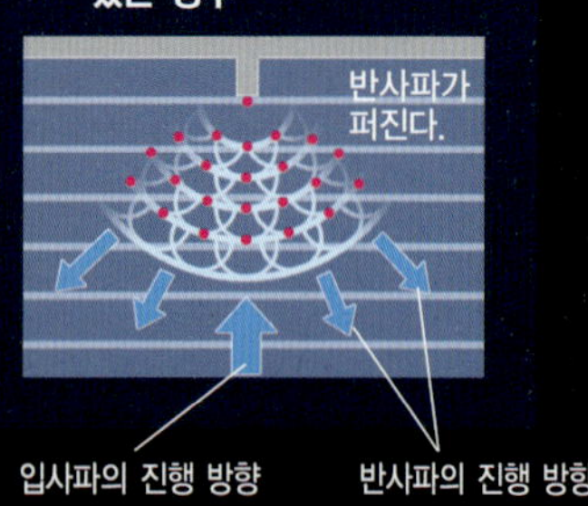

수직으로 입사한 빛이 피트 A와 B에서 반사해 회절을 일으키는 경우를 생각해 보자. 2-c의 관측자 방향에서 보면, A에서 반사한 빛은 B에서 반사한 빛보다 X→Y의 길이만큼 길게 나아가 눈에 이른다. 예컨대 X→Y의 길이가 파란색 빛의 파장과 일치하면, A에서 반사한 빛과 B에서 반사한 빛의 보조가 맞아, 서로 강해지는 간섭이 일어남으로써 파란색 빛이 밝게 보인다. 그러나 파란색 이외의 빛에서는 A에서 반사한 빛과 B에서 반사한 빛의 보조가 어긋나 서로 약해진다.

한편 다른 방향을 보면, X→Y의 길이가 바뀐다. 그래서 파란색 파장은 서로 강해지는 간섭의 조건을 만족시키지 못하고, 다른 색깔이 서로 강해지는 간섭의 조건을 만족시켜 다른 색깔로 보이는 것이다. 광디스크가 무지개 같은 색채를 띠고, 보는 각도를 바꾸면 색채가 바뀌어 보이는 까닭은 바로 여기에 있다.

※: CD와 DVD에서 데이터를 읽고 쓰는 원리는 126~127쪽에서 소개한다.

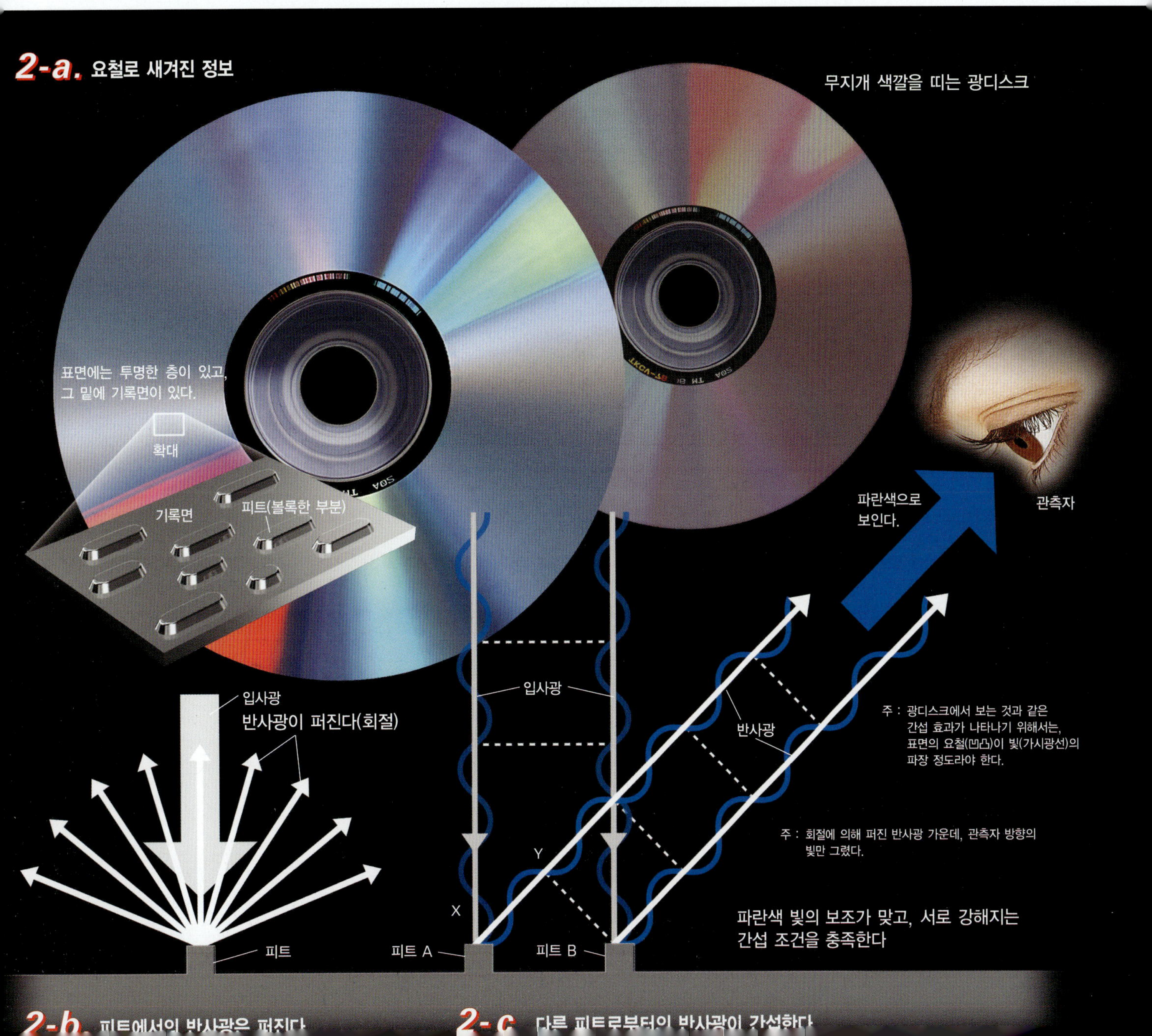

자연계에도 존재하는 '구조색'

일반적으로 물체의 색깔은 그 물체를 구성하는 원자나 분자(예컨대 색소의 분자)가 만들어 내는 것이므로, 그 물질 자체가 가진 색깔이라고 할 수 있다(물체의 색깔에 관해서는 제2장에서 자세히 소개한다). 그러나 36~39쪽에서 소개한 비눗방울이나, 40~41쪽의 광디스크는 그 물질 자체가 가진 색깔이 아니라, **미세한 표면 구조에 의해 생긴 색깔이다.** 그래서 이런 것들을 **'구조색'**이라고 한다.

구조색은 자연계에서도 볼 수 있다. 중남미에 서식하는 파란색의 모르포나비(*1*)나 비단벌레, 공작의 날개, 전복 껍데기의 안쪽(*2*) 등 자연계에는 표면의 미세한 구조에 의해 아름다운

1. 자연계에서 볼 수 있는 구조색

색깔을 만들어 내는 예가 많이 있다. 또 화장품이나 자동차의 도장(塗裝), 의복의 섬유 등에서 구조색의 응용 연구가 진행되고 있다. 구조색을 지닌 물체는 보는 각도에 따라 색깔이나 명암이 바뀌어 보이며 독특한 색채를 만든다.

나아가 구조색을 만들어 내는 것과 똑같은 구조를 인공적으로 만들어 빛을 제어하는 기술이 나오고 있다. 그들을 '포토닉 결정(結晶)' 이라 하며, 142쪽에서 간단히 소개한다.

2. 전복 껍데기의 안쪽 면에 보이는 구조색

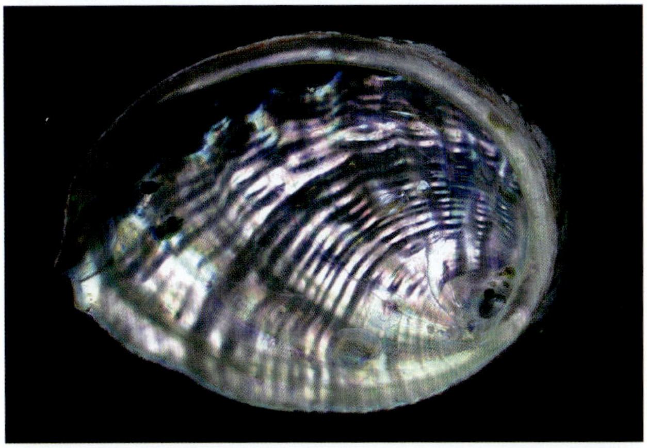

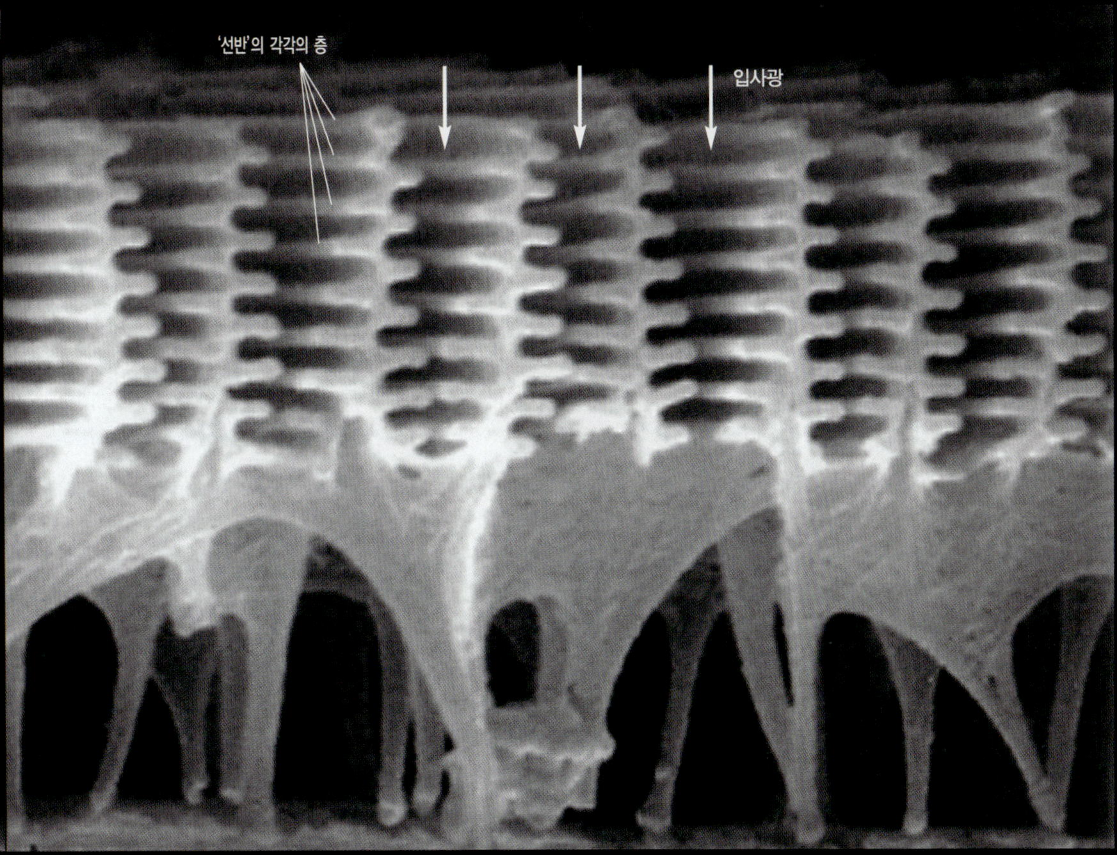

모르포나비의 비늘가루 단면의 전자 현미경 사진.
많은 층이 겹쳐 쌓여서 선반처럼 보인다. 이들 각 층에서의 반사광이 간섭을 일으켜 선명한 파란색을 만들어 낸다.

하늘은 왜 푸를까?

칠흑 같은 우주 공간에 떠 있는 상태에서, 한 줄기의 빛이 눈앞을 스쳐 지나가는 경우를 상상해 보자(*1*). 과연 빛은 보일까?

나뭇잎 사이로 새어드는 햇빛이나 구름 사이에서 비치는 '빛의 줄기'를 본 사람도 많으리라고 생각한다. 그러나 이 경우에 보이는 것은 빛의 경로에 따라 존재하는 먼지나 미세한 물방울 등이다. **불규칙하게 분포하는 미세 입자에 빛이 닿으면 빛은 사방팔방으로 흩어진다. 이 현상을 '산란'이라고 한다. 만일 산란을 일으키는 먼지 등이 없다면, 빛이 눈앞을 스쳐 지나가더라도 우리에게는 보이지 않는다. 아래의** *1* 의 상황에서는 빛이 보이지 않는다.

공기 분자가 태양빛을 산란시킨다

빛의 산란은 익숙한 풍경을 만들어 낸다. 바로 푸른 하늘이

1. 우주에서 눈앞의 광선이 보이는가?

2. 하늘이 푸른 것은, 공기 분자가 파란색 빛을 산란시키기 때문

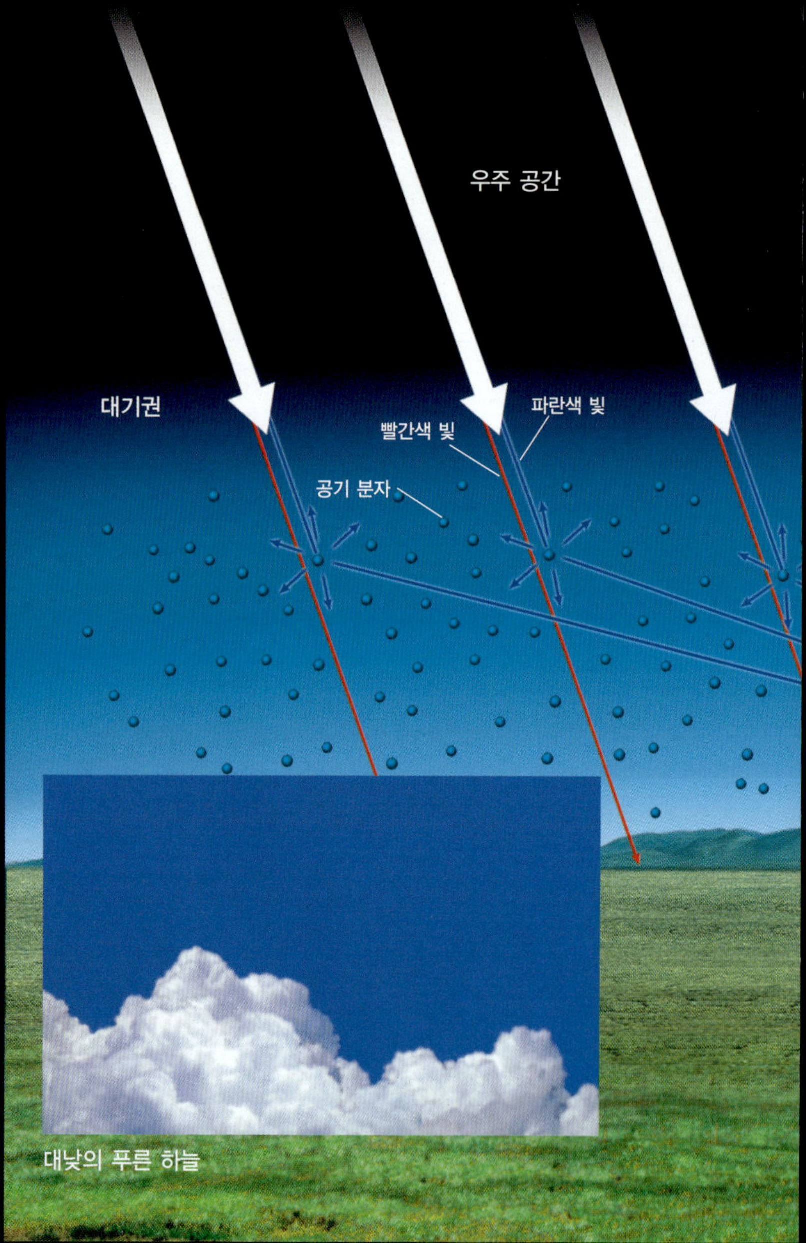

대낮의 푸른 하늘

다. 공기는 무색투명한데 하늘은 왜 푸를까? 대낮의 하늘에서도 태양 방향 이외에는 무색투명한 공기밖에 없으므로, 거기에 별이 빛나는 밤이 보여도 이상한 일이 아닌 것처럼 생각된다.

대기는 투명하지만, 실은 공기의 분자는 태양빛을 미세하게 산란시킨다. **공기 분자에 의한 산란은 빛의 파장이 짧을수록 일어나기 쉽다고 알려져 있다.** 요컨대 태양빛 가운데 보라색이나 파란색 빛이 산란되기 쉽다(2). 그 결과 하늘의 어느 방향을 보더라도 파란색이나 보라색 빛이 눈에 들어오게 된다. 그리고 우리 눈은 보라색보다 파란색 빛에 대한 감도가 높으므로 하늘이 푸르게 보인다.

한편 해질녘이 되면 하늘은 붉어진다. 다음 페이지에서는 저녁놀이 왜 생기는지를 해설한다.

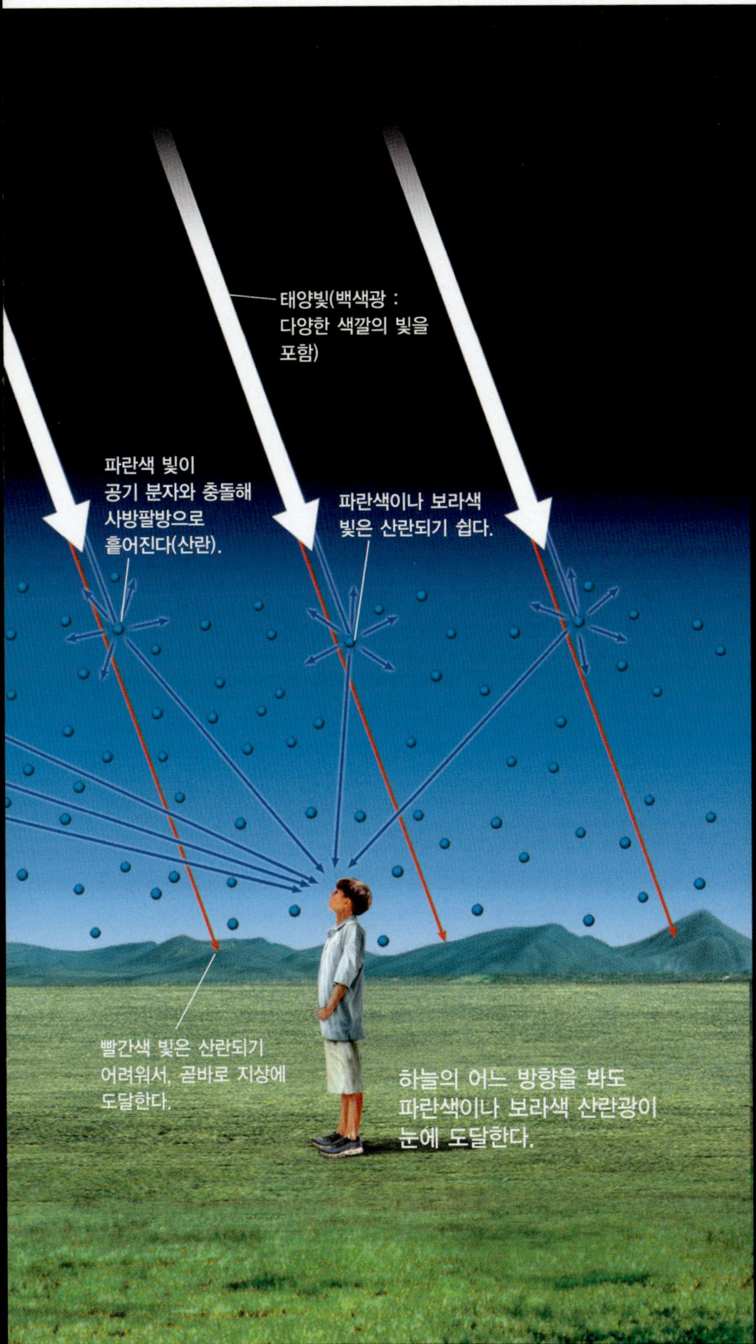

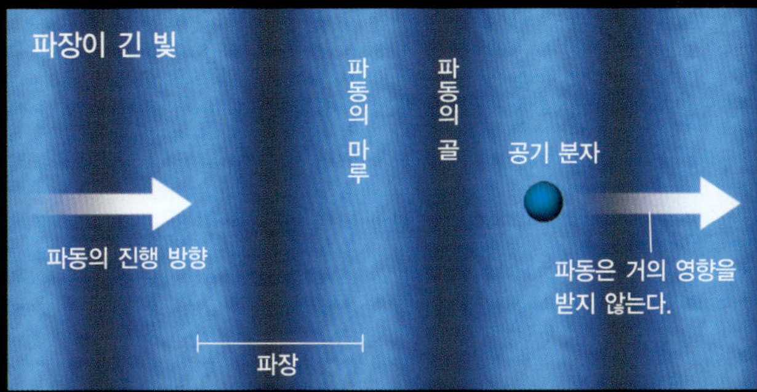

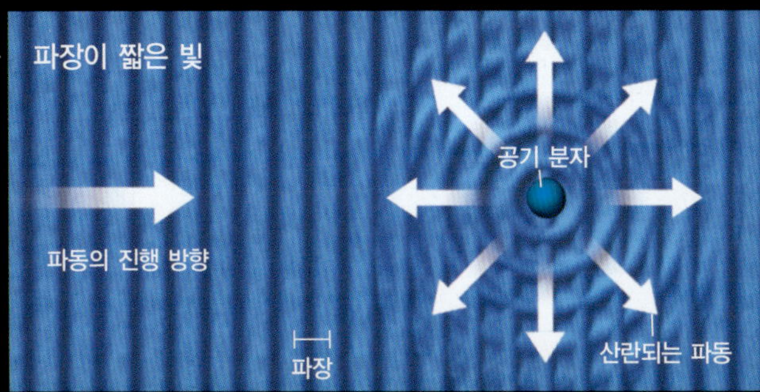

'좀더 자세히!' 왜 파란색 빛이 산란되기 쉬운가?

위의 두 그림에서는, 빛의 파동을 수면의 파동처럼 그렸다. 위의 그림처럼, 파장이 긴 파동에서 공기 분자는 수면에 뜨는 작은 나뭇잎과 같다. 파동은 영향을 받지 않고, 그대로 진행한다. 한편 아래의 그림처럼, 파장이 짧은 파동에서 공기 분자는 수면에 뜨는 큰 배와 같다.

파동이 큰 배에 부딪혀 교란되는 것처럼, 파장이 짧은 빛은 공기 분자에 의해 사방팔방으로 산란되기 쉬워진다. 간략한 설명이기는 하지만, 파장이 짧은 빛(파란색이나 보라색 빛)이 파장이 긴 빛(빨간색 빛)보다 산란되기 쉬운 것은 이러한 이유에서이다.

해질녘의 하늘은 왜 붉을까?

그러면 해질녘의 하늘은 왜 붉을까? 태양은 해질녘에 지평선 가까이까지 가라앉는다. 그때 태양빛이 우리 눈에 이르려면, 대기의 층을 매우 긴 거리에 걸쳐 지나와야만 한다. 이것이 바로, 거의 머리 위에서 오는 대낮의 태양빛과 크게 다른 점이다. 파란색처럼 파장이 짧은 빛은 태양빛이 대기권에 들어오고 나서 비교적 빨리 산란된다(아주 먼 곳에서 산란된다). 따라서 석양처럼 긴 거리를 나아갈 경우 우리 눈에는 파장이 짧은 빛이 거의 도달하지 않는다(1). 그 결과 태양빛은 파란색이나 보라색 빛을 잃고 붉어진다.

한편 산란을 일으키기 어려운 빨간색 빛(파장이 긴 빛)도 먼

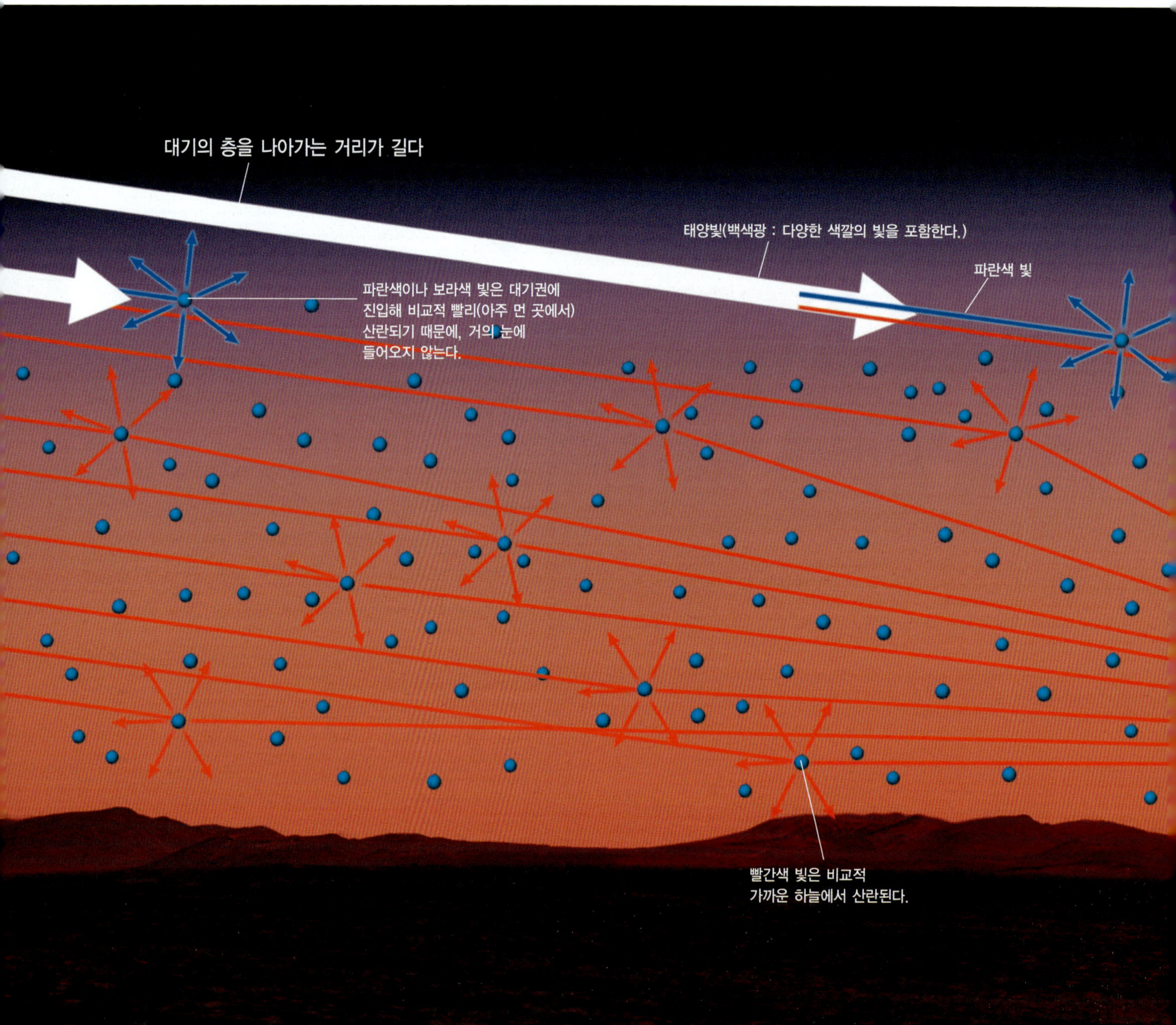

1. 해질녘의 서쪽 하늘에서는 빨간색 빛만 눈에 들어온다

거리를 나아가는 동안에 산란된다.※ 결국 해질녘의 서쪽 하늘에서 우리 눈에 이르는 것은 빨간색 계통의 빛뿐이다. 저녁놀이 붉게 타는 것은 이 때문이다.

※: 대기 중을 떠도는 먼지나 수증기에 의한 산란도 영향을 끼친다.

붉은 저녁놀

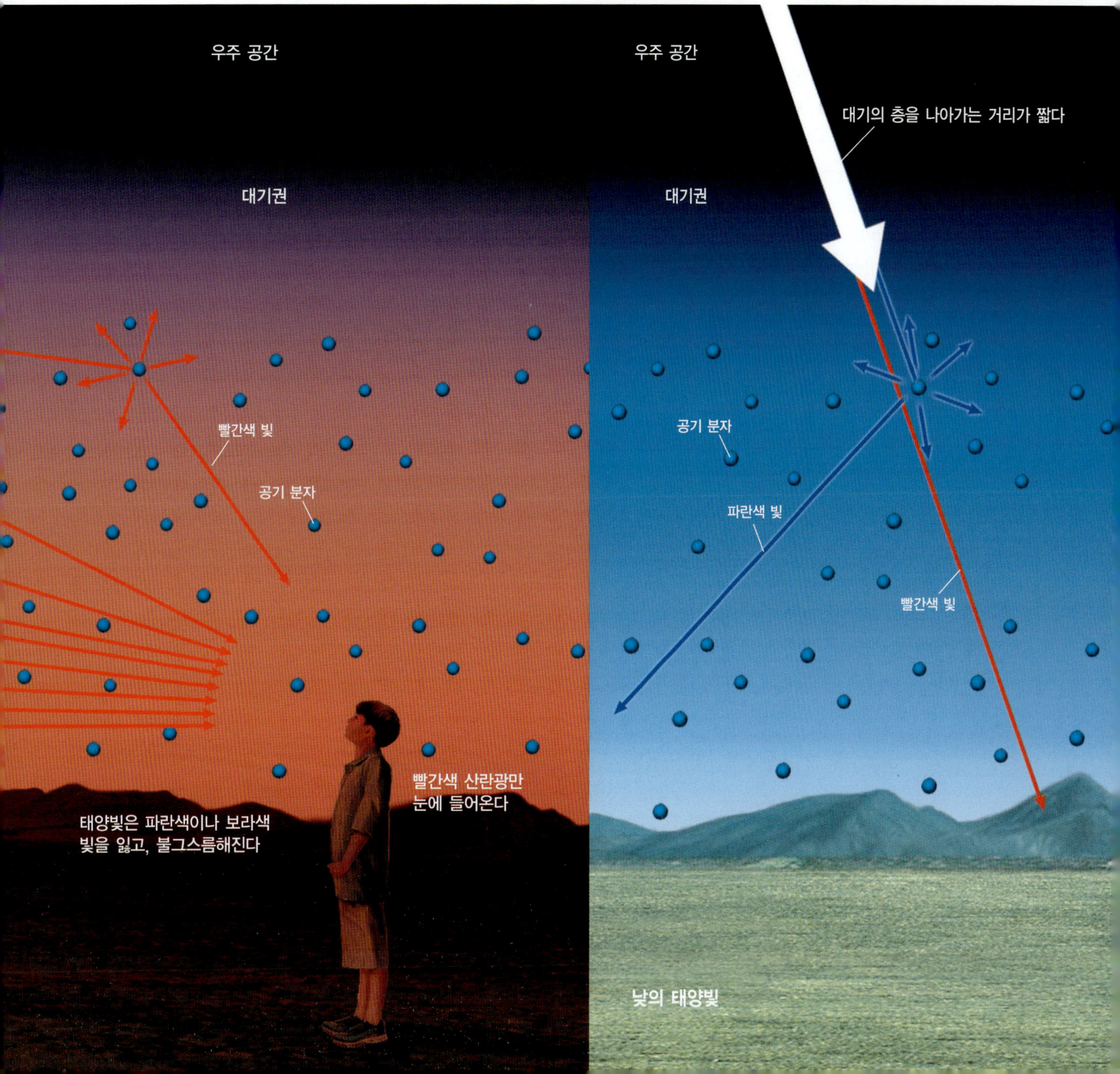

좀더 알고 싶다!

Q&A

이 코너에서는 '박사와 학생의 대화'를 통해 빛에 관해 더욱 깊이 이해하는 것을 돕는다.

Q1 조명을 끄면 즉시 어두워지는 이유는?

학생 — 이 책을 읽고 빛에 관해 여러 가지 의문이 생겼습니다. 우선 우리 주변의 현상에 관해 질문하겠습니다. 밤에 조명을 끄면 방은 즉시 어두워집니다. 조명에서 나온 빛은 어디로 사라져 버릴까요?

박사 — 빛**은 물체에 흡수되어 버립니다.** 빛이 물체에 닿으면 반사하든가 투과하든가 흡수됩니다. 무엇인가로부터 반사하거나 투명한 물체를 투과한 빛도 즉시 다른 물체에 닿으므로, 어느 물체에 흡수되어 사라져 버립니다. 그러나 일부의 빛은 유리창 등을 통해 방에서 달아날 것입니다. 그리고 그 일부는 우주 공간으로 달아나게 됩니다(a).

학생 — 반사를 되풀이해서 방 안에서 '살아남는 빛'은 없을까요?

박사 — 빛의 속도는 1초 동안에 지구를 일곱 바퀴 반이나 돌 정도로 빠르기 때문에, 빛이 몇 회 반사를 되풀이해서 살아남는다 하더라도 눈에 돌아오지 않는 한 순간뿐입니다. 예컨대 거울이라 해도 100% 모든 빛을 반사할 수 없고 일부의 빛을 흡수하기 때문에, 방의 벽을 모두 거울로 장식하더라도 빛은 살아남을 수 없습니다.

학생 — 물체가 빛을 흡수하면 어떻게 될까요?

박사 — **빛을 흡수한 물체는 약간 온도가 높아집니다. 빛에너지가 물체의 온도 상승에 사용되는 것입니다.** 더운 날에 검은색 옷을 입고 있으면 더욱 덥게 느껴지는데, 이것은 검은색 옷이 빛(가시광선)을 흡수하여 온도가 높아지기 때문입니다.

학생 — 흡수되면 빛은 완전히 사라지는 것인가요?

박사 — 여러 가지 물체는 그 온도에 따른 파장의 전자기파(주로 적외선)를 항상 방출하고 있습니다. 이것을 '열복사'라고 합니다. 그러므로 물체에 흡수된 빛(가시광선)은 잠시 뒤에 더욱 파장이 긴 적외선의 형태로 주위에 다시 방출됩니다. 적외선도 가시광선과 마찬가지로 주위의 물체에 결국 흡수되지만, 일부는 방 밖으로 나가며, 그 가운데 또 그 일부는 우주 공간으로 달아나게 됩니다.

a. 빛은 어디로 사라지는 것일까?

주 : 의문점(Q)에 대한 답(A)에 해당되는 부분을 굵은 글자로 나타냈다.

Q2 빛이 굴절하는 이유를 납득할 수 없다

학생 — 빛이 왜 굴절하는지는 빛을 폭이 있는 띠로 생각했더니 납득할 수 있었습니다(a). 그러면 빛의 띠가 매우 작거나 아예 없다면 굴절이 일어나지 않을까요?

박사 — **입사각에 대한 굴절각의 크기는 빛의 폭과는 관계 없습니다. 굴절각은 공기 중에서의 빛의 속도와 물 속에서의 빛의 속도의 비율만으로 정해집니다.** 굴절각은 빛의 폭과 관계 없기 때문에 빛의 폭을 차츰 좁혀 가더라도 굴절각의 크기는 바뀌지 않습니다. 가령 빛의 폭을 무한소로 하더라도 굴절각은 바뀌지 않으므로 빛은 역시 꺾이게 됩니다.

학생 — 그렇지만 아직 납득이 가지 않습니다…….

박사 — 실은 원래 빛의 폭을 없애기란 불가능합니다. 왜냐 하면 빛의 폭은 파장 정도의 크기보다 작게 할 수 없습니다. 이것을 '회절 한계'라고 합니다. 예컨대 빛을 렌즈로 모으는 경우에도 회절 한계 때문에 빛을 파장 정도의 크기보다 작은 점에 모을 수는 없습니다. 이것은 피할 수 없는 빛의 기본적인 성질입니다. 그러므로 '폭이 없는 빛'이라는 가정 자체가 있을 수 없습니다.

a. 빛은 왜 굴절할까?

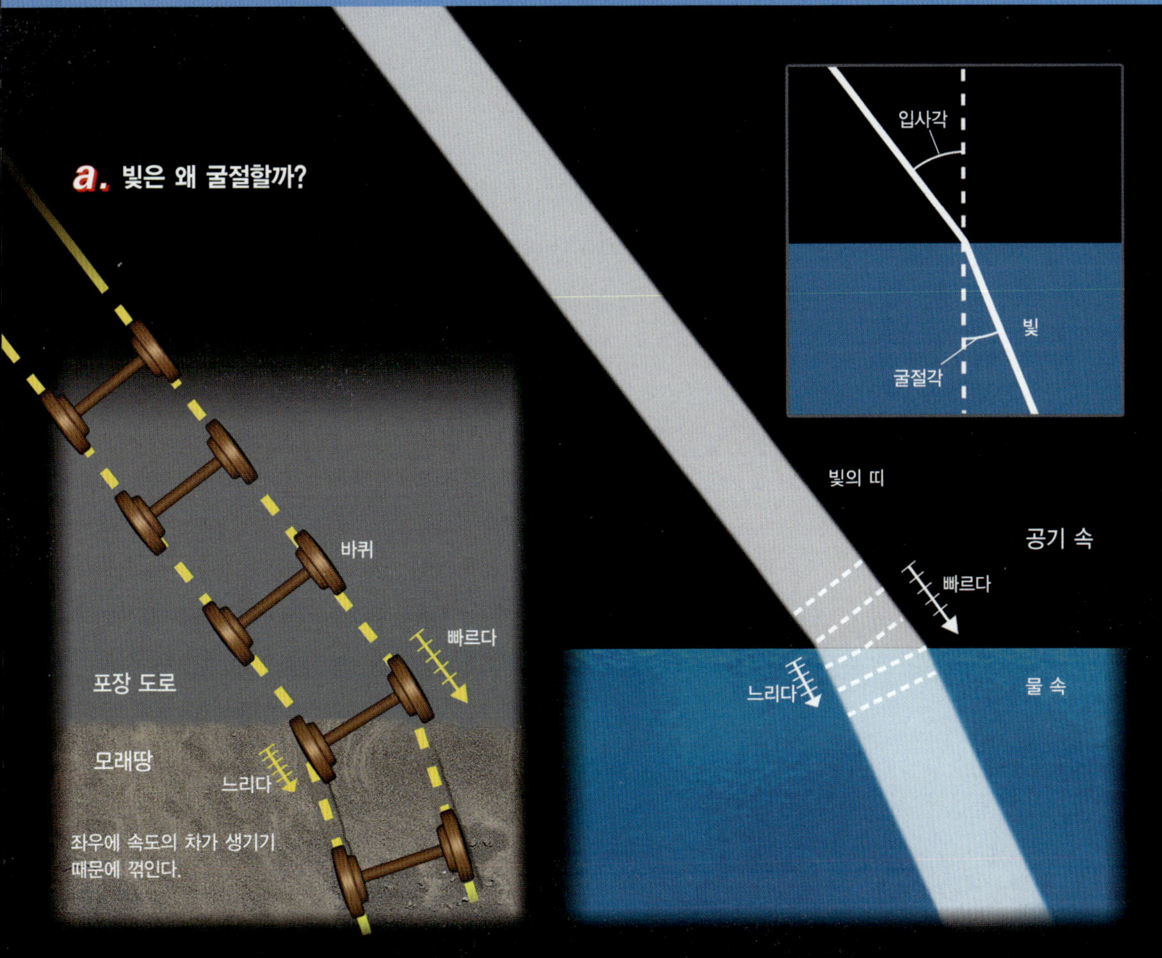

막대로 연결된 2개의 바퀴가 포장 도로에서 모래땅으로 비스듬히 들어갈 때, 앞쪽에서 보아 왼쪽의 바퀴가 먼저 모래땅에 들어와 속도가 떨어진다(왼쪽). 이때 오른쪽의 바퀴는 속도가 떨어지지 않는다. 이 좌우의 속도 차 때문에 바퀴의 방향이 꺾인다. 빛이 굴절하는 것도 이와 같은 이유이다(오른쪽).

공기 속보다는 물 속에서 빛의 속도가 느려진다. 빛의 띠가 수면에 입사하면 앞쪽에서 보아 왼쪽은 느려지지만 오른쪽은 아직 공기 속에 있기 때문에 속도가 떨어지지 않는다. 이 좌우의 속도 차 때문에 빛이 꺾인다. 입사각이 정해지면 굴절각은 하나의 값으로 정해진다(오른쪽 위).

좀더 알고 싶다!

Q&A

Q3 빛의 정체는 어떻게 규명되어 왔는가?

학생 — 빛의 정체는 어떻게 규명되어 왔습니까?

박사 — 빛에 대해서는 고대 그리스의 철학자, 과학자 사이에서도 이미 논의되고 있었습니다. 예컨대 기하학의 시조로 유명한 유클리드(기원전 300년 무렵에 활약)는 빛의 직진과, 빛이 반사할 때 입사각과 반사각이 같다는 사실 등을 알고 있었던 것 같습니다.

학생 — 빛의 굴절에 대해서는 어떻습니까?

박사 — 빛이 물 등에 입사할 때 경계면에서 굴절하는 것은 고대 그리스 시대부터 알려져 있었습니다. 그러나 올바른 형태로서의 '굴절의 법칙(입사각과 굴절각의 관계식)'은 그 후 오랫동안 규명되지 않았습니다. 빛의 과학은 망원경과 현미경이 발명된 17세기 무렵부터 급속히 발전했습니다. 굴절의 법칙도 1615년 빌레브로르트 스넬(1591~1626)에 의해 처음으로 발견되었습니다.

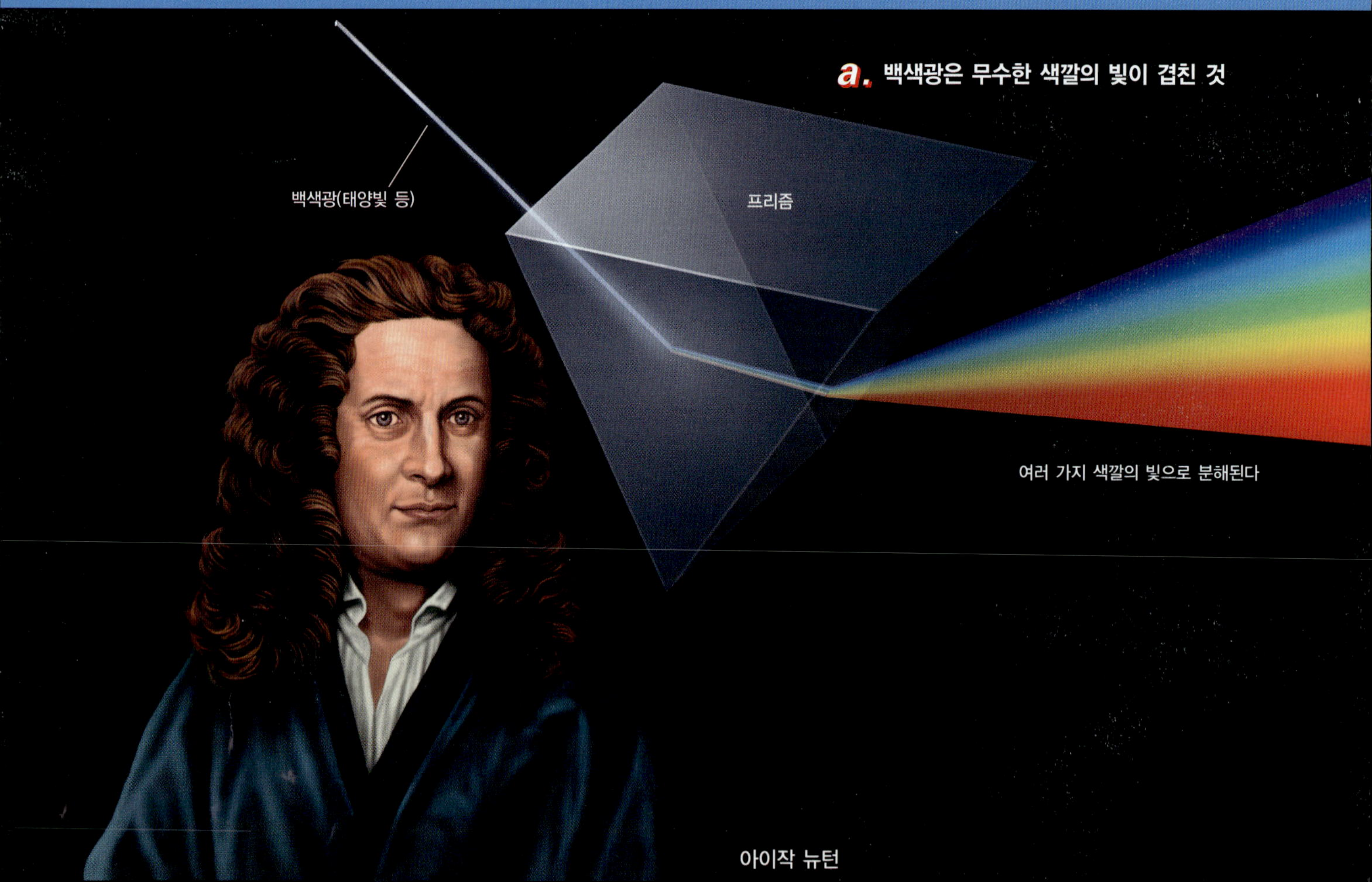

a. 백색광은 무수한 색깔의 빛이 겹친 것

학생 — 굴절의 이해에는 오랜 세월이 걸렸군요.

박사 — 광학의 발전에 가장 크게 공헌한 사람은 아이작 뉴턴(1642~1727)일 것입니다. 예컨대 **뉴턴은 프리즘을 사용하여, '백색광은 무수한 색깔의 빛이 겹쳐 이루어져 있다.'는 사실을 밝혀 냈습니다(a).** 그러나 크리스티안 하위헌스(호이겐스, 1629~1695)와 로버트 훅(1635~1703) 등이 이미 제창하고 있던 '빛의 파동설'에는 찬동하지 않았습니다. 뉴턴은 '빛은 입자'라고 생각했던 것 같습니다.

학생 — 왜 그랬을까요?

박사 — 예컨대 파동인 음파의 경우, 음원과 관측자 사이에 물체가 있더라도 소리가 들립니다. 음파에는 퍼져 나가는 성질이 있어서 물체의 뒤에까지 돌아 들어가기 때문입니다. 이것을 파동의 '회절'이라고 합니다. 한편 빛은 물체의 배후에 뚜렷한 그림자를 만듭니다. 뉴턴은 빛이 파동이라면 물체의 그림자 부분에까지 빛이 돌아 들어가야 할 것이라고 생각해, 빛의 파동설에 반대하는 입장을 취했습니다.

학생 — 빛은 회절을 일으키지 않습니까?

박사 — 회절 효과는 파장이 물체의 크기와 같은 정도일 때 현저하게 나타나며, 물체의 크기보다도 파장이 짧을 때는 거의 눈에 띄지 않습니다. 가시광선은 파장이 400~800nm 정도(nm는 10억분의 1m)로 매우 짧으므로, 회절 효과가 매우 작아 일상 생활에서는 빛의 회절이 느껴지지 않습니다.

학생 — 뉴턴이 잘못된 결론을 내린 것도 무리는 아니군요.

박사 — 당시 뉴턴은 물체의 운동 법칙을 설명하는 '뉴턴 역학'을 완성시켜 과학계의 커다란 권위자가 되었습니다. 그래서 하위헌스 등이 제창한 빛의 파동설은 열세가 되고, 빛의 입자설이 압도적으로 우세하게 되었습니다. 그러나 **1807년 토머스 영(1773~1829)이 실험에 의해 빛이 간섭하는 것을 보여 주었습니다(b).** 빛의 간섭은 입자설로는 설명할 수 없습니다. **영에 의해 빛의 입자설은 부정되고 빛의 파동설이 부활한 것입니다. 1867년에는 전자기학의 시조인 제임스 맥스웰(1831~1879)이 '빛은 전자기파'임을 밝혀 냄으로써 빛의 파동설은 확고부동한 것이 되었습니다**(전자기파에 대해서는 제3장에서 다룬다).

주 : 의문점(Q)에 대한 답(A)에 해당되는 부분을 굵은 글자로 나타냈다.

b. '빛의 간섭'은 빛이 파동이라는 증거

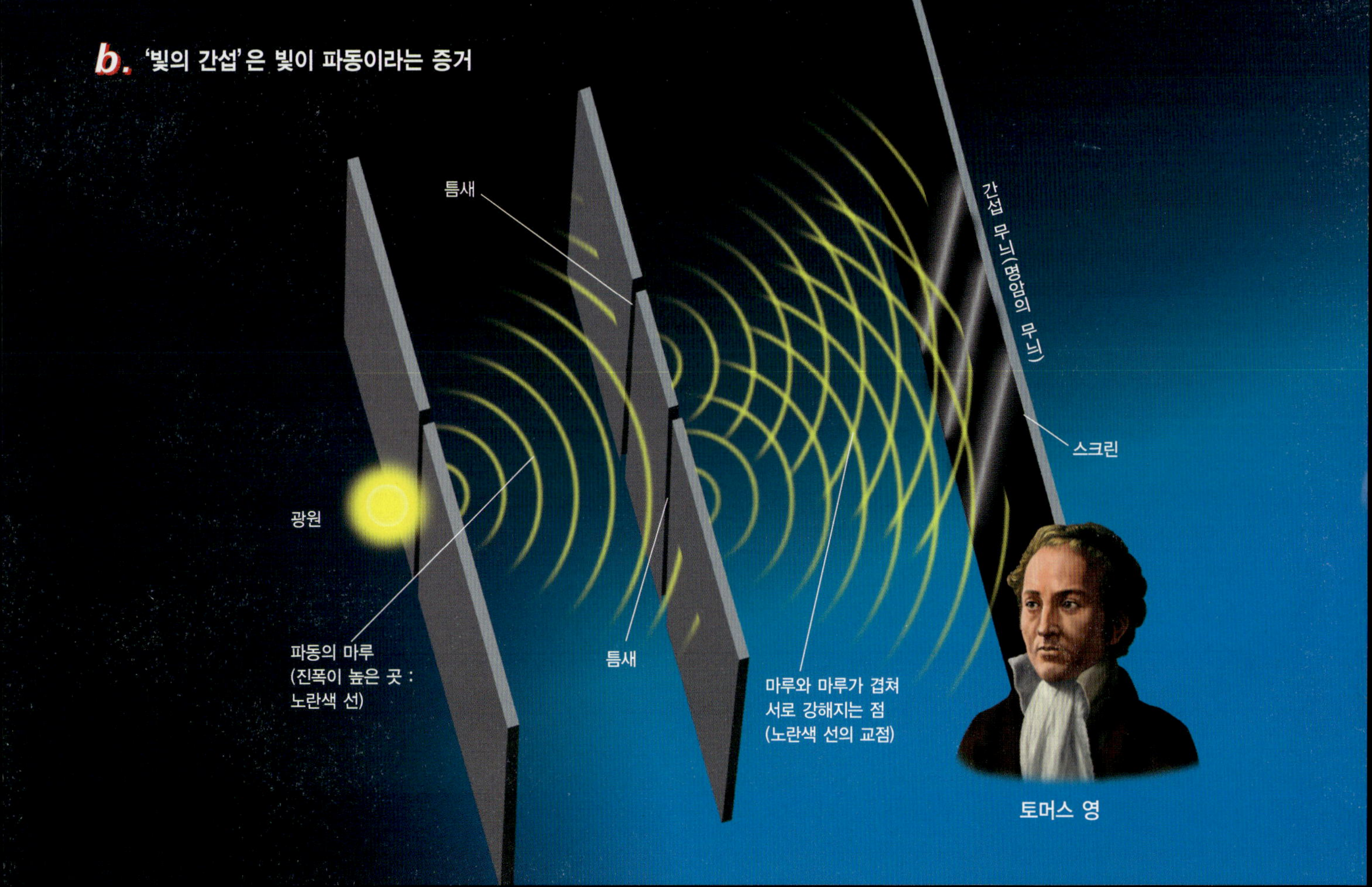

영은 빛을 2개의 틈새로 통과시키면, 2개의 빛의 파동이 '간섭'을 일으켜 스크린에 줄무늬(간섭무늬)가 나타남을 보여 주었다. 간섭이란 파동의 마루와 마루가 겹쳐 서로 강해지거나, 마루와 골이 겹쳐 서로 약해지는 현상이다. 스크린에서 밝은 부분은 빛이 강해진 부분, 어두운 부분은 약해진 부분이다.

좀더 알고 싶다!
Q&A

Q4 눈앞을 지나가는 광선이 보이지 않는다?

학생 — 우주 공간에서는 눈앞에 광선이 지나가도 보이지 않는다니 정말 신기합니다(a).

박사 — **'보인다'는 감각은 광선이 눈에 들어와 눈 안쪽에 있는 각막의 세포를 자극함으로써 비로소 성립됩니다. 진공(물질이 아무것도 없는 상태)인 우주 공간에서 광선이 눈앞에 지나간다고 하더라도, 그 광선이 눈에 들어오지 않고 지나갈 뿐이므로 우리는 인식할 수 없습니다.**

학생 — 어두운 방에서 커튼 사이로 들어온 빛줄기를 본 적이 있습니다. 이것이 눈앞을 지나가는 빛을 옆에서 보는 예가 되지 않을까요?

박사 — 어두운 방에서 빛이 지나가는 길이 보이는 경우는 분명히 있습니다. 그러나 이것은 공기 속을 떠다니는 먼지 등에 빛이 닿아 '산란'되기 때문에 보이는 것입니다(b). 산란이란 빛이 불규칙하게 분포하는 작은 알갱이에 닿아 사방팔방으로 빛이 흩어지는 현상을 말합니다. 어두운 방 안에서 빛줄기가 보이는 이유는 산란한 빛의 일부가 눈에 들어오기 때문입니다.

학생 — 그 밖에 흔히 볼 수 있는 산란의 예가 있습니까?

박사 — 구름이나 우유가 하얗게 보이는 것도 빛의 산란 때문입니다. 구름의 경우는 공기 속을 떠다니는 작은 물방울이, 우유의 경우는 물 속을 떠다니는 지방과 단백질의 작은 덩어리가 빛을 산란하기 때문에 하얗게 보입니다.

진공인 우주 공간에서는, 눈앞으로 광선이 지나가도 관측자는 그것을 인식할 수 없다. 관측자의 눈에 빛이 들어오지 않기 때문이다.

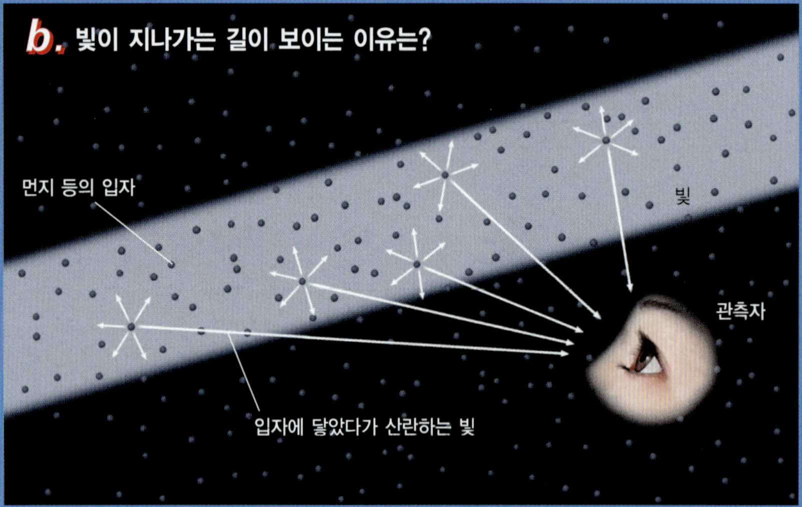

먼지나 연기 등의 작은 입자가 떠 있으면, 빛이 지나가는 길이 보이는 경우가 있다. 이는 입자에 빛이 닿았다가 '산란'하여 방향을 바꾼 빛이 눈에 들어오기 때문이다. 빛이 지나가는 길 그 자체가 보인다기보다는 입자의 집단이 보인다고 하는 편이 적절하다.

주 : 의문점(Q)에 대한 답(A)에 해당되는 부분을 굵은 글자로 나타냈다.

Q5 흰 물체의 표면을 닦으면 거울이 되는가?

학생 — 흰 물체도 거울과 마찬가지로 여러 가지 색깔의 빛을 반사하는(*a*, *b*) 것 같은데, 그러면 흰 플라스틱 표면을 깨끗하게 닦으면 거울이 될까요?

박사 — 흰 플라스틱의 표면을 깨끗하게 닦으면 상이 어느 정도 비칠지도 모릅니다. 그러나 **금속 이외의 물체인 경우, 빛은 어느 정도 표면에서 내부로 들어갑니다. 그리고 그 빛은 물체의 내부에서 산란을 일으켜 사방팔방으로 흩어집니다.** 즉 거울에서와 같은 '반사의 법칙(입사각=반사각)'이 완전히 성립하지는 않습니다. **그래서 표면을 깨끗하게 닦더라도 흰 외관은 남을 것입니다. 그러므로 거울처럼 물체의 색깔과 모양을 완전히 보여 줄 수는 없습니다.**

학생 — 그러면 왜 금속은 거울이 될 수 있나요?

박사 — 금속은 표면에서 가시광선을 완전히 반사시켜, 빛이 내부에 침입하지 못하게 하는 성질이 있습니다. 금속이 광택을 지니는 이유는 그 때문입니다. 금속은 내부로 침입해서 산란하는 빛이 없으므로, 알루미늄이나 은 등은 표면을 닦으면 훌륭한 거울이 됩니다.

a. 거울은 여러 가지 색깔의 빛을 잘 반사한다

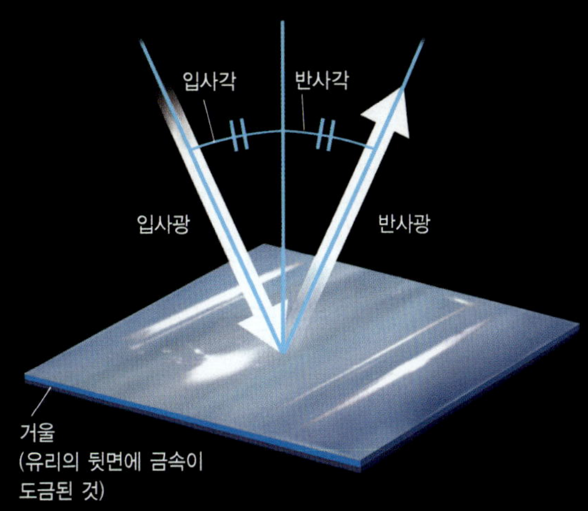

b. 흰 물체는 여러 가지 색깔의 빛을 난반사한다

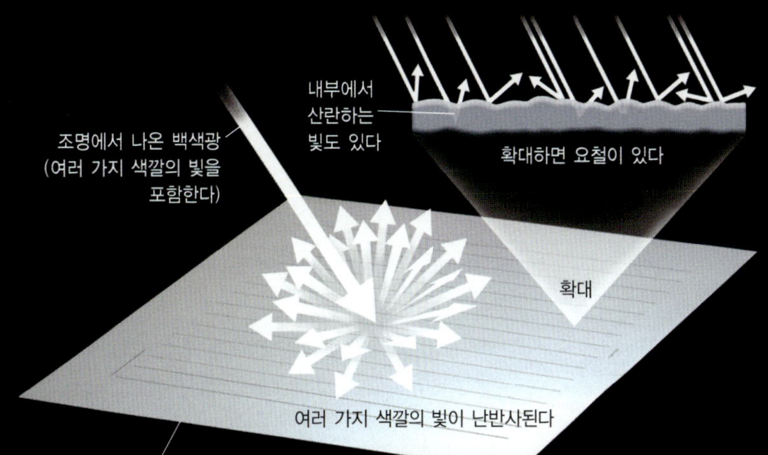

거울은 여러 가지 색깔의 빛을 반사한다(*a*). 거울에서는 입사각과 반사각이 같아져 반사가 일어난다(반사의 법칙). 한편 희게 보이는 물체(종이나 플라스틱 등)도 여러 가지 색깔의 빛을 반사한다(*b*).
희게 보이는 것은 여러 가지 색깔의 빛이 겹쳐 눈에 들어오기 때문이다(흰 빛에 대해서는 50쪽 *a*에서 해설). 보통 희게 보이는 물체의 표면을 확대해 보면 요철이 있다. 그래서 거울처럼 반사의 법칙을 만족시키지 못하고, 빛은 사방팔방으로 난반사된다.

제 2 장

색깔이란 무엇인가?

이 장에서는 '빛의 색깔'이라는 수수께끼를 다룬다. 제1장에서 아이작 뉴턴이 태양빛은 무수한 색깔을 지닌 빛의 집합체임을 발견했다고 소개했다. 그런데 뉴턴은 '광선에는 색깔이 없다.'고도 말했다. 이것은 무슨 뜻일까? 텔레비전 수상기의 화면이 '빨강, 초록, 파랑'의 삼원색을 내는 점의 조합만으로 이루어져 있는 이유를 예로 들어, 인간의 시각이 빛의 색깔을 어떻게 포착하는지 해설한다.

삼원색의 조합이 모든 색을 만들어 낸다

제1장에서는 하얀색으로 보이는 태양빛이 무수한 색깔의 빛의 조합임을 소개했다. 그렇지만 **우리는 '빨강, 초록, 파랑' 3색의 빛을 조합하기만 해도 그 빛의 색깔을 '하얀색'으로 인식한다. 이 3색의 빛의 밝기를 바꾸면서 여러 가지로 조합시키면, 원리적으로는 모든 색깔을 만들 수 있다.**

빨강, 초록, 파랑 3색을 '빛의 삼원색'이라 한다(1). 영어로 빨강은 red, 초록은 green, 파랑은 blue이므로 그들 머리글자를 따서 'RGB'라고 한다. 그러나 삼원색의 조합은 반드시 엄밀한 것이 아니며, 파장이 다소 어긋나도 상관없다.

텔레비전의 디스플레이는 빛의 삼원색을 이용한다. 디스플레

1. 빛의 삼원색

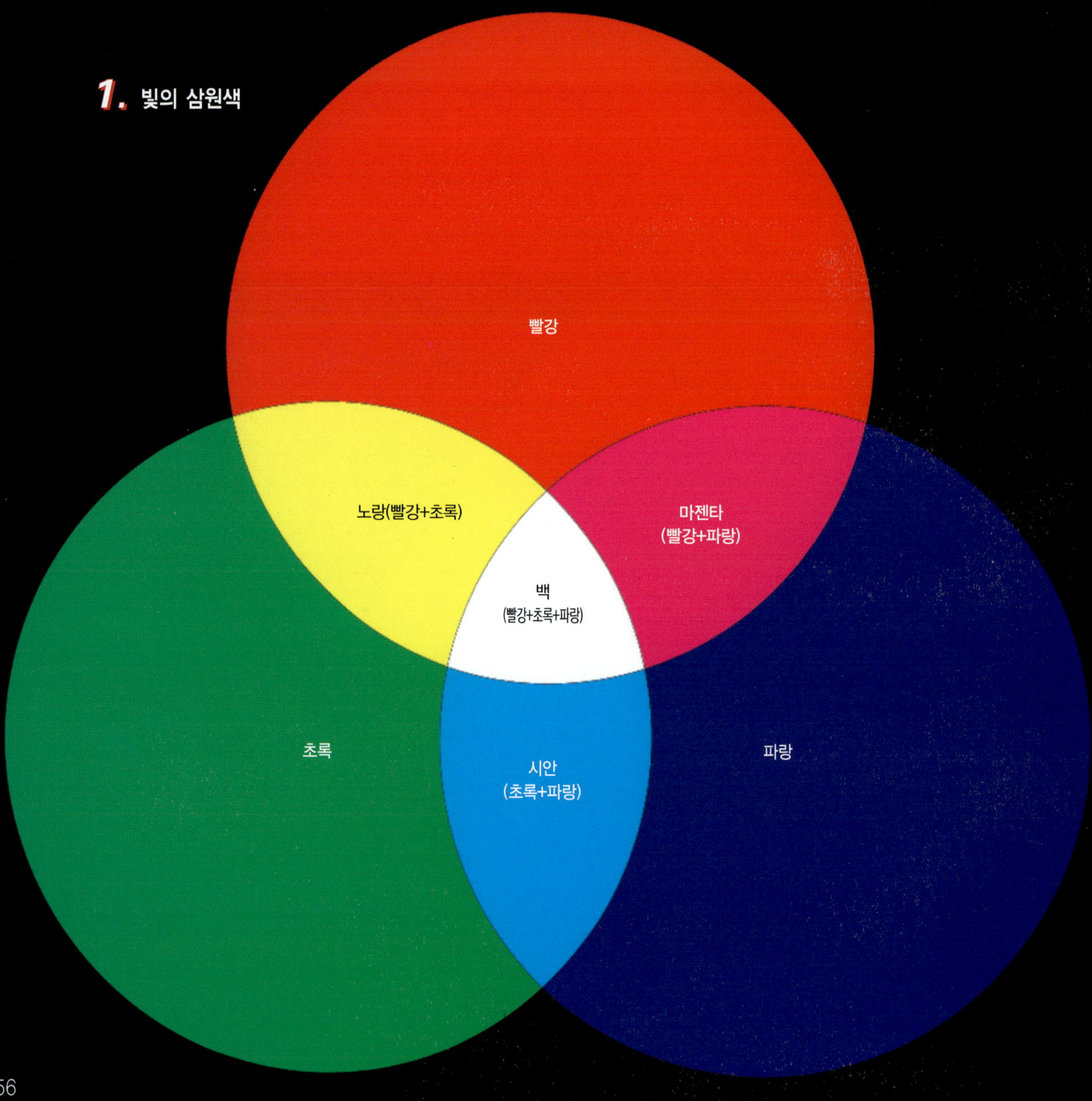

이의 표면을 확대해 보면 스스로 빛을 내는 빨강, 초록, 파랑의 조합으로 되어 있다(*2*). 우리의 눈은 3개의 작은 점을 별개의 점으로 포착할 수 없기 때문에, 3색의 빛이 겹쳐 여러 가지 색깔로 인식된다.

빨강, 초록, 파랑 3색의 빛을 조합하면, 태양빛의 스펙트럼 안에 포함되지 않은 색깔도 만들 수 있다. 예컨대 분홍색은 태양빛의 스펙트럼에는 없다. 즉 분홍색에 해당하는 파장의 빛은 없다. 그러나 빛의 삼원색을 적당한 밝기의 비율로 조합하면, 우리는 그 빛을 분홍색으로 인식한다.

2. 디스플레이는 빛의 삼원색으로 다양한 색깔을 만든다

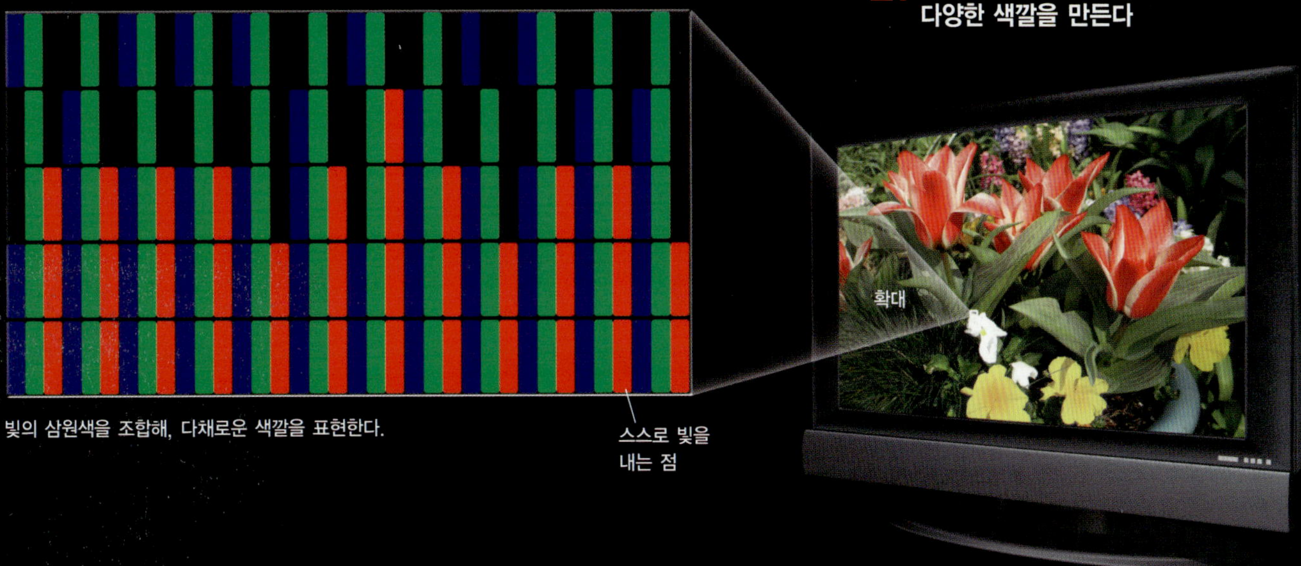

주 : 100nm는 1만분의 1mm

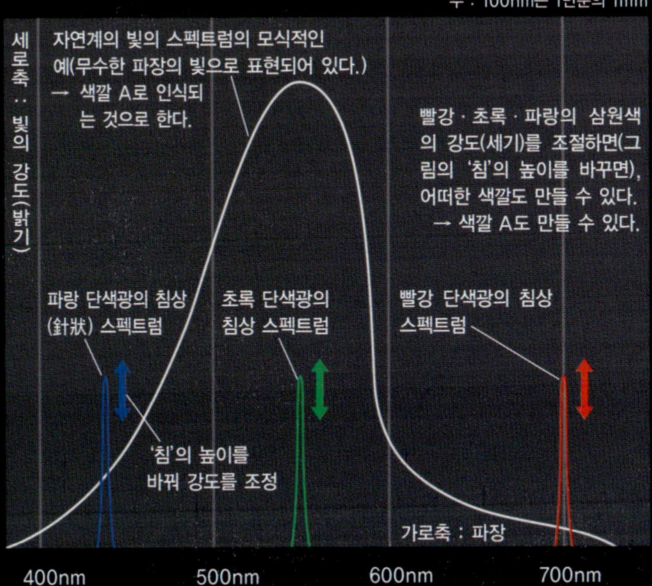

'좀더 자세히!' 자연계의 색깔을 삼원색만으로 재현

자연계의 빛(물체에서의 반사광 등)의 색깔은 무수한 파장의 빛의 조합으로 이루어진다. 가로축에 파장, 세로축에 빛의 강도(强度)를 취하고, 자연계의 빛을 모식적으로 그래프로 나타내면 왼쪽 그림처럼 된다. 이러한 그래프도 '스펙트럼'이라 불린다.

이 스펙트럼을 가지는 빛이 인간에게 색깔 A로 인식되었다고 하자. 빨강 · 초록 · 파랑에 대응하는 세 단색광(單色光 : 특정한 수치의 파장의 빛만 포함하는 빛)을, 밝기를 잘 조절하고 이를 조합하면 색깔 A와 같은 색깔의 감각을 유발할 수 있다. 스펙트럼이 일치하지 않아도, 삼원색을 잘 조합하면 인간의 시각을 '속일 수 있는' 셈이다.

'광선에는 색깔이 없다'는 말은 무슨 뜻일까?

초기의 광학 발전에 지대한 영향을 미친 뉴턴은 '광선에는 색깔이 없다.' 고 말했다고 한다. **색깔은 물리적인 양이라기보다 인간의 시각이 만들어 내는 심리적인 양이다.** 빛에는 색깔의 감각을 유발하는 성질이 있을 뿐이다.

오렌지색이 강한 빛을 내는 전구를 켠 방에서도, 잠시 거기에 있으면 흰 종이는 역시 희게 보인다(1). 인간의 시각이 주위의 환경에 맞춰 색깔을 보정하기 때문에 흰 종이는 여느 때와 마찬가지로 느껴진다. 이것을 '색순응'이라고 한다. 착색된 선글라스를 끼어도 곧 위화감이 없어지는 이유도 색순응 때문이다.

주위의 배색에 의해 같은 색깔이 달라 보이는 경우도 있다.

1. 인간의 시각은 환경에 순응한다(색순응)

오렌지색 빛을 내는 전구를 켠 방

2는 '뭉커 착시'※1라는 것이다. 'Newton'이라는 글자는 위, 아래 모두 같은 빨간색인데, 위는 붉은 보라색에 가깝게 보이고, 아래는 오렌지색에 가깝게 보인다. 이것도 색깔이 심리적인 양임을 나타내고 있다.

※ 1 : '뭉커 착시'와 같은 색깔의 착시를 지각심리학에서는 '색의 동화'라고 한다.

2. 같은 색깔도 주위 배색에 의해 다른 색깔로 보인다

아래의 'Newton'이란 글자는 완전히 같은 빨간색이다. 파란색 줄무늬에 끼워진 빨간색 부분은, 파란색이 걸쳐 붉은보라색에 가깝게 보인다(위). 한편, 노란색 줄무늬에 끼워진 빨간색 부분은, 노란색이 강한 오렌지색에 가깝게 보인다(아래). 정면에서보다도 비스듬히 옆에서 보면 색깔의 차이가 더 강조되어 보인다. 이것은 '뭉커 착시'라 불리는 착시이다(Munker, 1970).

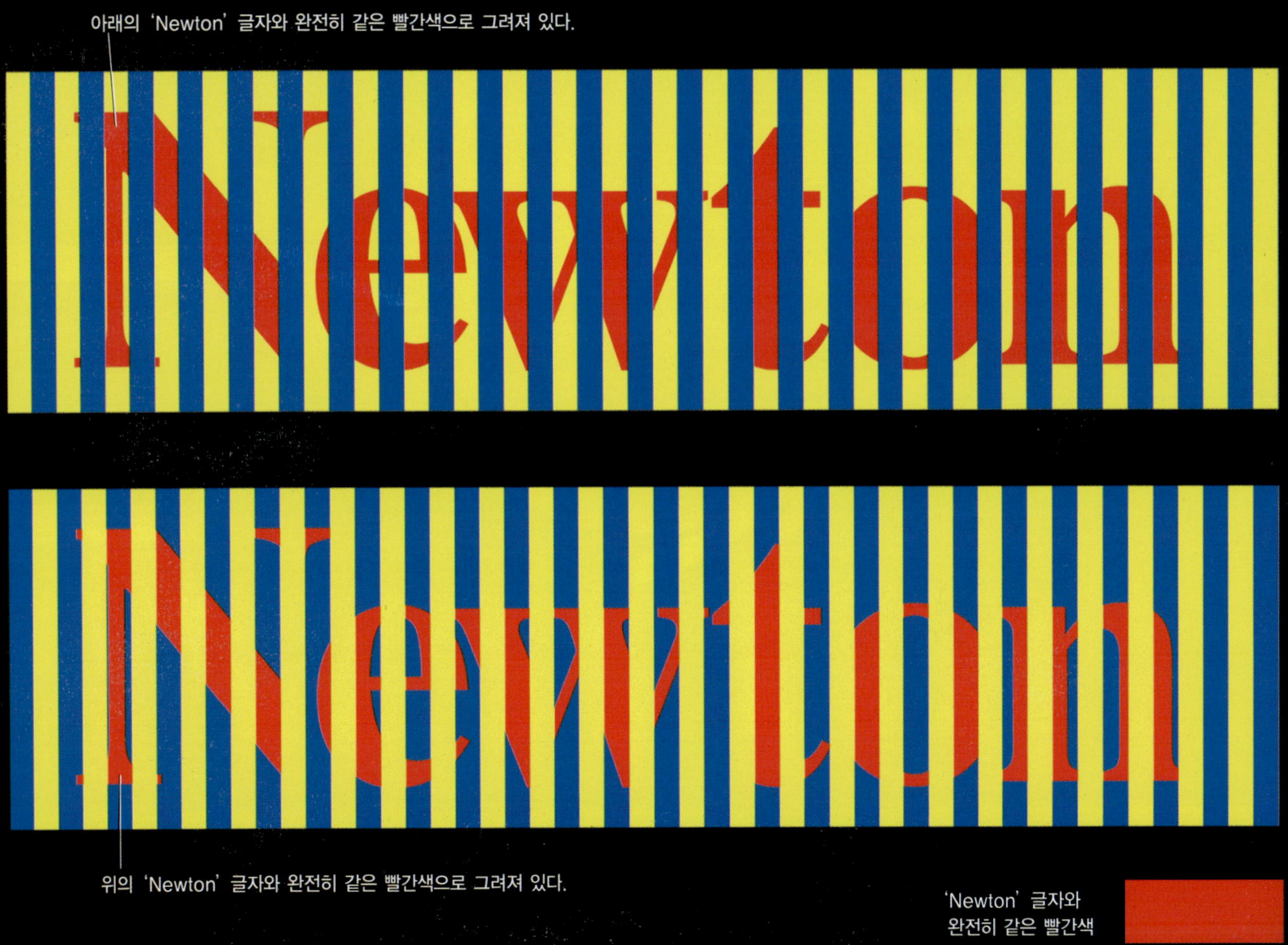

눈 안쪽에는 빛의 삼원색에 대응하는 센서가 있다

왜 빨강, 초록, 파랑의 3색만으로 모든 색깔을 만들 수 있을까? 그 비밀은 우리 눈 안쪽의 '망막'에 있다(*1*). 망막은 카메라의 필름(디지털 카메라는 CCD)에 해당하며, 렌즈 역할을 하는 '각막'과 '수정체'로 모아진 빛을 받아들이는 부분이다.

망막에는 '간상세포'와 '원추세포'라는 빛을 받는 두 종류의 세포가 있다. **간상세포는 주로 명암을 감지하는 센서, 원추세포는 주로 색깔을 감지하는 센서라고 할 수 있다(*2*). 원추세포 안에서 실제로 빛을 받아들이는 '감광 색소'에는 세 종류가 있**

1. 눈의 구조

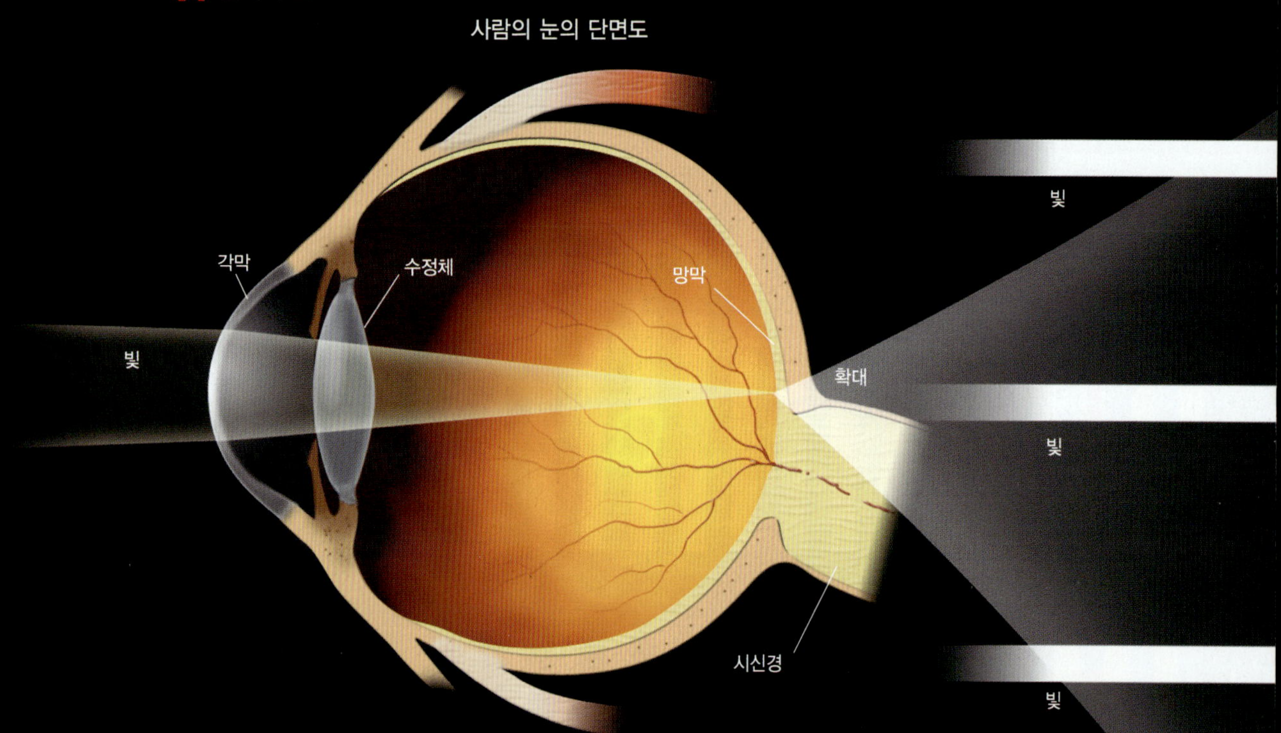

는데, 각각 빨강, 초록, 파랑의 빛을 주로 받아들이게끔 역할 분담이 되어 있다. 이들 세 종류의 감광 색소가 받아들인 신호의 세기가 조합되고 시신경에서 뇌로 전달됨으로써 우리는 색깔을 판단한다.

빛의 삼원색을 제대로 조합하면 세 종류의 색깔 센서를 얼마든지 자극할 수 있다. 그래서 삼원색을 조합시키기만 하면 원리적으로는 모든 색깔을 만들어 낼 수(인간에게 모든 색깔을 느끼게 할 수) 있다.

2. 세 종류의 색깔 센서

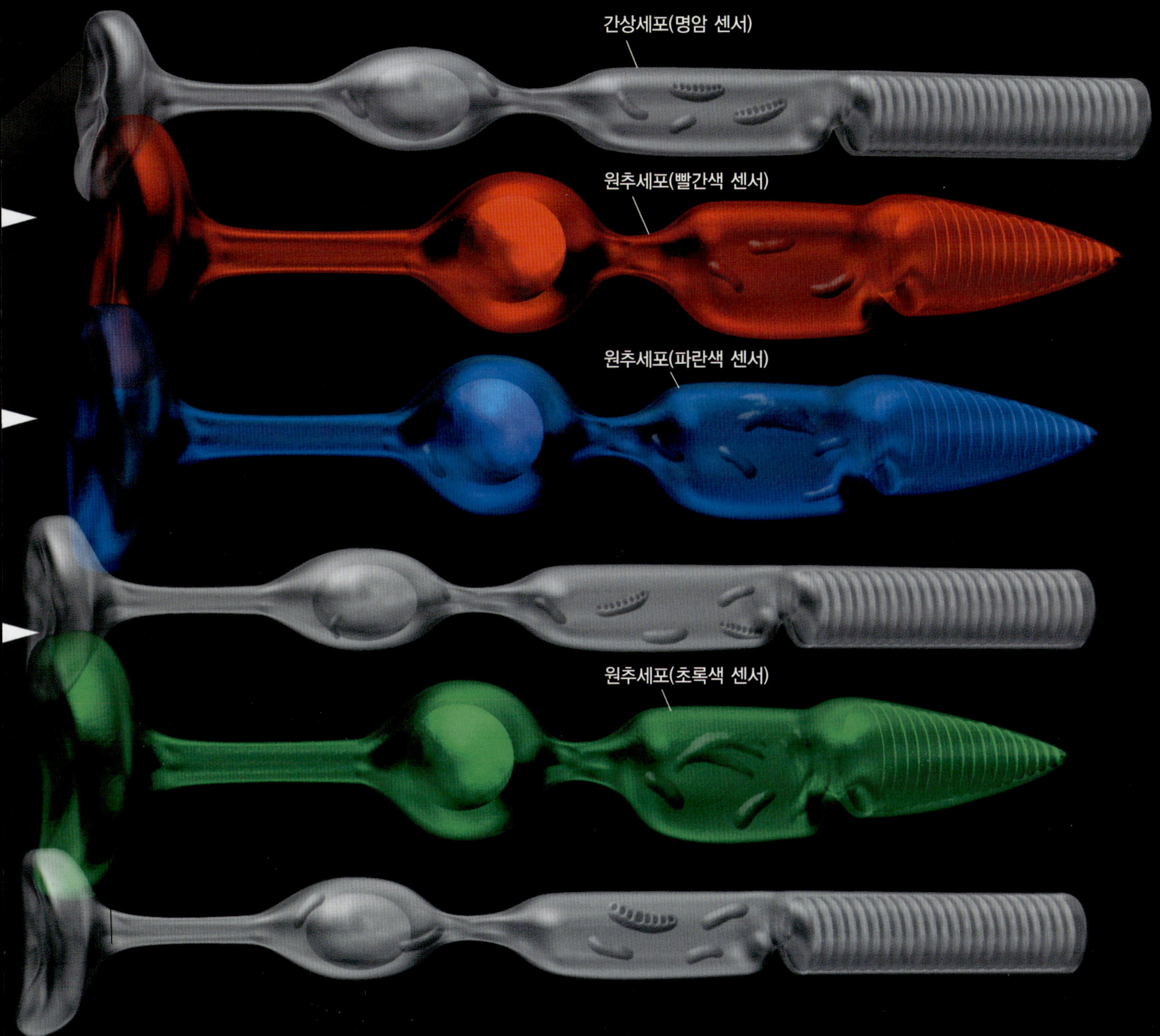

새들은 인간보다 색깔이 선명한 세계를 보고 있다?

흥미롭게도 사람을 포함한 영장류 일부 이외의 포유류는 원추세포의 감광 색소가 인간보다 하나 적은 두 종류밖에 없다고 한다. 58~59쪽에서 강조한 것처럼 색깔은 심리적인 양이므로 단정할 수는 없으나 개, 고양이, 소 등의 포유류는 사람보다 색채가 적은 세계를 보고 있다고 한다.

한편 어류, 파충류, 조류는 원추세포의 감광 색소를 사람보다 하나 더 많은 네 종류나 가지고 있다고 한다. 예컨대 조류는 사람의 눈에는 보이지 않는 자외선도 볼 수 있다고 한다. 이들 동

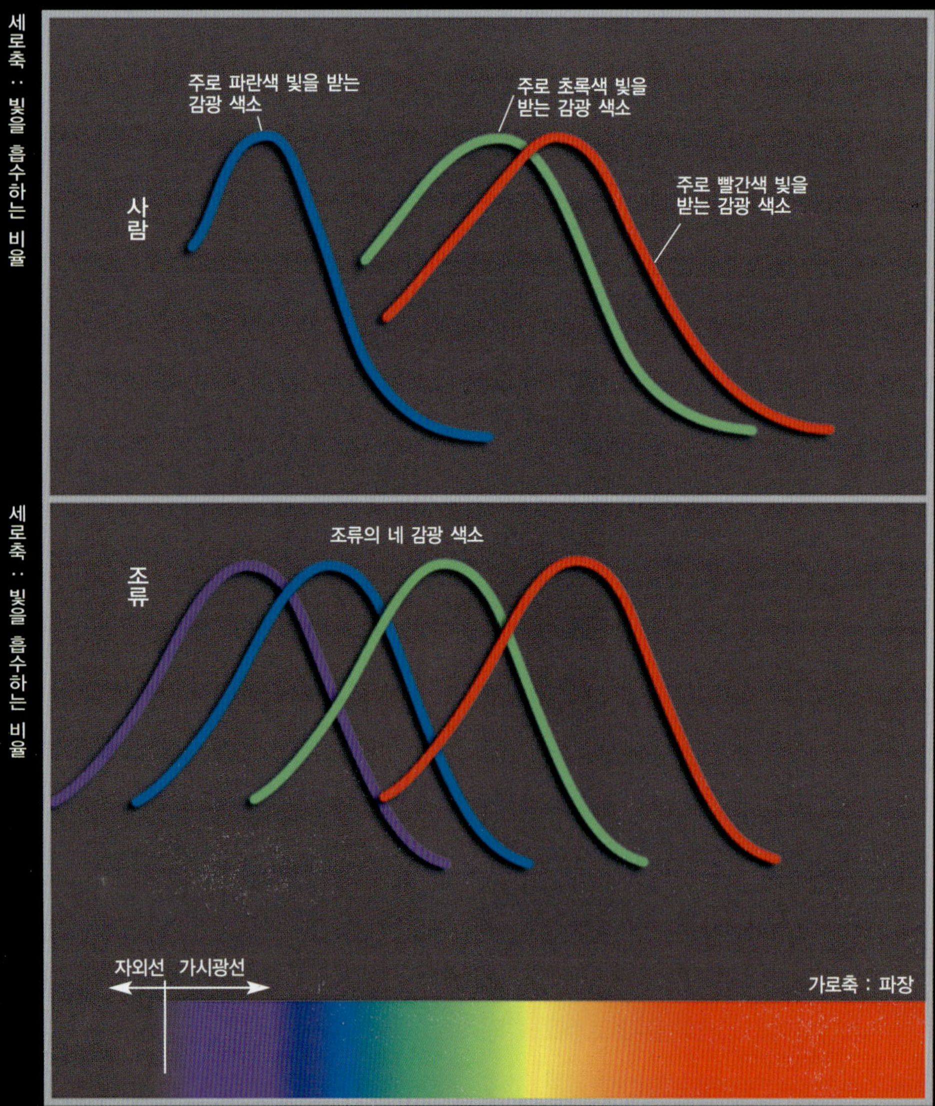

'좀더 자세히!' 감광 색소의 '수비 범위'

상단의 그래프는 사람 망막의 원추세포에 있는 세 종류의 감광 색소가 빛을 흡수하는 비율과 빛의 파장의 관계를 나타낸 것이다. 각각의 감광 색소가 담당하는 파장 영역은 서로 겹치면서도 다르다. 이처럼 세 감광 색소가 역할을 분담함으로써, 우리의 색깔에 대한 시각이 만들어진다.

하단의 그래프는 조류(닭) 원추세포의 네 종류의 감광 색소에 대한 것이다. 조류는 자외선까지 볼 수 있다.

그래프는 〈신상생물도표(新祥生物圖表)〉와 〈생물은 어떻게 세계를 보고 있는가?〉 등을 참조해 만들었다.

물이 보는 세계는 우리가 보는 세계와는 다른 색채를 지니고 있으리라 생각된다.

포유류의 조상은 진화의 과정에서 야행성을 오래 경험했기 때문에 감광 색소가 둘로 퇴화했다고 한다. 그 후 영장류의 조상은 주행성이 되어 색깔이 선명한 나무 열매 등을 먹게 되자, 진화의 과정에서 다시 감광 색소가 늘어났으리라 여겨진다.

'좀더 자세히!' 자외선도 볼 수 있는 조류가 꽃을 보면……
왼쪽은 국화과에 속하는 꽃의 가시광선 영상, 오른쪽은 같은 꽃을 파장 300~400nm의 자외선으로 찍은 영상이다. 가시광선 영상에서는 보이지 않는 꽃의 무늬가 자외선 영상에서는 똑똑히 보인다. 조류는 자외선 영역에도 반응하는 감광 색소를 가지고 있다. 가시광선도 볼 수 있으므로 위의 두 사진을 조합한 것 같은 무늬를 보고 있을 것이다. 조류는 우리와는 다른 색깔의 세계를 보고 있는 셈이다.

스스로 빛나지 않는 물체의 색깔은 빛의 '흡수'와 '반사'가 만들어 낸다

조명이나 디스플레이처럼 스스로 빛을 내는 것 이외의 물체는 무엇인가에서 온 빛을 반사하지 않으면 우리가 그 물체를 볼 수 없다. 태양이나 조명에서 나오는 백색광은 여러 가지 색깔의 성분을 포함하고 있다.

예컨대 **식물의 초록색 잎은 광원에서 나온 백색광 가운데 초록색 이외의 빛을 흡수하고, 초록색 빛만 반사하기 때문에 초록**

1. 초록색 잎은 초록색 이외의 빛을 흡수하고, 초록색 빛만 반사한다

색으로 보인다(*1*). 좀더 엄밀하게 말하면, 백색광의 스펙트럼 가운데 빨간색에 가까운 파장 영역의 빛과 파란색에 가까운 파장 영역의 빛이 흡수되고, 나머지가 반사된다. 이 나머지 빛의 스펙트럼이 사람에게는 초록색으로 느껴지는 것이다. 식물은 초록색 빛을 흡수하지 않기 때문에 비로소 초록색으로 보이는 셈이다. 초록색 잎의 경우, 흡수된 빛에너지는 '광합성(이산화탄소와 물에서 탄수화물을 합성하고, 산소를 방출하는 반응)'에 사용된다. 그러나 **일반적으로는 물질에 흡수된 빛에너지는 물체의 온도를 높이는 데 사용된다.**

한편 반투명 물체의 색깔은 어떨까? 빨간색의 반투명 책받침은 백색광 가운데 빨간색 이외의 빛을 흡수하고 빨간색 빛만 투과시키기 때문에 빨간색으로 보인다(*2*).

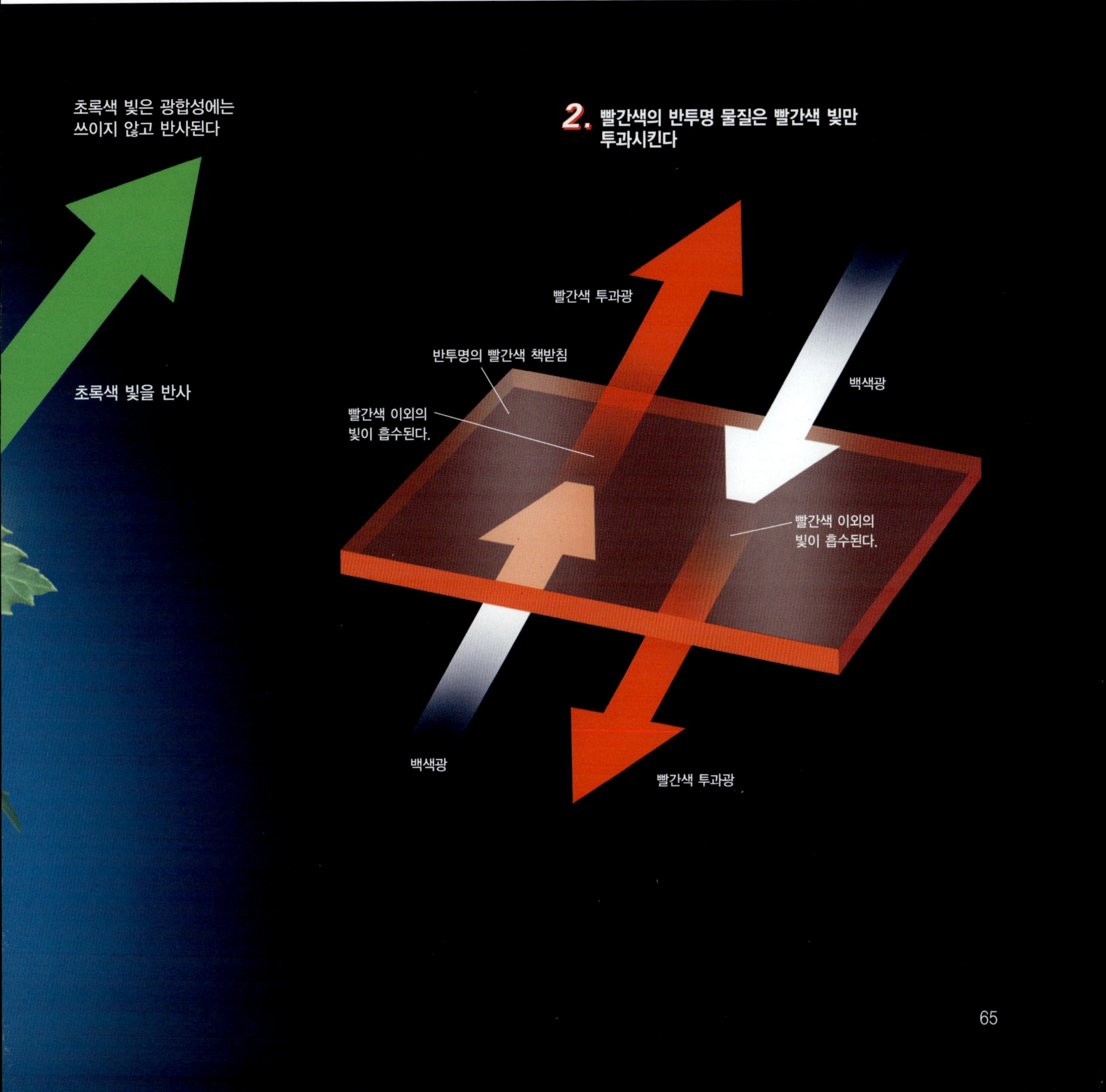

색의 삼원색은 '뺄셈'으로 생각한다

'빛의 삼원색'에 대해 **'색의 삼원색'**도 있다. 이는 그림물감처럼 스스로 빛을 내지 않는 것을 사용해 여러 가지 색깔을 만들어 내는 데 필요한 개념이다. **색의 삼원색은 시안(밝은 파란색), 마젠타(밝은 빨간색), 노랑의 셋이다(1-a). 흰 종이 위에서 이들 세 가지를 조합시키면 원리적으로는 모든 색깔을 만들 수 있다.** 그러나 3색이 반드시 이 조합이 아니라도 무방한 것은 빛의 삼원색 경우와 같다.

색의 삼원색에 해당하는 그림물감을 섞으면 검정이 된다(1-b). 빛의 삼원색을 합하면 하얀색이 되는 것과는 반대이다. 이것은 **'색깔의 뺄셈'**으로 생각하면 이해하기 쉽다. 시안 그림물

1-a. 색의 3원색으로 모든 색깔이 만들어진다
아래 그림의 빨강(마젠타+노랑), 초록(노랑+시안), 파랑(시안+마젠타)은 빛의 3원색과 같은 색깔이다.

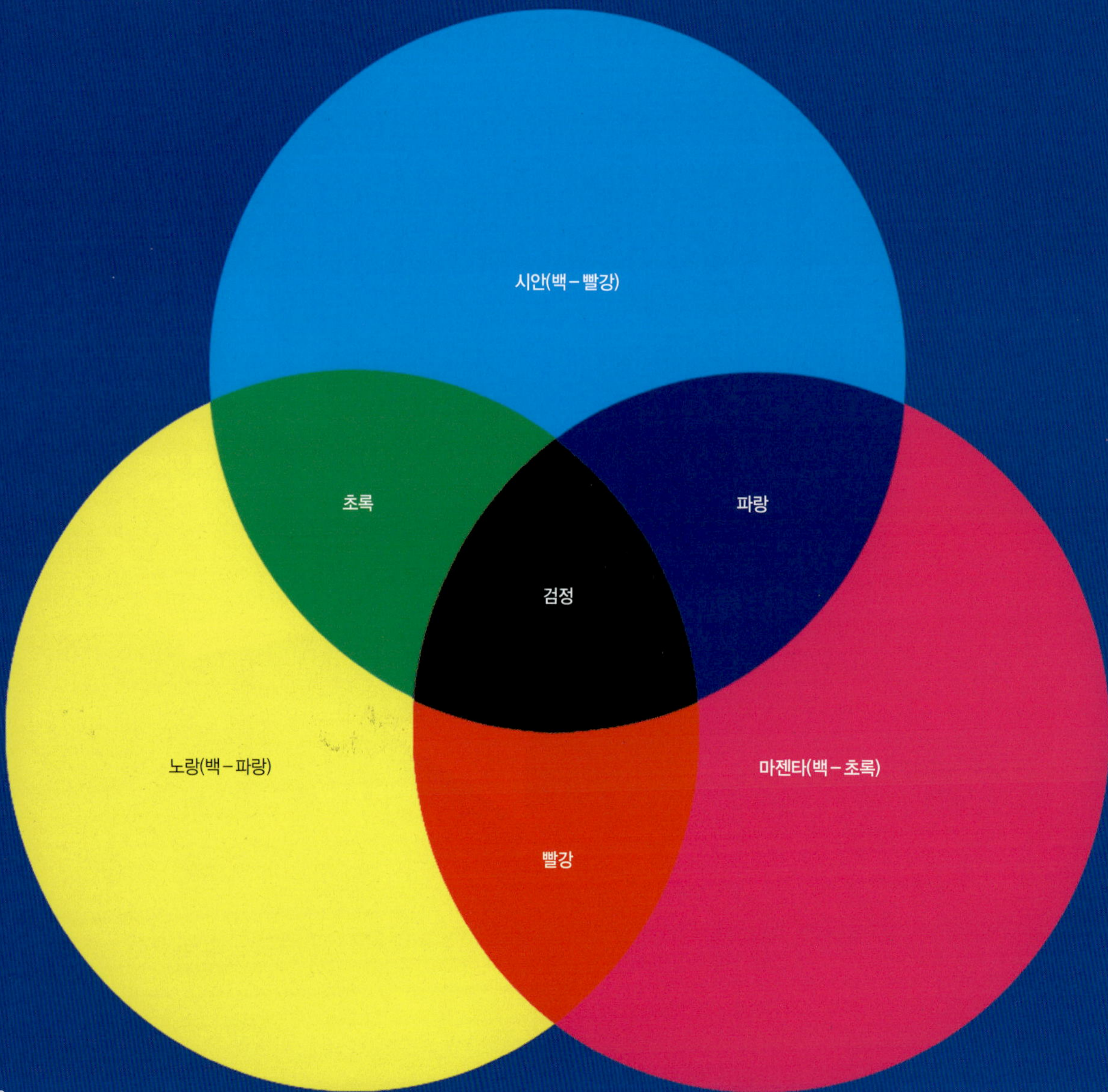

감은 백색광에서 빨간색 빛을 흡수하고, 나머지 빛을 반사함으로써 시안 색깔로 보인다(하얀색 - 빨강 = 시안). 마젠타 그림물감은 백색광에서 초록색 빛을 흡수하고(하얀색 - 초록 = 마젠타), 노랑 그림물감은 백색광에서 파란색 빛을 흡수한다(하얀색 - 파랑 = 노랑). 결국 세 그림물감을 섞으면 빨강, 초록, 파랑 모두 흡수되고 아무것도 반사되지 않으므로 검게 보이는 것이다(하얀색 - 빨강 - 초록 - 파랑 = 검정).

엄밀히 말하면 백색광은 무수한 색깔의 조합이므로, 빨강, 초록, 파랑의 단색광만 흡수한다고 해서 검게 보이지는 않는다. 예를 들어 노랑 그림물감은 파란색의 파장을 중심으로 어느 정도 파장의 폭을 가진 다양한 색깔의 빛을 흡수한다. 마젠타, 시안의 경우도 마찬가지이다.

이상적인 그림물감이라면 색의 삼원색을 섞으면 모든 색깔의 빛이 흡수되어 새까맣게 되어야 하지만, 실제로는 '흡수 누락'이 있다. 그래서 인쇄물 등에서는 색깔의 삼원색에 덧붙여 흑색 잉크도 섞어 흡수 누락을 보완하고 있다. 시안(cyan), 마젠타(magenta), 노랑(yellow)의 머리글자와 검정(black)의 K를 취해 CMYK라 한다.

1-b. 색의 삼원색을 섞으면 검정이 된다(색깔의 빼셈)

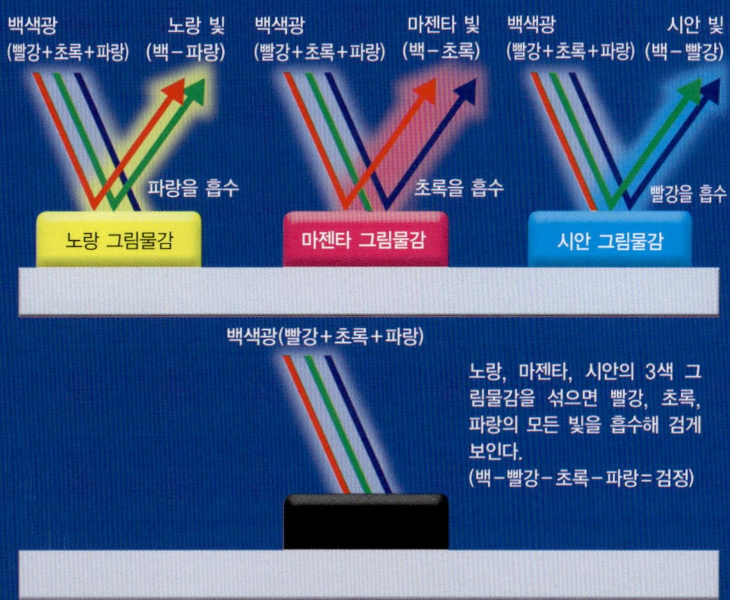

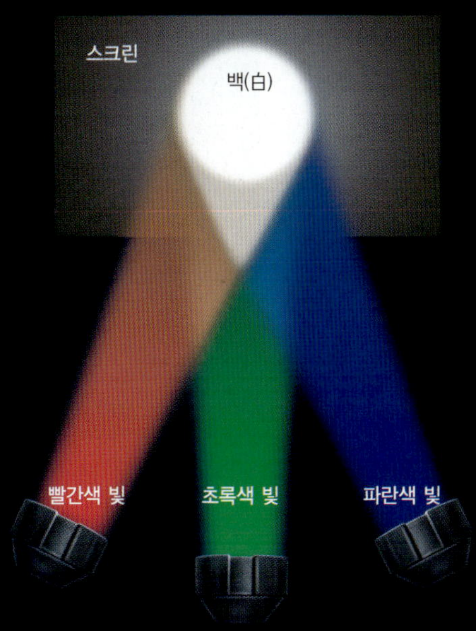

'좀더 자세히!'
'빛의 삼원색'과의 차이는?

색의 삼원색은 스스로 빛을 내지 않는 그림물감이나 잉크, 도료 등의 색깔의 혼합을 생각하는 기본이 되며, '빼셈'으로 생각한다. 빛의 삼원색은 발광체나 빛 자체의 겹침을 생각하는 기본이 되며, 이는 '덧셈'으로 생각한다.
빨강, 초록, 파랑의 광원에서 나온 빛을 흰 스크린에 닿도록 한다. 이들 빛이 섞인 영역은 빨강, 초록, 파랑 모두 스크린에서 반사되므로 백(白)으로 보인다(빨강+초록+파랑 = 백).

제 3 장

빛의 정체

19세기의 영국 과학자 제임스 맥스웰은 전자기파가 나아가는 속도와 빛의 속도가 거의 일치하는 것으로부터 빛은 전자기파의 일종이라는 대발견을 했다. 즉 빛은 전파, 적외선, 자외선, X선, 감마선 등과 같은 무리라는 셈이다. 제3장에서는 '빛의 정체 = 전자기파'라는 키워드가 구체적으로 무엇을 뜻하는지, 전기와 자기의 기본에서부터 이해하기 쉽게 해설한다.

전파, 적외선, 가시광선, 자외선은 모두 빛의 무리

제3장에서는 '빛의 정체'를 다룬다. 이제까지 '빛은 파동'이라고 설명해 왔는데, 이것은 과연 무슨 뜻일까? 답을 먼저 말한다면 **'빛은 전자기파'**이다.

전자기파에는 여러 종류가 있다. 휴대 전화 등의 통신에 쓰이는 **'전파'**, 물건을 데우는 **'적외선'**, 눈에 보이는 **'가시광선'**, 햇볕에 타는 원인이 되는 **'자외선'**, X선 촬영에 쓰이는 **'X선'**, 방사성 물질에서 나오는 **'감마선'** 등 **이들은 모두 전자기파이다.**[※1]

이들은 파장만 서로 다를 뿐 같은 무리라고 할 수 있다. 전자기파 가운데 전파가 가장 파장이 길고, 위에 나열한 순으로 파장이 짧아진다(1).

1. 다양한 전자기파와 파장의 관계

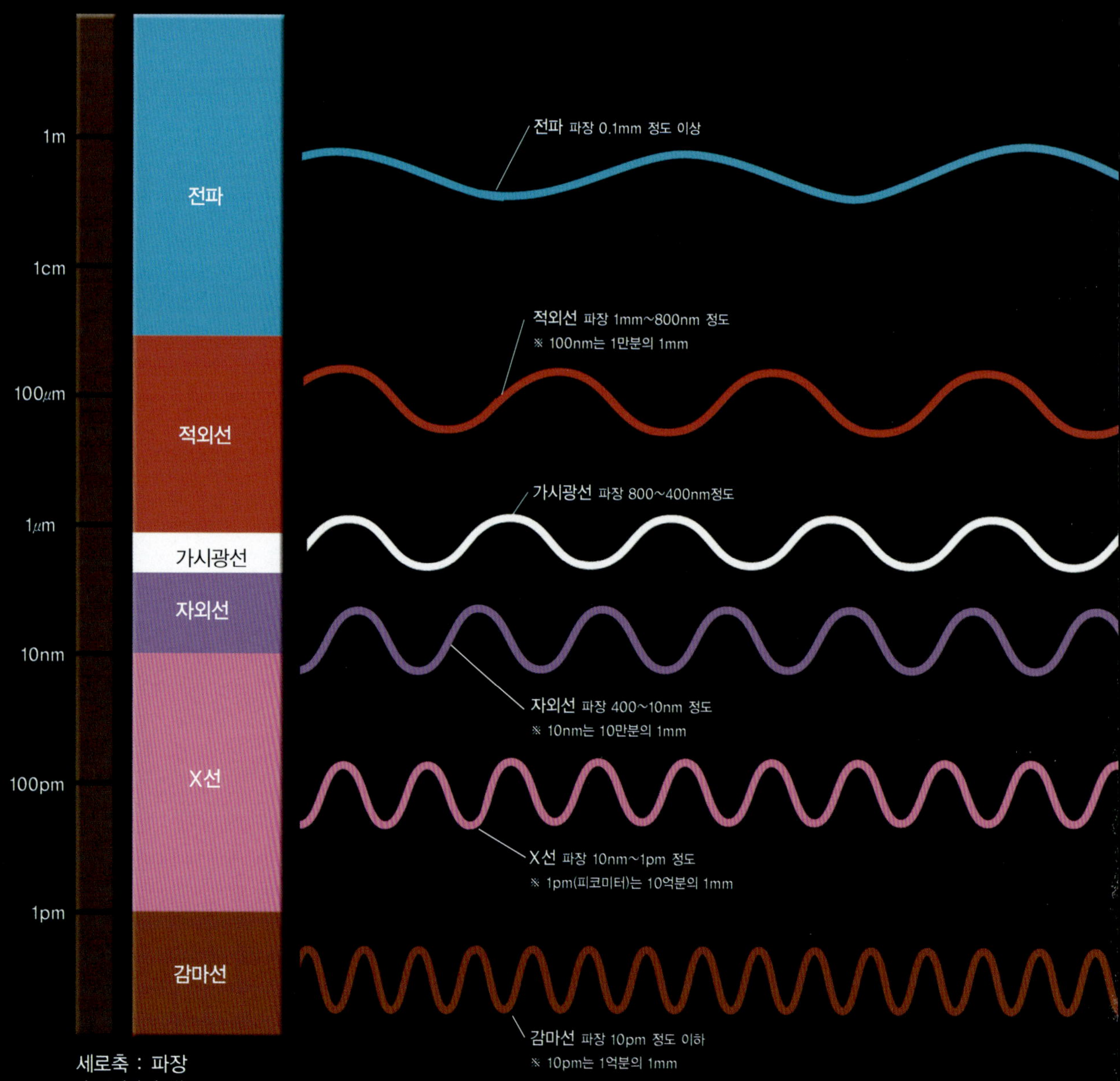

전자기파의 이론적 속도와 측정된 광속이 일치!

'빛은 전자기파' 라는 것이 구체적으로 무엇을 의미하는지는 다음 페이지 이후에서 자세히 다룬다. 그에 앞서 '빛은 전자기파' 라는 결론에 이른 역사적인 경위를 소개한다.

전기와 자기의 이론인 '전자기학' 의 창시자, 영국의 제임스 맥스웰(1831~1879)은 전자기학의 방정식에서 **전자기파가 나아가는 속도가 초속 약 30만 km**임을 이끌어 냈다. 놀랍게도 이 수치는 당시 알려져 있던 빛(가시광선)의 빠르기와 거의 일치했다.[※2] 이 사실에서 **맥스웰은 '빛이란 전자기파의 일종' 이라고 간파했던 것이다.**

※1 : '빛' 이라는 말을 '전자기파' 의 뜻으로 쓰는 경우도 있다. 그 경우에 눈에 보이는 빛은 '가시광선' 이라고 한다.

※2 : 광속은 정확하게는 초속 29만 9792.458km이다. 지금은 반대로 광속의 값에서 1m의 길이를 정하고 있다. 빛이 2억 9979만 2458분의 1초 동안 진공에서 나아가는 거리가 1m라고 정의된다.

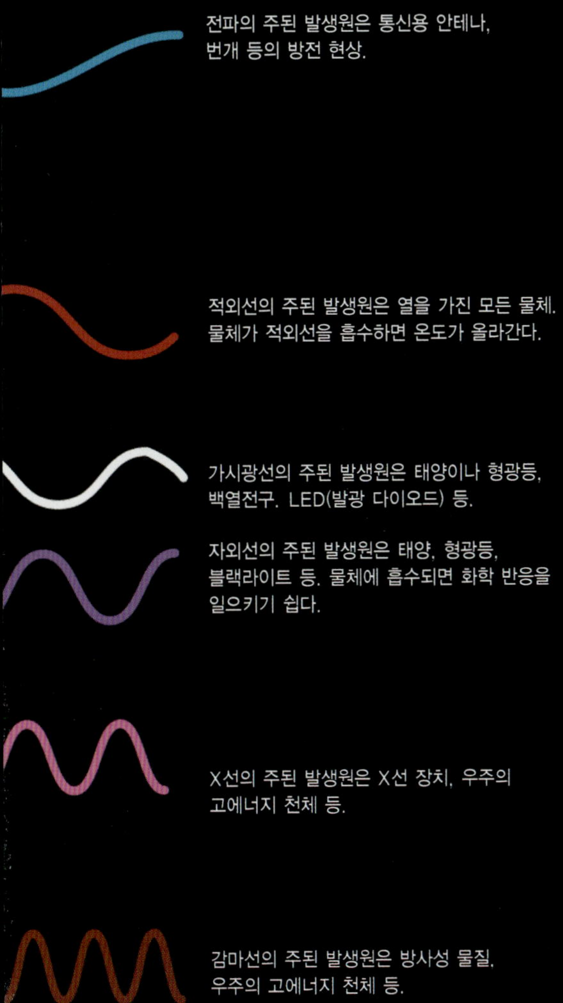

제임스 맥스웰

빛은 1초에 지구를 일곱 바퀴 반 돌 수 있다

지구의 둘레가 약 4만 km이므로, 빛은 1초 동안 지구 둘레를 일곱 바퀴 반 돌 수 있다(*1*). 이 엄청난 빛의 속도를 19세기에 어떻게 측정했을까?

1849년 프랑스의 아르망 피조(1819~1896)는 고속 회전하는 톱니바퀴를 사용해 광속을 측정하고, 초속 31만 km라는 정확한 값에 가까운 값을 얻었다. 이 실험의 메커니즘은 아래와 같다(*2*).

광원에서 나온 빛을 회전하는 톱니바퀴로 유도한다. 톱니바퀴의 빈틈을 지난 빛(*2-a*)은 먼 곳의 거울에서 반사된다. 그리고 반사광은 톱니바퀴로 돌아온다. 빛이 톱니바퀴와 반사경 사이를 왕복하는 동안 톱니바퀴는 조금만 나아간다. 톱니바퀴의 회전수를 잘

1. 빛은 1초 동안 지구를 일곱 바퀴 반 돌 수 있다
단, 빛은 직진하므로 '빛은 지구 일곱 바퀴 반에 해당하는 거리를 1초 동안 나아간다.'는 뜻이다.

2. 피조의 광속 측정 실험

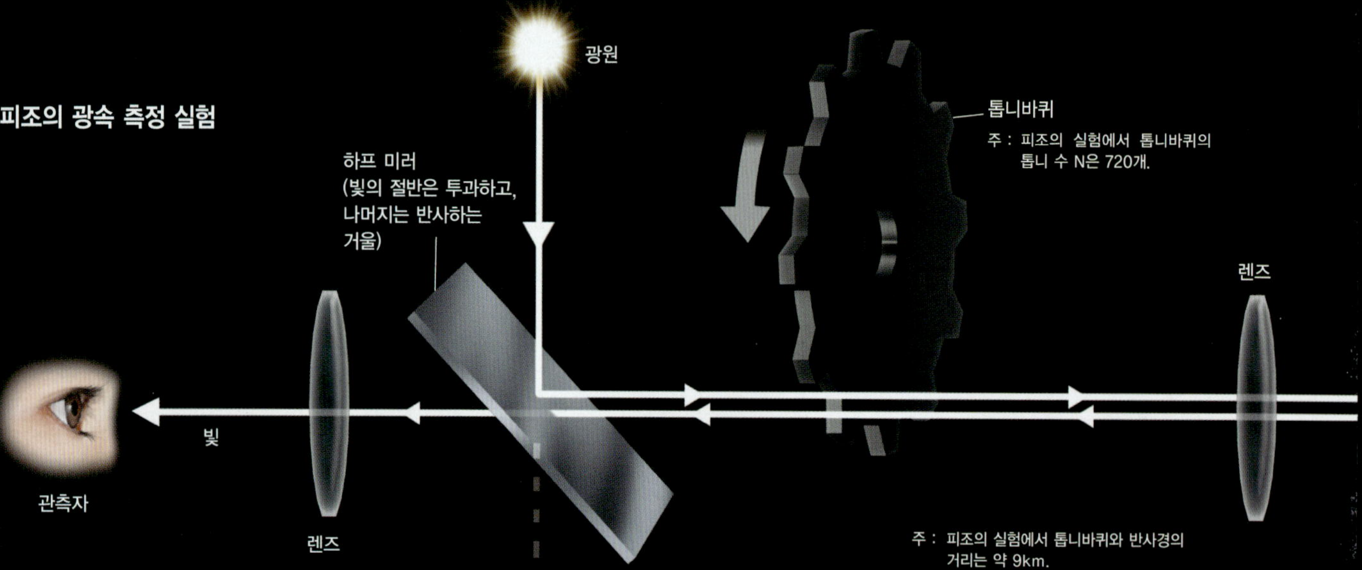

조절해 이 동안 톱니바퀴가 반 개만큼 나아가게 하면, 돌아온 빛은 바퀴에 차단된다(2-b). 이때 관측자의 시야는 어두워진다.

더욱 회전수를 올리면, 빛이 왕복하는 사이에 톱니바퀴가 꼭 1개 만큼 나아가게 된다. 이때 반사광은 바퀴의 틈새를 통과해 시야는 밝아진다(2-c).

피조는 이렇게 시야가 어두워질 때와 밝아질 때의 조건으로부터 계산해 광속을 구했다.

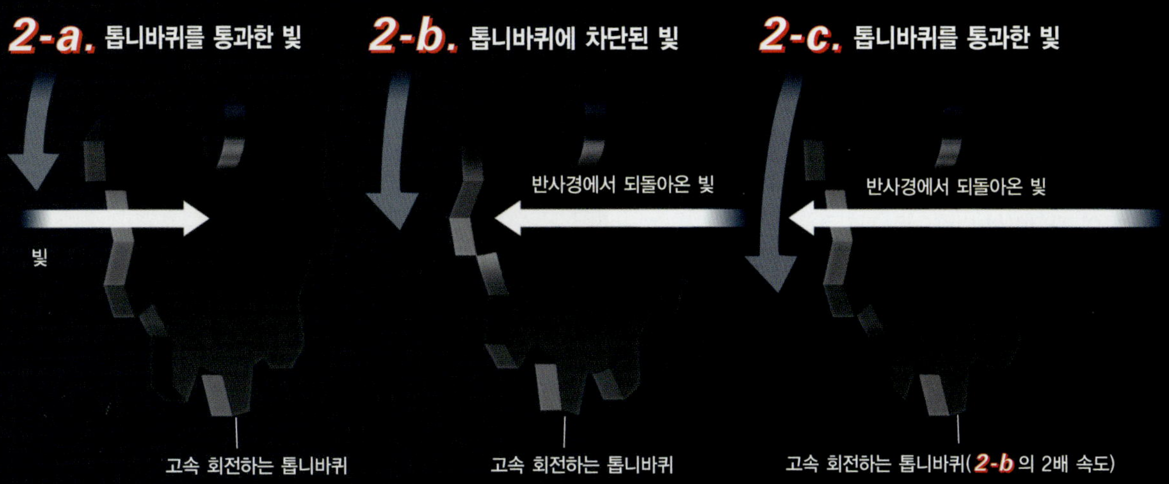

주 : 최초의 단계('가는' 단계)에서 톱니바퀴에 차단된 빛은 관측자의 눈에는 도달하지 않는다. '가는' 단계에 톱니바퀴를 통과한 빛도 관측자의 눈에 도달하지 않을 때, 시야가 어두워지는 셈이다.

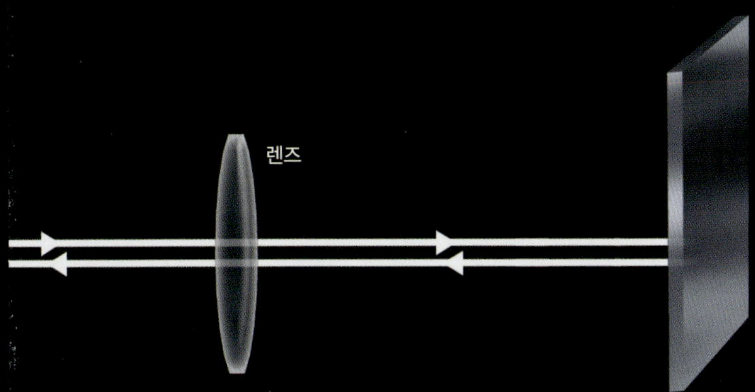

'좀더 자세히!' 피조의 실험에서 광속을 구하는 계산

톱니바퀴와 반사경 사이의 거리를 L, 톱니바퀴의 톱니 수를 N, 시야가 어두워졌을 때 1초 동안 톱니바퀴의 회전수를 n, 빛의 속도를 c라고 하자. 빛이 톱니바퀴와 반사경 사이를 왕복하는 데 필요한 시간(아래 ☆의 좌변)과 톱니바퀴가 반 개 분만큼 회전하는 시간(☆의 우변)이 같으므로, ☆의 등식이 성립한다. 이 식에 피조의 실험 결과(L=8633m, N=720, n=12.6)를 대입하면, c=313,274,304(m/초)=초속 약 31만 3000km가 구해진다.

$$\frac{2L}{c} = \frac{1}{n} \times \frac{1}{N} \times \frac{1}{2} \quad \cdots\cdots ☆$$

주 : 우변의 제1항은 '톱니바퀴가 한 바퀴 회전하는 데 필요한 시간'이며, 제1항×제2항은 '톱니바퀴가 1개 분만큼 회전하는 데 필요한 시간'.

자석과 전기는 빛의 정체와 관계가 있다

여기에서부터 몇 페이지에 걸쳐 '빛은 전자기파' 라는 말이 무엇을 의미하는지 천천히 살펴보기로 하자. 이것을 이해하는 포인트가 전자기파의 이름에도 나타나는 '전기' 와 '자기' 이다.

'빛에 전류나 자석이 관계되는가?' 하고 이상하게 생각하는 독자가 있을지 모르지만, 실은 중요한 관계가 있다. 빛의 정체를 확실히 이해하기 위해 전기와 자기의 기본부터 살펴보자.

자석의 주위에 쇳가루를 흩뿌리면 1-a 와 같은 무늬가 생긴다. 쇳가루가 자석의 영향을 받아 작은 자석이 됨으로써, N극과 S극이 서로 당기는 것처럼 질서정연하게 늘어선다.

1-b 는 이것의 모식도인데, 그림 속에서 화살표가 붙은 선을 '자기력선' 이라고 한다. 자기력선이 존재하는 영역에 작은 자석을 놓으면, 그곳의 자기력선 방향으로 자기력을 받는다. 그리고 작은 자석에 작용하는 자기력은 거리가 멀어질수록 약해진다(1-c). **이 자기력선이 생긴 공간, 즉 자기력을 미치게 할 수 있는 공간을 '자기 마당(자기장)' 이라고 한다.**

다음 페이지에서는 또 하나의 포인트가 되는 '전기' 에 대해 살펴본다.

1-a. 자석과 쇳가루가 만드는 자기력선

쇳가루가 작은 자석이 되었다

1-c. 자기력은 거리가 멀어질수록 약해진다

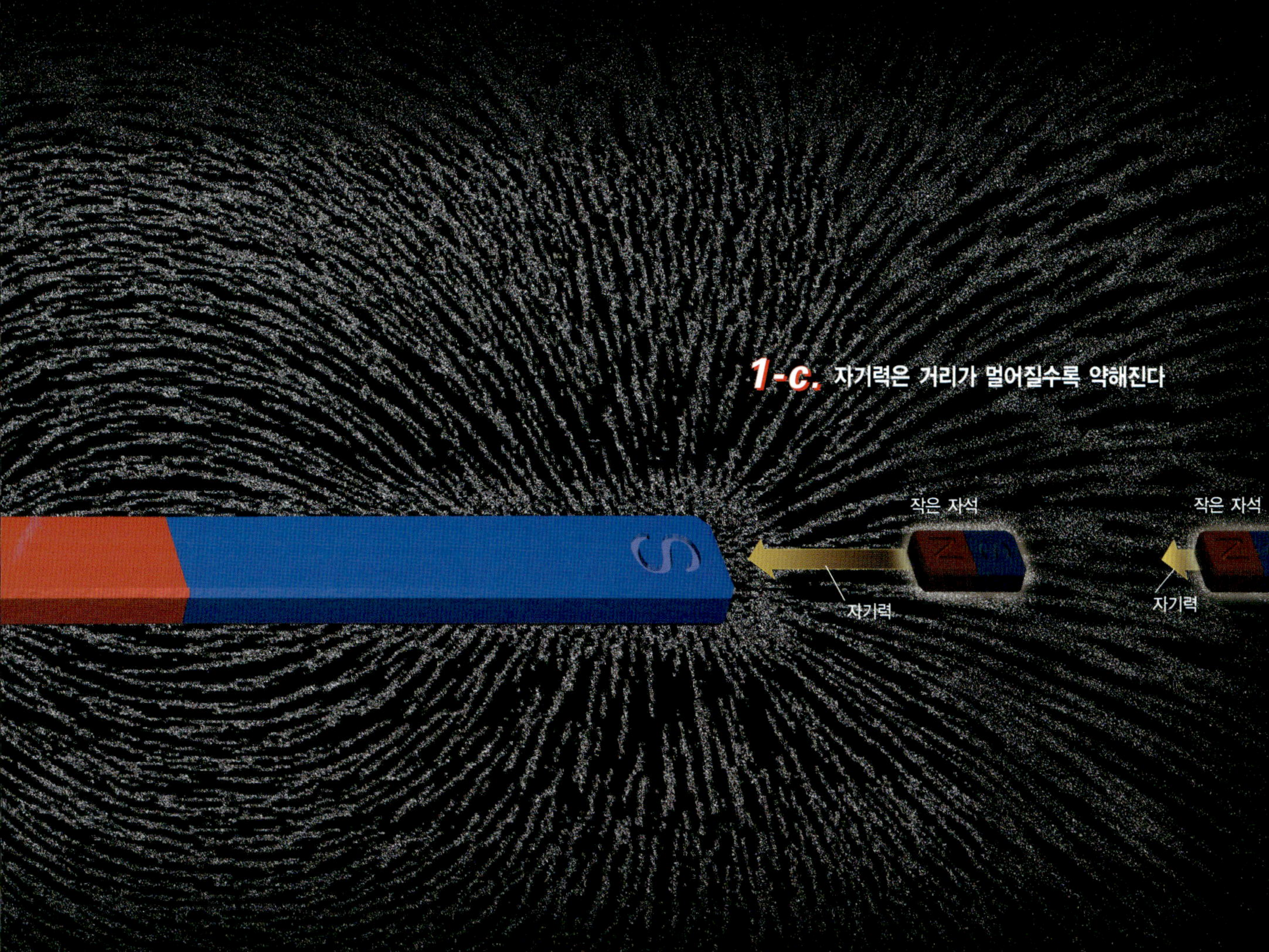

1-b. 자석이 만드는 자기력선의 모식도

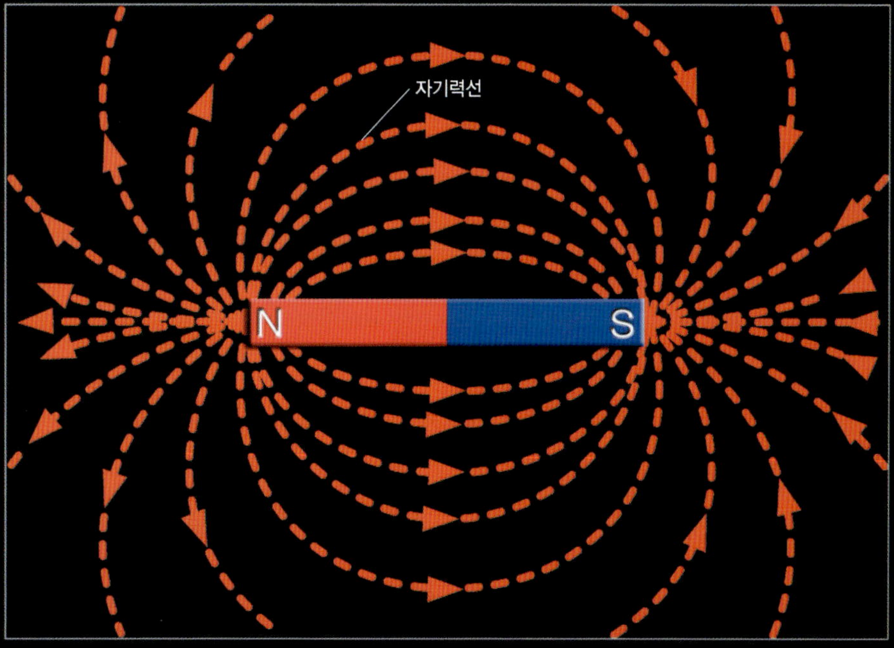

자기력선의 화살표 방향은 N극에서 나와 S극으로 들어간다.

전기와 자기는 매우 비슷하다

전기 중에 누구에게나 익숙한 정전기가 있다. 고무풍선을 얇은 화장지 등으로 문지르고 수도꼭지의 물줄기에 접근시키면, 물줄기가 전기(정전기)의 힘으로 가까이 당겨진다(1-a). 이것은 정전기를 띤 고무풍선이 주위에 전기 마당(전기장)을 만들어, 전기를 띤 물줄기를 잡아당겼기 때문이다. **전기 마당이란 전기력을 미치게 할 수 있는 공간을 말한다. 전기 마당에 전기를 띤 물체를 놓으면, 그 물체는 힘을 받는다.**

액체 위에 작은 섬유를 많이 띄우고 거기에 양이나 음의 전기를 띤 물체를 넣으면, 1-b 나 1-c 와 같은 무늬가 생긴다. 전기를 띤 섬유가 전기력을 받아 질서 있게 늘어선 것이다.

1-d 와 1-e 는 이것의 모식도인데, 전기 마당의 방향을 나타내는 화살표가 붙은 선을 '전기력선'이라고 한다. 1-d 에 양

1-a. 정전기의 인력

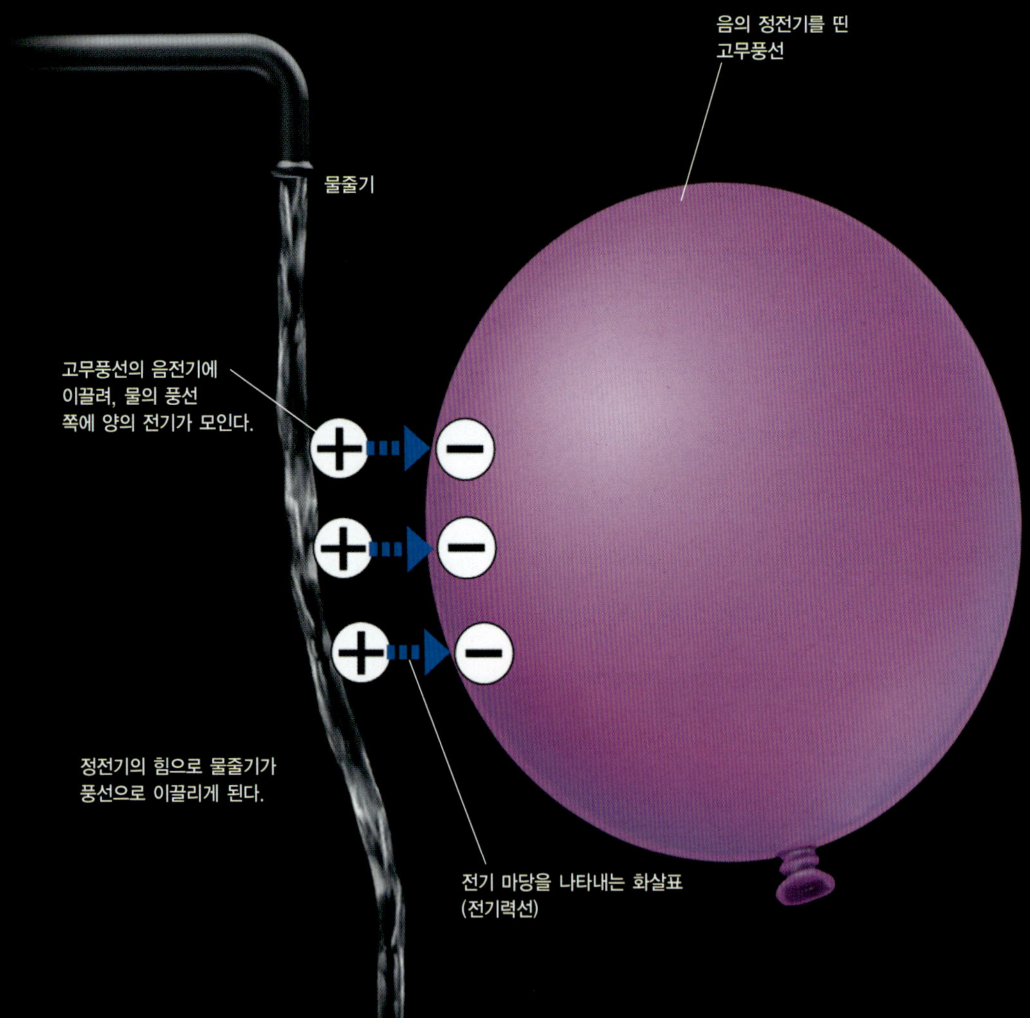

전기를 지닌 작은 입자를 새로 놓으면, 전기력선의 화살표 방향으로 전기력을 받는다. 전기력의 크기는 거리가 멀어질수록 약해진다. 또 음전기를 띤 작은 입자를 1-d 의 같은 곳에 놓으면, 전기력선의 화살표와 반대 방향으로 전기력을 받는다.

이처럼 전기와 자기는 아주 비슷하다. 자기에 N극과 S극이 있는 것처럼 전기에는 양과 음이 있다. 거리가 떨어져 있어도 힘을 미칠 수 있다는 점, 거리가 떨어질수록 약해진다는 점도 같다.

빛의 정체에 접근하기 위해서는 이처럼 서로 비슷한 전기와 자기의 관계를 더욱 자세히 알아야 한다. 다음 페이지에서는 전기와 자기가 서로 어떻게 관계되어 있는지 살펴본다.

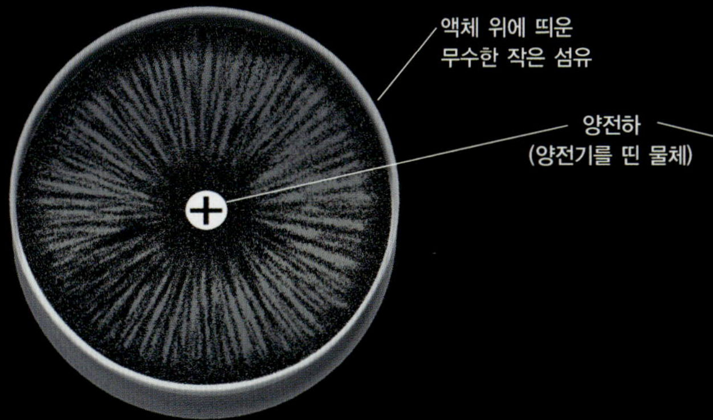

1-b. 전기력선
[중심에 양전하(陽電荷)를 놓은 경우]

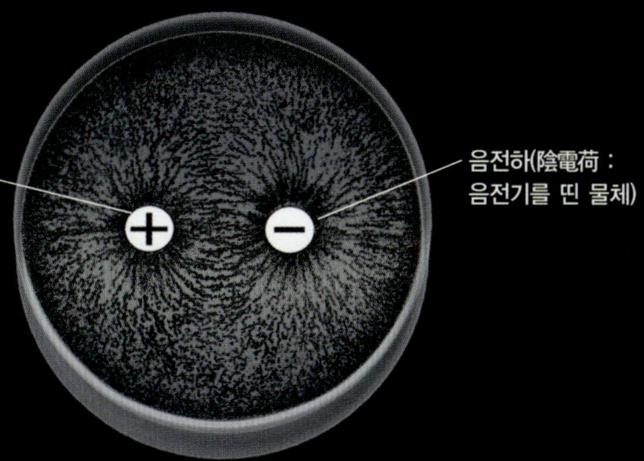

1-c. 전기력선
(양과 음의 전하를 놓은 경우)

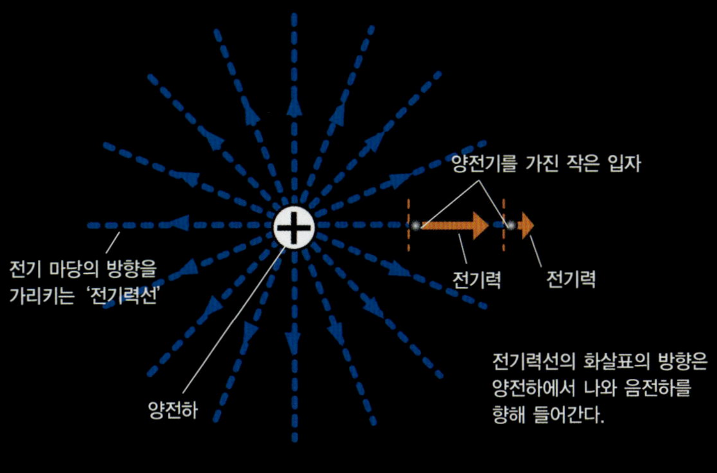

1-d. 전기력선의 모식도
(중심에 양전하)

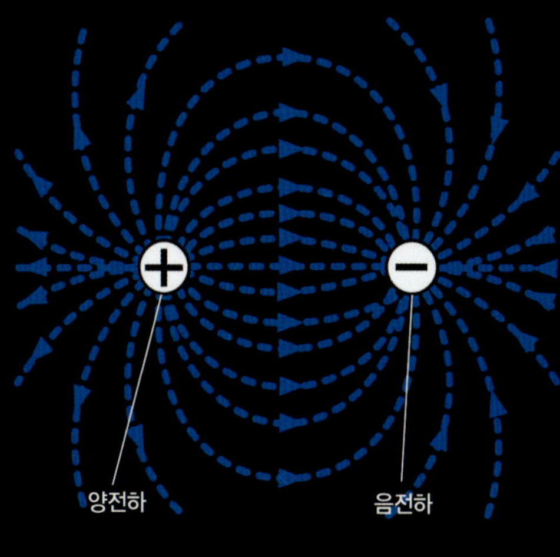

1-e. 전기력선의 모식도
(양전하와 음전하)

전기와 자기의 '형제 관계'가 빛의 정체에 대한 열쇠를 쥐고 있다

코일을 전원에 연결하고 전류를 흐르게 하면 1-a와 같은 자기 마당이 생겨, **'전자석'**이 된다. 코일을 철심에 감은 전자석의 경우 자기력이 더욱 강해지지만, 철심의 유무와 관계없이 코일에 전류를 흐르게 하면 전자석이 된다.

그러면 코일에 전류를 흐르게 하면 왜 전자석이 될까? **곧은 도선에 전류를 통하면, 도선 주위에는 1-b와 같은 자기 마당이 생긴다.** 이 도선을 고리 모양으로 만들어 전기를 통하면 1-c와 같은 자기 마당이 생긴다. 결국 고리 모양의 전류가 만드는 1-c의 자기 마당이 겹쳐, 1-a와 같은 전자석의 자기 마당이 만들어지는 것이다.

자기 마당의 변동으로 전기 마당이 발생하고, 전기 마당의 변동으로 자기 마당이 발생한다

이번에는 전원에 연결하지 않고, 코일에 자석을 출입시켜 본다. 그러면 전원도 없는데 코일에 전류가 흐른다(2-a, 2-b). 이것이 **'전자기 유도'**라는 현상이다.

원래 **전류란 음전기를 띤 입자인 '전자'의 흐름이다**(2-c)[※1]. 그리고 전자를 움직이려면 전기 마당이 필요하다. 즉 전자기 유도에서 코일에 자석을 접근시킴으로써 전류가 흐른다는 것은 **고리 모양의 도선을 따라 전기 마당이 발생하고, 그 전기 마당에 의해 전자가 움직였음을 뜻한다.**

자석의 주위에는 자기 마당(자기력선)이 생긴다. 자석을 코일에 접근시킨다는 것은 코일 내부의 자기 마당이 점차 강해진다는 것을 의미한다(2-a, 2-b). 실은 '자석을 접근시키면 코일에 전류가 발생한다.'는 것은 **'자기 마당이 변동하면 주위에 전기 마당이 발생한다.'**는 뜻이다[※2]. 이것을 모식적으로 그린 것이 3이다.

또 전기 마당과 자기 마당에는 비슷한 것끼리의 형제 같은 관계가 있으며, 3의 반대, 즉 '전기 마당이 변동하면 주위에 자기 마당이 발생한다.'는 것도 성립함이 전자기학을 통해 알려져 있다. 이 사실과 1-b를 정리하면, **'전류 또는 전기 마당의 변동은 주위에 자기 마당을 만들어 낸다.'**(4)는 결론이 된다.

이 페이지에서 소개한 전기 마당과 자기 마당의 관계가 빛의 정체와 밀접한 관계를 갖는다. 다음 페이지에서는 이 사실을 바탕으로 한 맥스웰의 역사적인 대발견을 소개한다.

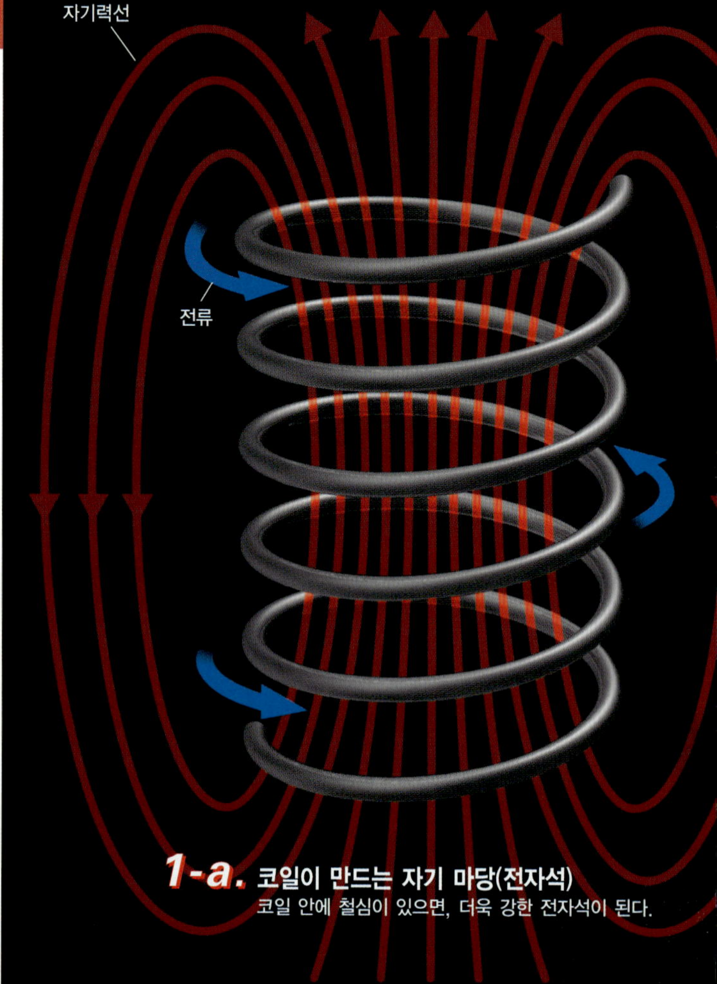

1-a. 코일이 만드는 자기 마당(전자석)
코일 안에 철심이 있으면, 더욱 강한 전자석이 된다.

2-a. 코일 근처에서 자기 마당은 약하다

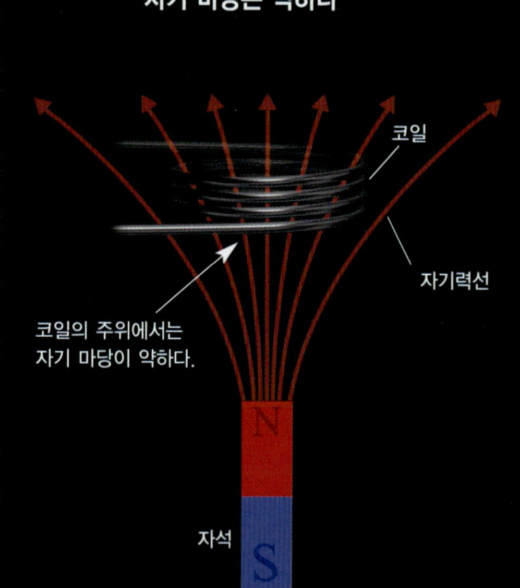

※1 : 그러나 전류의 방향은 전자가 흐르는 방향과는 반대 방향으로 정해져 있다. 이것은 역사적으로 전류의 방향을 정한 뒤 전자가 발견되었기 때문이다.

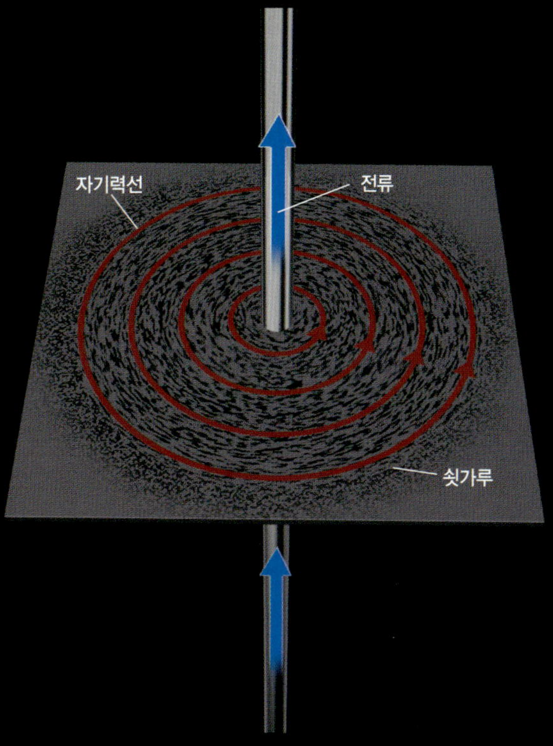

1-b. 직선 전류의 주위에 생기는 자기 마당

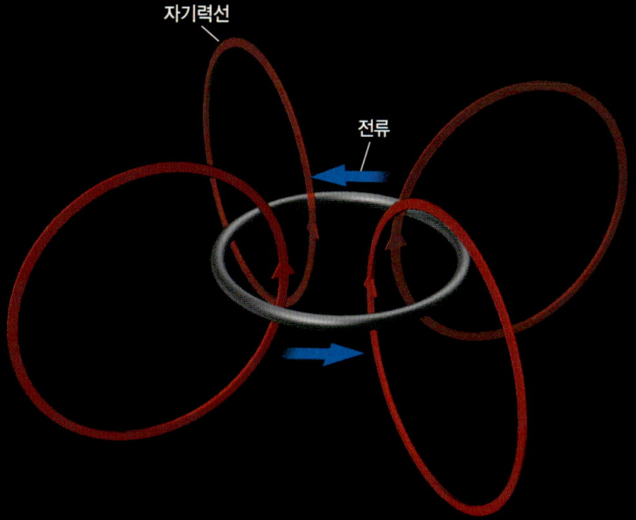

1-c. 환상(環狀) 전류가 만드는 자기 마당

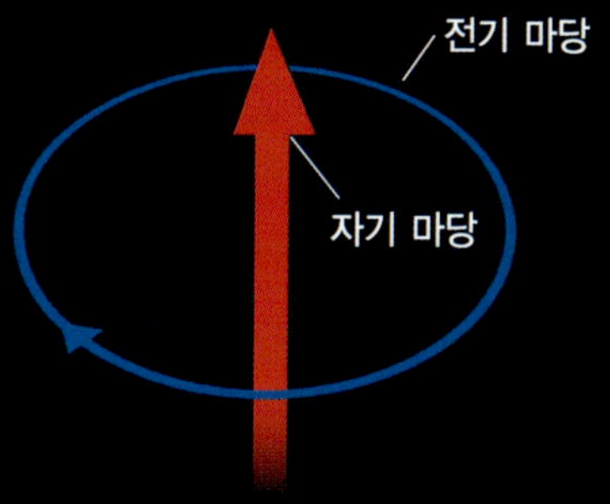

3. 자기 마당이 변하면 전기 마당이 발생

자기 마당이 붉은 화살표 방향으로 커지면, 전기 마당이 파란 화살표 방향으로 발생한다.

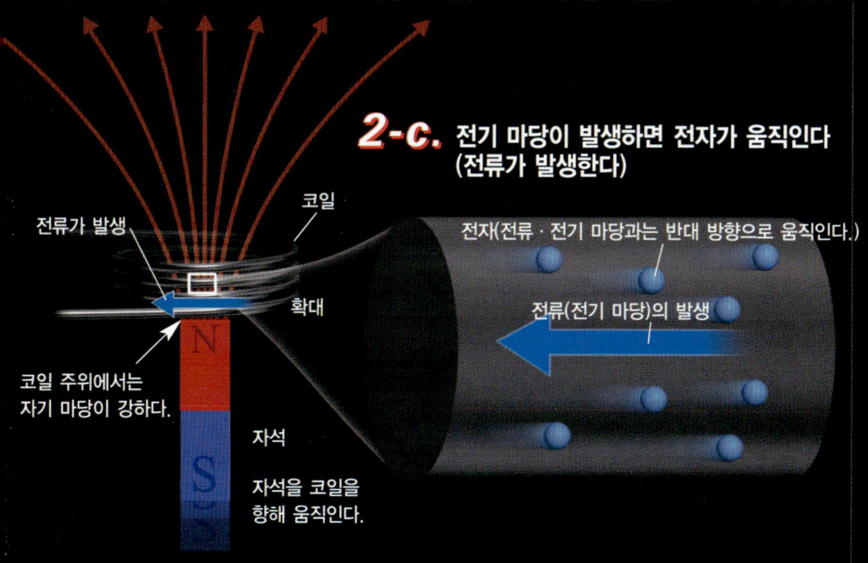

2-c. 전기 마당이 발생하면 전자가 움직인다 (전류가 발생한다)

2-b. 자석을 접근시키면, 코일 가까이에서 자기 마당이 강해지고 전류가 발생한다

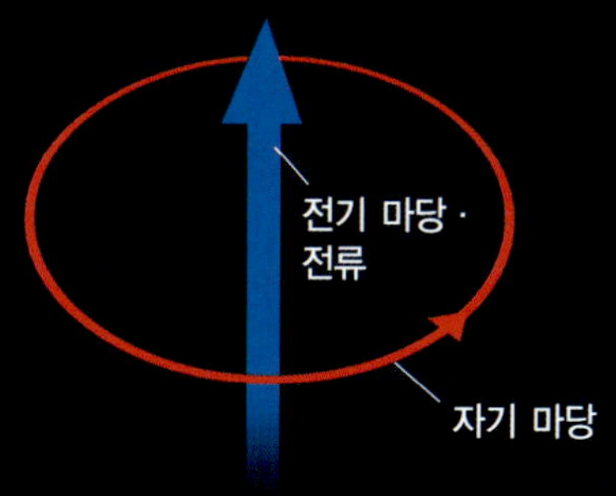

4. 전기 마당이 변하면 자기 마당이 발생

전기 마당이 파란 화살표 방향으로 커지면, 자기 마당이 붉은 화살표 방향으로 발생한다. 또 푸른 화살표 방향으로 전류가 흘러도 붉은 화살표 방향으로 자기 마당이 발생한다.

※2 : 일반적인 발전 장치에서는 자석을 고정시키고 자석이 만드는 자기 마당 안에서 코일을 회전시킨다. 코일이 회전함으로써 코일 내부를 관통하는 자기 마당의 양은 시시각각 변동한다. 그래서 전자기 유도에 의해 코일에 전기 마당이 생긴다. 이것이 바로 발전이다.

전자기파란 '전기 마당과 자기 마당의 연쇄적인 발생'

맥스웰은 전자기학을 이용해 빛의 정체로 이어지는 대발견을 했다. 그의 생각을 뒤따라가 보자.

전류의 방향과 크기를 시시각각 변동시키면, 전류 주위의 자기 마당도 변동한다(1). 전류의 값을 증감시키면 주위의 자기 마당도 그에 따라 증감하고, 전류의 방향을 반대로 하면 자기 마당의 방향도 반대가 된다.

앞 페이지에서 소개한 **'자기 마당이 변하면 전기 마당이 발생하고, 전기 마당이 변하면 자기 마당이 발생한다.'**는 것을 생각하기 바란다(2). 전류를 흐르게 하면(3-a) 주위에 자기 마당이 발생하고, 전류의 변동과 더불어 자기 마당도 변한다(3-b). 그러면 이 자기 마당의 변동에 의해 3-c 처럼 새로운 전기 마당이 발생하고, 자기 마당의 변동과 더불어 이 전기 마당도 변한다. 그러면 이 전기 마당의 변동에 의해 또 새로운 자기 마당이 발생하고, 이 자기 마당도 변한다(3-d)……. 결국 **전기 마당과 자기 마당의 연쇄적인 발생이 계속 이루어지는 셈이다**(3).

맥스웰은 '변동하는 전류'를 계기로 주위에 전기 마당과 자기 마당이 차례차례로 연쇄적으로 발생하면서 나아간다는 사실을 발견했다. 이것이 '전자기파'이다. 70쪽에서 소개한 것처럼, 맥스웰은 전자기파와 빛이 동일함을 간파했다. 변동하는 전류란 교류 전류(일정한 시간에 크기와 방향이 변하는 전류)나, 순간적으로 전류가 흘렀다가 곧 사라지는 방전 등을 가리킨다. 일정한 전류에서는 전자기파가 발생하지 않는다. 또 일단 발생한 전자기파는 원래의 전류가 없어지더라도 계속 나아간다.

1. 진동하는 전류에 의해 주위의 자기 마당도 진동한다

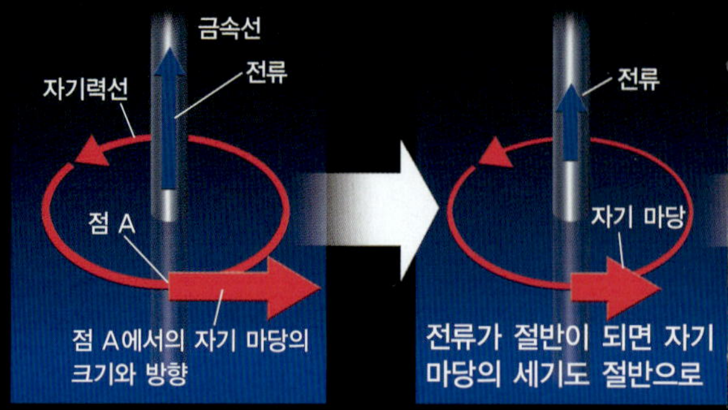

주 : 그림에는 어느 평면 내에서 금속선으로부터 일정한 거리만큼 떨어진 곳의 자기력선만 그렸다.

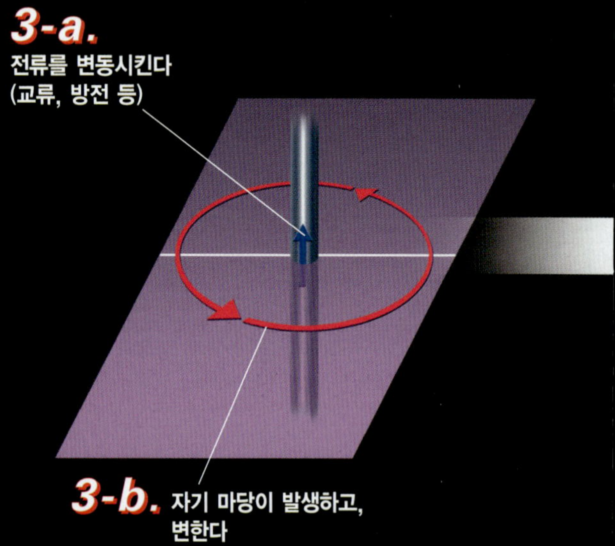

3. 전기 마당과 자기 마당의 연쇄적 발생(전자기파=빛)

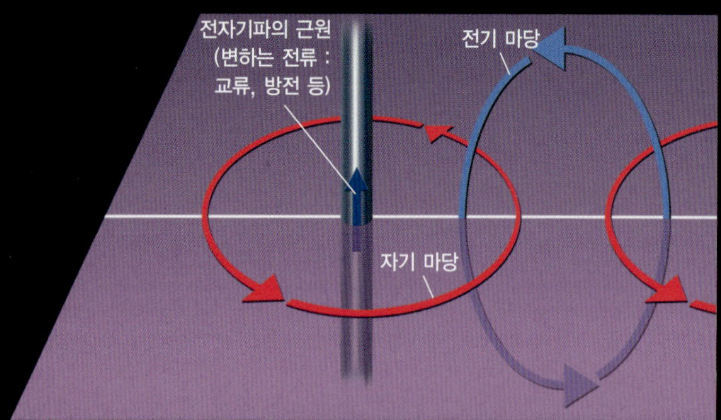

주 : 그림에서는 특정한 한 방향으로 진행하는 전자기파만 간략하게 그렸다. 전자기파는 실제로는 전류 주위의 여러 방향으로 방출된다.

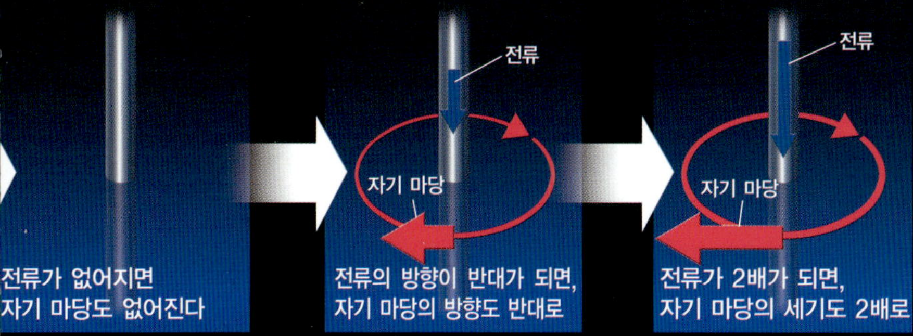

2. 전기 마당과 자기 마당 관계의 모식도

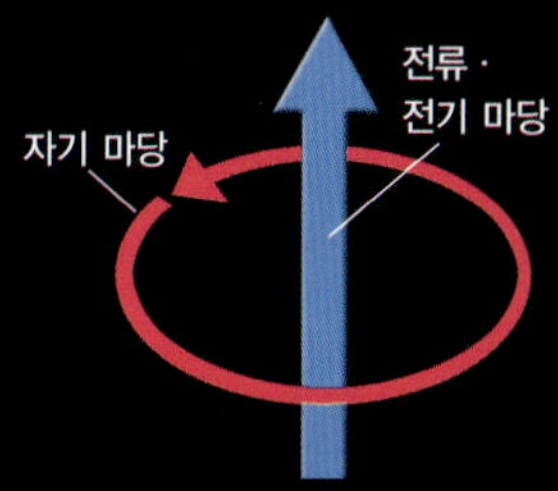

푸른색 화살표 방향으로 전류가 흐르든가, 푸른색 화살표 방향으로 전기 마당이 커지면, 자기 마당이 빨간색 화살표 방향으로 발생한다.

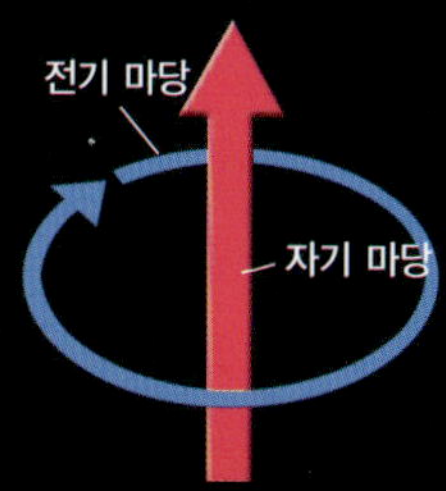

자기 마당이 붉은 화살표 방향으로 커지면, 푸른색 화살표 방향으로 전기 마당이 발생한다.

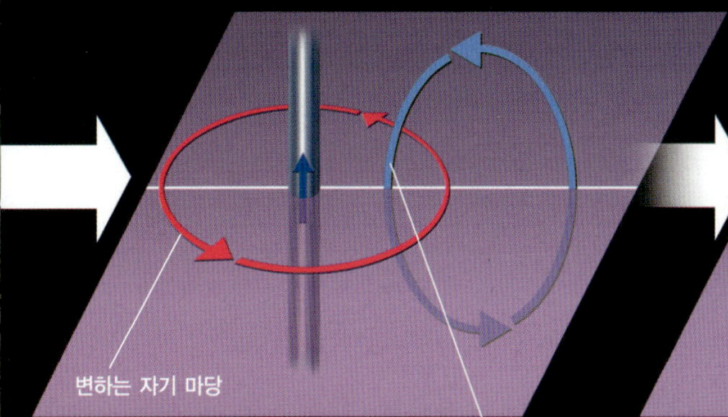

3-c. 전기 마당이 발생하고 변한다

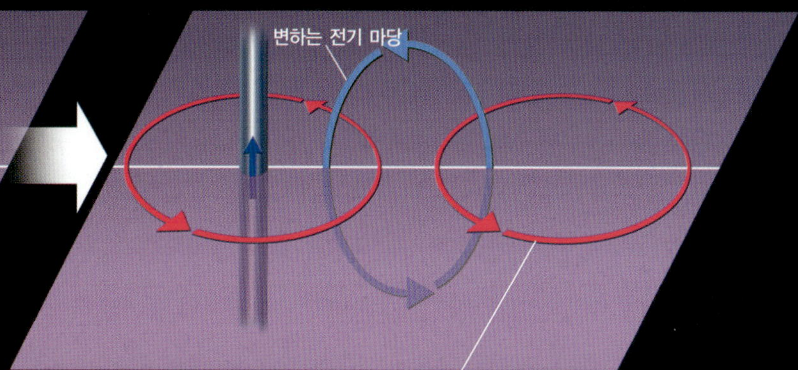

3-d.
자기 마당이 발생하고, 변한다

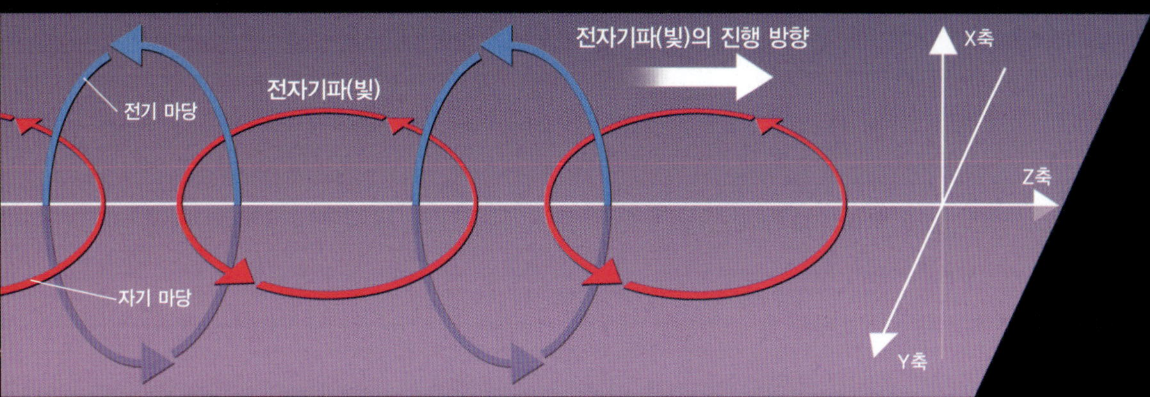

전자기파(빛)는 에너지를 옮긴다

1의 '자기 마당의 고리'와 '전기 마당의 고리'의 방향은 90° 어긋나 있다. **전자기파에서 전기 마당과 자기 마당은 직교한다.** 어떤 특정한 파장을 가지고 Z축 위를 나아가는 전자기파를 1과 다른 모양으로 나타낸 것이 2이다. 1은 어느 정도 공간적인 퍼짐을 가진 전자기파의 이미지이지만, 2는 Z축 위에서만 나아가는 전자기파이다. 푸른색과 붉은색 화살표는 Z축 위의 각각의 점에서의 전기 마당, 자기 마당의 방향과 크기(세기)를 나타낸다. 이 그림에서도 전기 마당과 자기 마당은 직교

1. 전기 마당과 자기 마당의 연쇄적 발생(전자기파=빛)

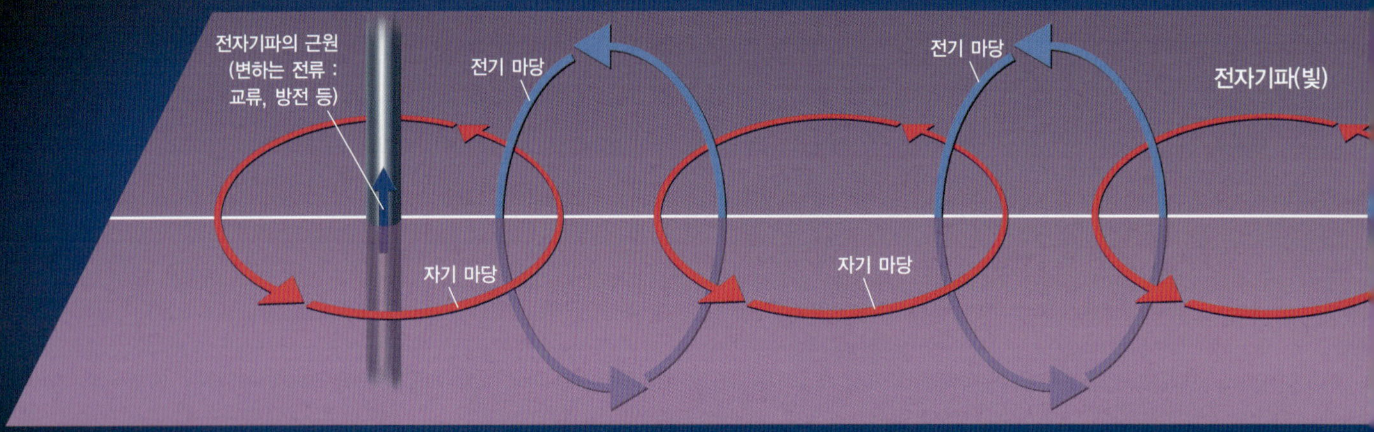

주 : 그림에서는 특정한 한 방향으로 진행하는 전자기파만 간략하게 그렸다.
전자기파는 실제로는 전류 주위의 여러 방향으로 방출된다.

2. 특정한 파장을 가진 전자기파

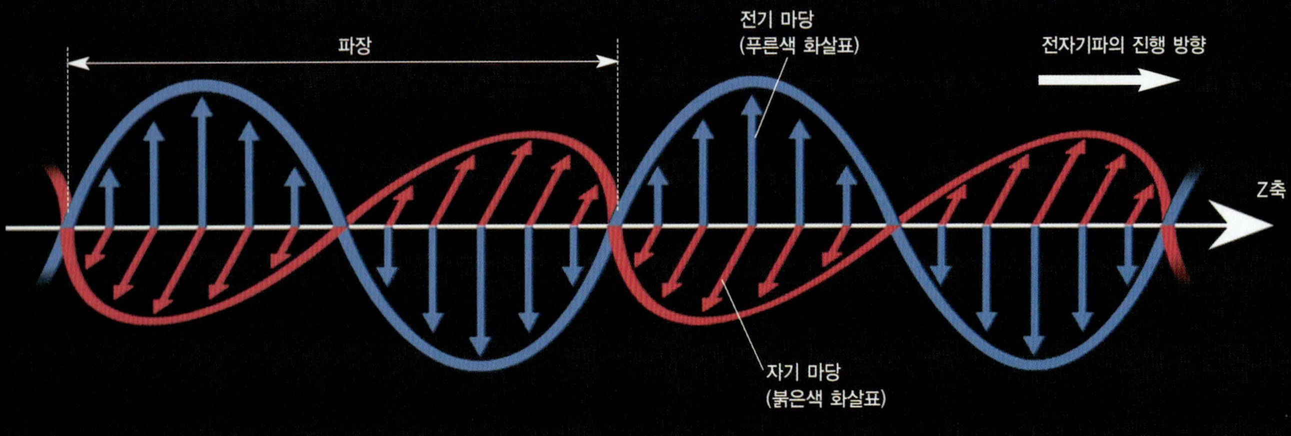

하고 있다.

3처럼 금속선(일종의 안테나)을 향해 전자기파가 다가오면, 전자기파가 지니고 있는 전기 마당의 방향과 크기에 따라 전자가 힘을 받는다※. 즉 전류가 흐른다. **전자기파가 통과하는 동안에는 전기 마당이 진동하므로 전류의 방향과 크기도 진동하게 된다.**

수면의 파동은 떠 있는 공을 진동시킨다. 수면의 파동이 에너지를 옮겨 공에게 운동 에너지를 준 것이다. 마찬가지로 **전자기파도 에너지를 옮겨 전자에게 운동 에너지를 줄 수 있다.**

※: 전자 등의 전기를 띤 입자는 전자기파의 '진동하는 자기 마당'에서도 힘을 받는다. 그러나 많은 경우, 진동하는 전기 마당에서 영향을 받는 쪽이 많다.

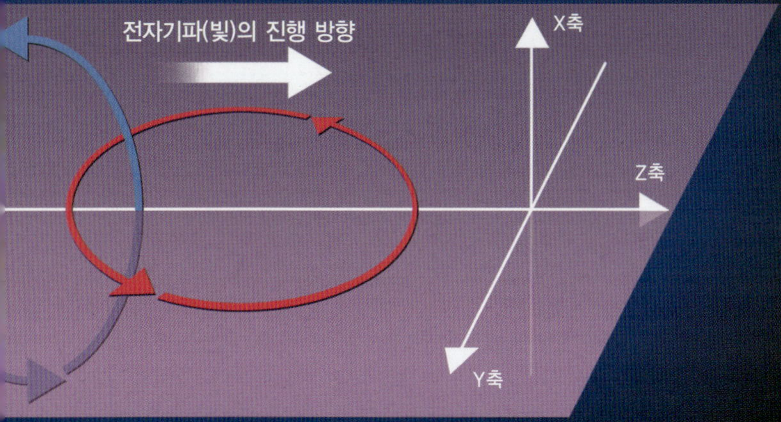

3. 전자기파의 전기 마당의 진동에 따라 전류가 흐른다

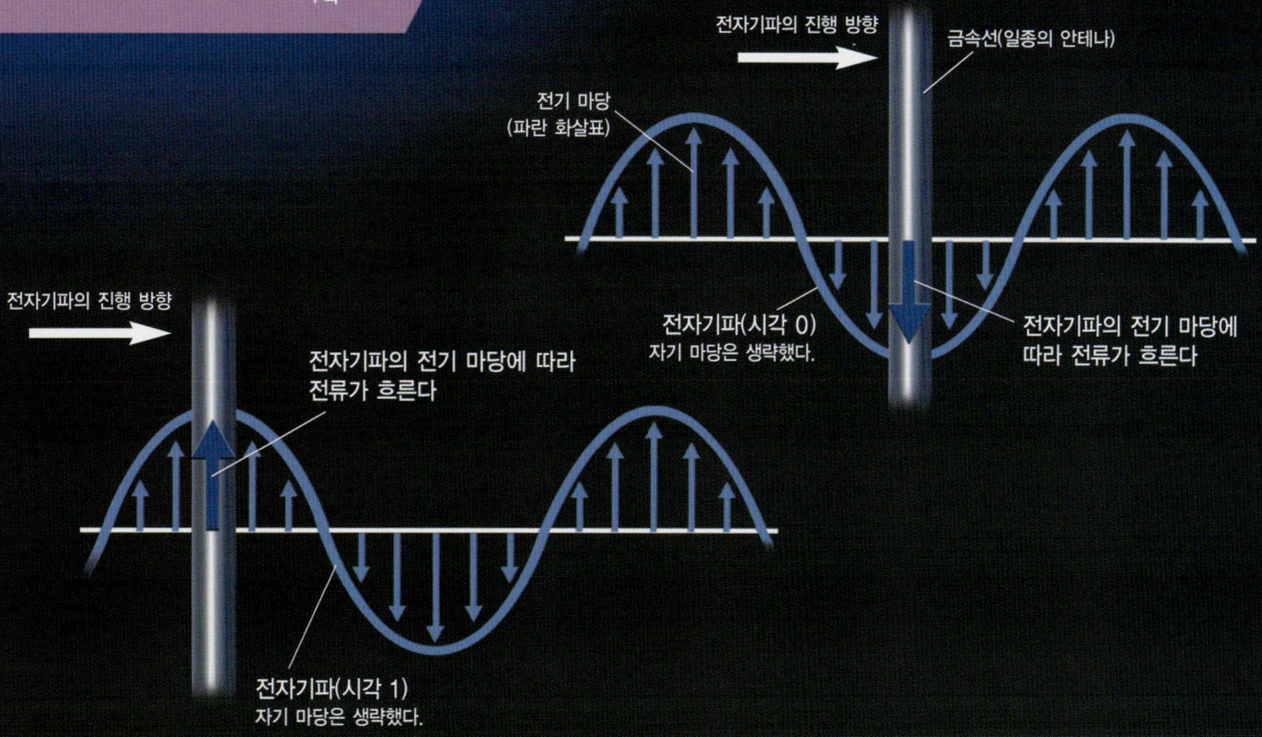

파장이 짧을수록 진동수는 많아진다

1 은 Z축 위를 나아가는 전자기파이다. 70쪽에서도 말했지만, 전자기파에는 전파, 적외선, 가시광선, 자외선, X선, 감마선이 있다. 이들은 파장이 다를 뿐, 같은 무리라고 할 수 있다.

1파장 안에서 전기 마당의 화살표는 1회(1주기) 상하로 진동한다. 또 전자기파는 파장에 관계 없이 진공 중에서는 동일하게 초속 30만 km로 나아간다. 전자기파가 통과하는 Z축 위의 어느 한

1. Z축 위를 나아가는 전자기파
푸른색과 붉은색 화살표는 Z축 위의 각 점에서의 전기 마당과 자기 마당의 크기와 방향을 나타낸다.

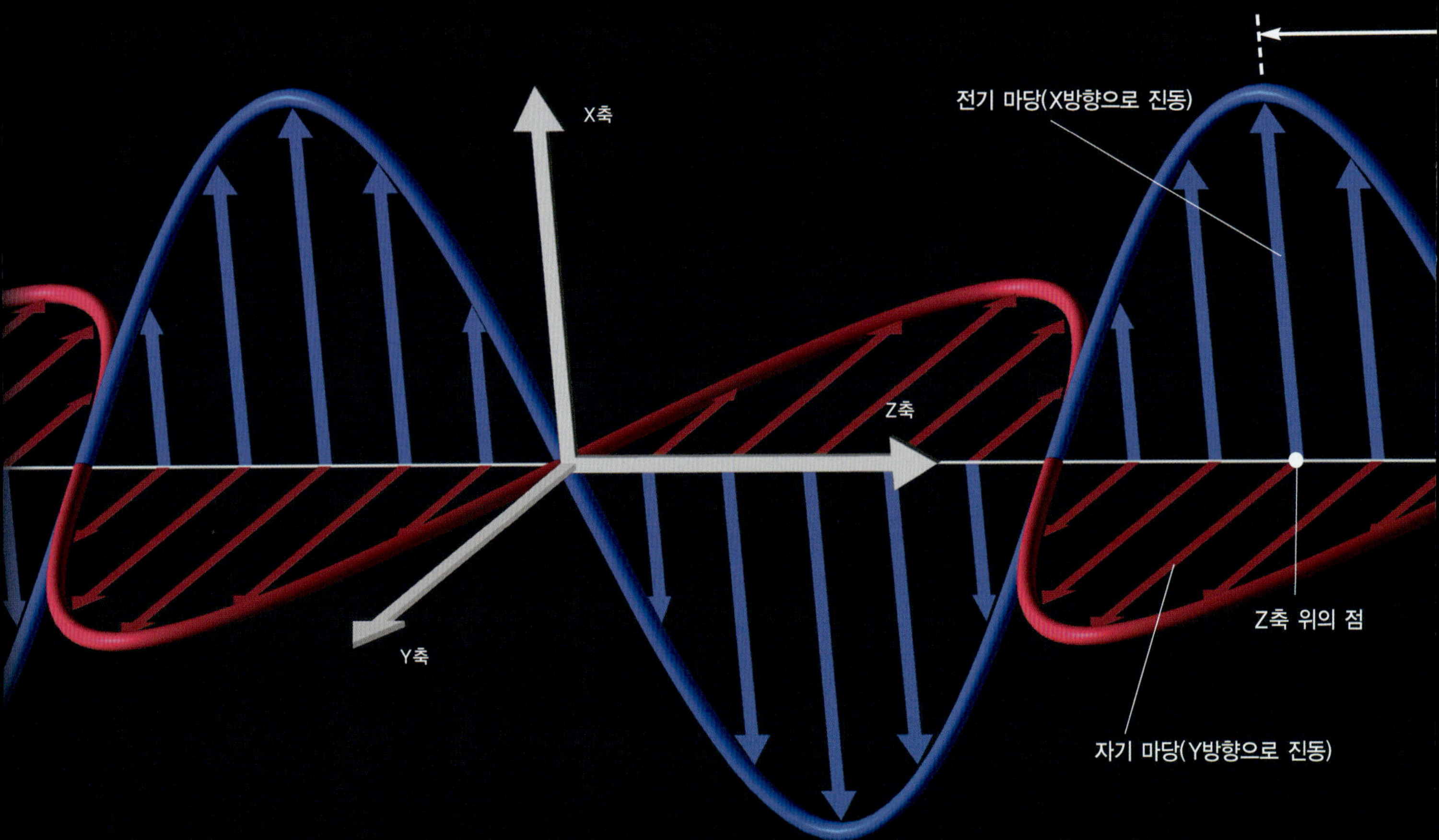

점에 주목하면, 그 점의 전기 마당은 전자기파가 통과함에 따라 진동한다.

1초당 파동의 진동 횟수를 '진동수(또는 주파수)'라고 하는데, 파장이 짧을수록 진동수는 많아진다. 즉 파장이 긴 전파는 진동수가 적은 전자기파이며, 파장이 짧은 감마선은 진동수가 많은 전자기파라고 할 수 있다.

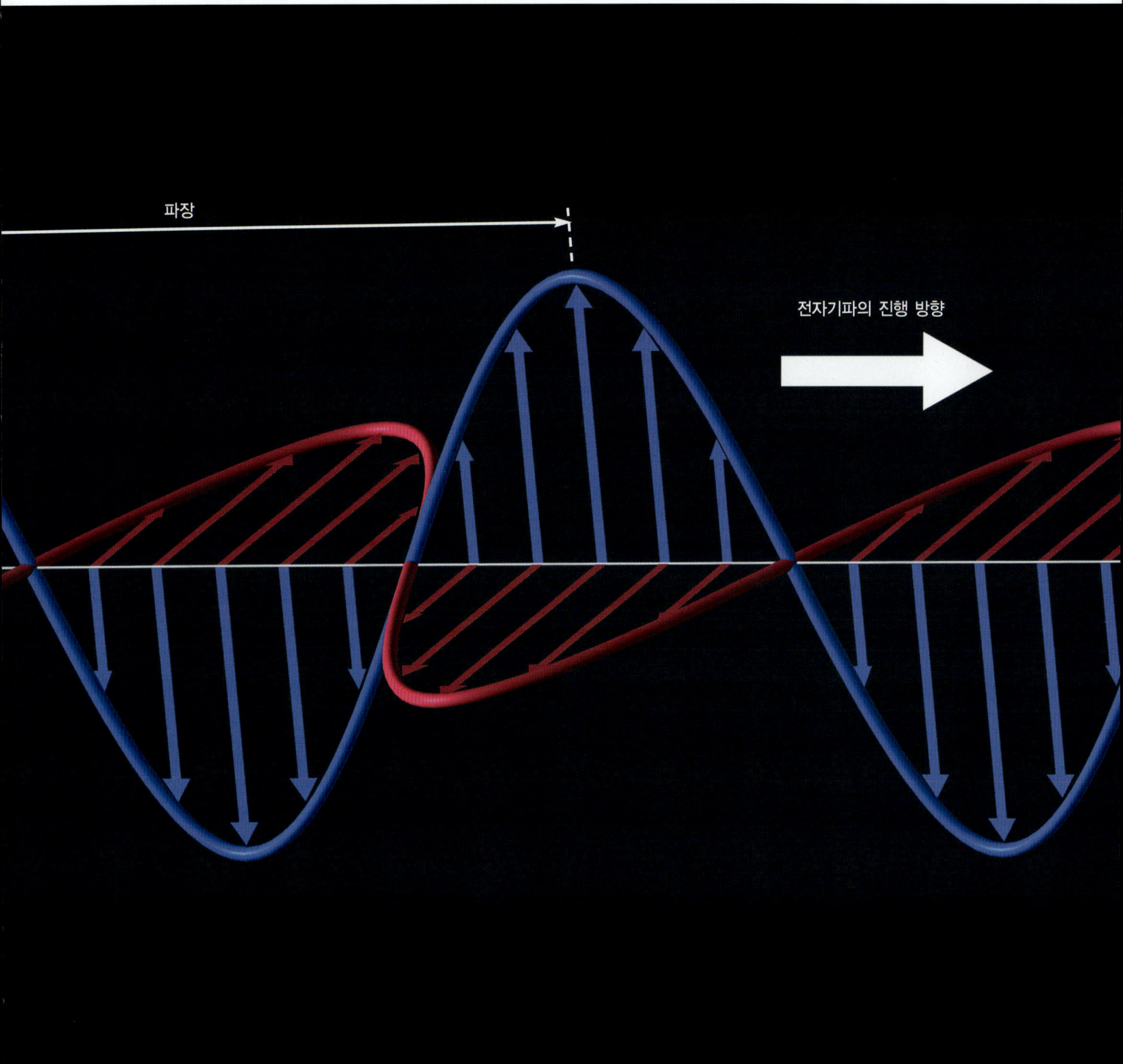

전자기파(빛)는 전자를 움직이고 물체에 흡수된다

80~83쪽에서 소개한 것처럼, **전자기파는 전기 마당의 진동이므로 전자기파가 오면 전자 등의 전기를 띤 입자(하전 입자)는 그 전기 마당에 의해 움직인다.** 전파에서 금속선 안의 전자가 진동하는 것이 그 예이다(1-a). 원자핵도 전기를 띠고 있지만, 최저로 잡아도 전자의 약 1800배 무게(질량)가 있어 움직이기 어렵다. 그래서 **전자기파가 뒤흔드는 것은 주로 전자라고 생각해도 좋다.**

마이크로파(전파의 일종. 파장 약 1mm~1m)나 적외선은 물질 속의 다양한 분자를 흔든다(1-b). 이것은 적외선이나 마이크로파의 전기 마당이 분자 속의 전자에 작용해, 그 결과로 분자 전체가 흔들리기 때문이다. '분자의 움직임의 격렬함'이 '온도'이다. 마이크로파나 적외선을 쬔 물체가 따뜻해지는 것은 이렇게 해서 분자가 흔들리기 때문이다.

1-a. 전파는 전류를 진동시킨다

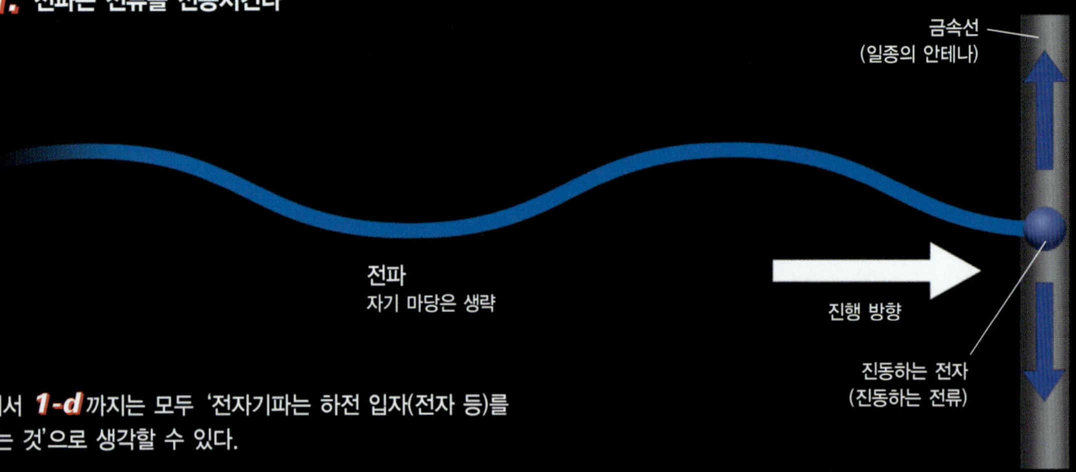

1-a에서 1-d까지는 모두 '전자기파는 하전 입자(전자 등)를 뒤흔드는 것'으로 생각할 수 있다.

1-c. 가시광선은 망막 안의 감광 색소의 분자 구조를 바꾼다

감광 색소는 가시광선을 흡수하면 분자 구조가 변하고, 최종적으로는 분해된다. 이 반응을 바탕으로 '빛을 받아들였다.'는 신호가 전달되어 나간다.

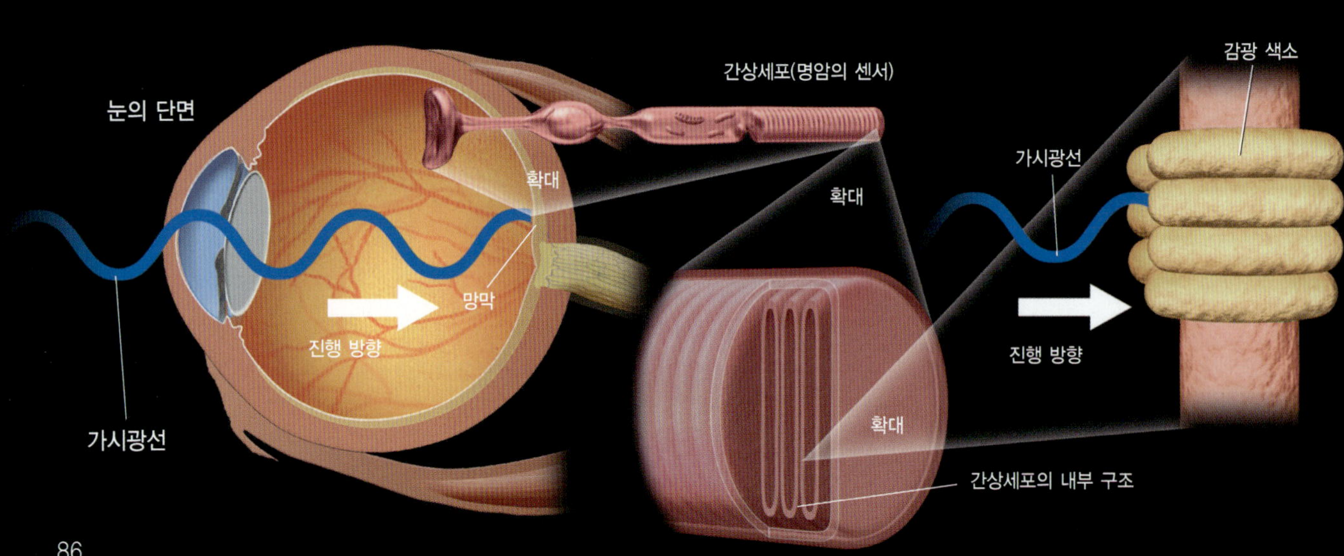

가시광선은 눈의 망막 세포에 포함된 감광 색소의 분자 속에 있는 전자를 흔들어, 결과적으로 감광 색소의 분자 구조를 바꾼다(1-c). 이것이 신호가 되어 최종적으로는 시신경에서 뇌로 시각 정보가 전해진다.

자외선, X선, 감마선은 분자 속의 전자를 튕겨 날아가게 함으로써, 화학 결합을 파괴하거나 원자를 이온화한다. 예컨대 이들이 세포 안의 DNA에 닿으면, DNA 분자 속에 있는 전자를 튕겨 나가게 함으로써 DNA는 결합이 절단되는 등 상처가 생긴다(2-d).

전파에서 감마선까지 물질에 주는 영향은 얼핏 봐서 서로 다른 것처럼 생각된다. 그러나 결국 모든 하전 입자(전자 등)를 흔들고 있는 것이다.

전자기파가 물질 중의 전자 등을 흔들 때는, 전자기파의 일부는 물질에 흡수되고 에너지가 물질에 인계된다. 이것이 바로 물질에 빛(전자기파)이 흡수되는 것의 본질적인 의미이다.

1-b. 적외선이나 마이크로파는 분자를 뒤흔든다

적외선은 다양한 분자를 진동 운동시킨다. 적외선보다 약간 파장이 긴 '마이크로파(전파의 일종)'는 물 분자를 회전 운동시킨다. 전자 레인지는 이 성질을 이용해 마이크로파로 수분을 가열한다.

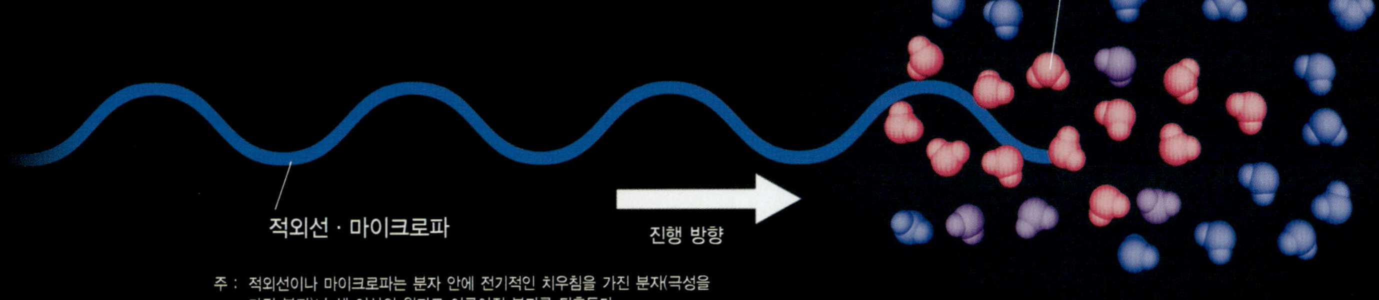

주 : 적외선이나 마이크로파는 분자 안에 전기적인 치우침을 가진 분자(극성을 가진 분자)나 셋 이상의 원자로 이루어진 분자를 뒤흔든다.

1-d. 자외선 · X선 · 감마선은 화학 결합을 파괴한다

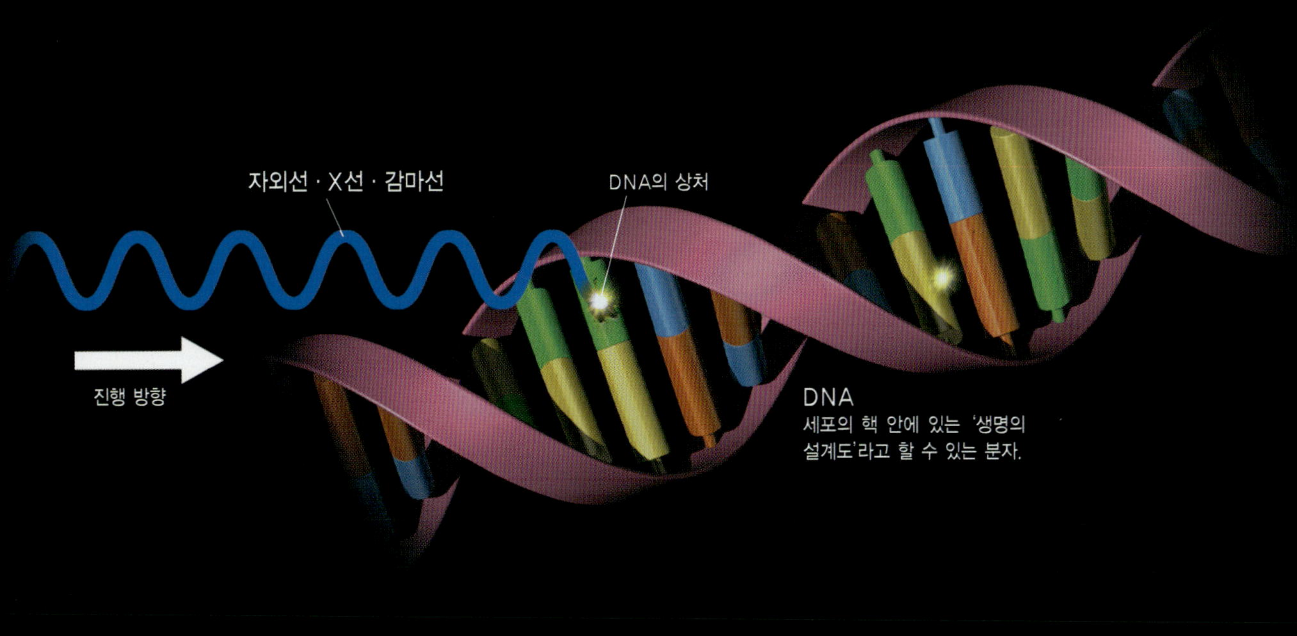

어떤 물체라도 온도에 따라 전자기파(빛)를 방출한다

적외선이 물체에 닿으면, 물체를 구성하는 분자가 흔들려 데워진다는 것을 앞 페이지에서 소개했는데, 그 반대의 과정도 존재한다. 즉 **모든 물체는 그 온도에 따른 양의 '적외선'을 방출한다.**

예컨대 적외선 난로는 히터에 전류가 흘러 고온이 되는데, 눈에는 보이지 않지만 적외선을 강하게 방출하고 있다. 그리고 적외선 난로 같은 고온의 물체뿐 아니라 우리의 몸도 적외선을 방출한다. '서모그래피'라는 장치로 보면 그것을 잘 알 수 있다(*1*). 서모그래피란 물체가 방출하는 적외선을 감지해 온도가 눈에 보이도록 하는 장치이다.

그러면 훨씬 고온의 물체에서는 어떻게 될까? 제철에 사용되는

1. 인체도 적외선을 방출한다

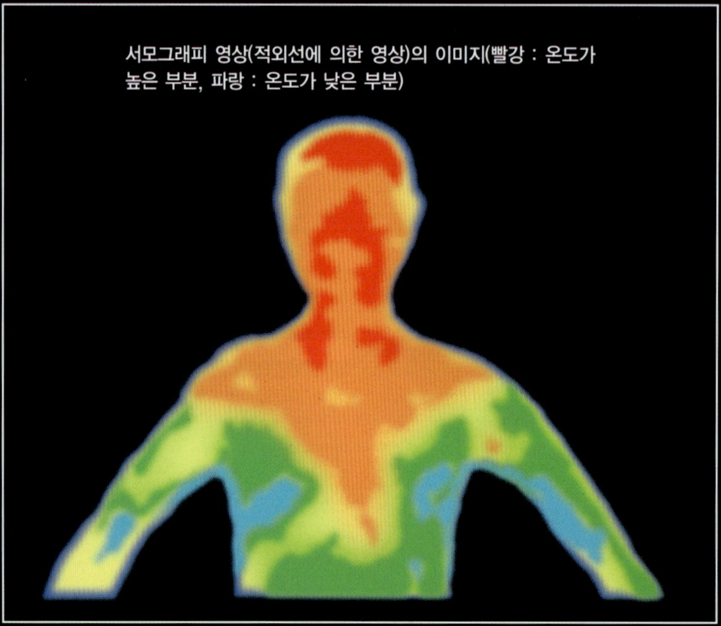

서모그래피 영상(적외선에 의한 영상)의 이미지(빨강 : 온도가 높은 부분, 파랑 : 온도가 낮은 부분)

2. 고온의 물체 색깔은 온도에 따라 결정된다

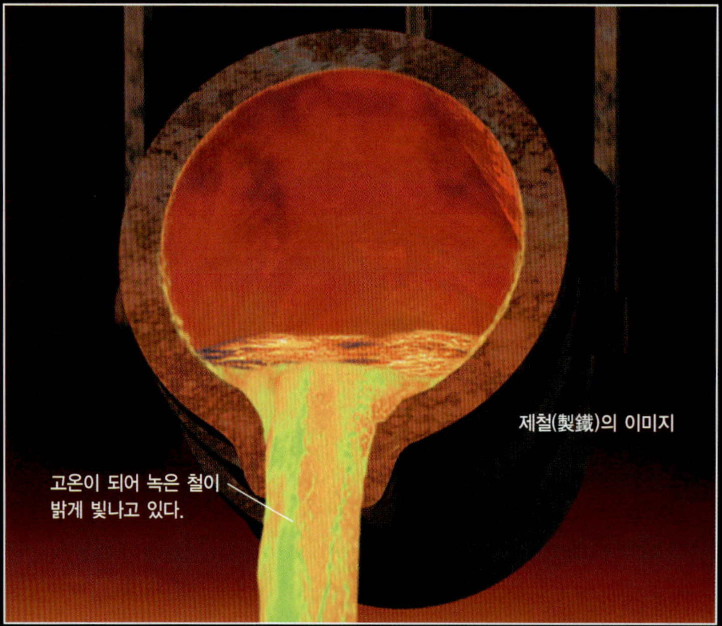

제철(製鐵)의 이미지

고온이 되어 녹은 철이 밝게 빛나고 있다.

용광로나 도예용 가마의 안은 매우 고온이므로 밝게 빛난다(2). 이렇게까지 **고온이 되면 물체는 적외선보다 파장이 짧은 가시광선도 미미하지만 방출한다.**

고온이 될수록 가시광선의 파장이 짧은 성분이 늘어나므로, 고온에 따라 색깔이 달라진다. 600℃ 정도이면 밝은 빨간색, 800℃ 정도이면 오렌지색, 1000℃ 정도이면 노란색, 1300℃ 이상이면 하얀색이 된다고 한다.※

백열전구도 필라멘트가 고온이 됨으로써 가시광선을 낸다(3). 필라멘트의 온도는 2000~3000℃ 정도까지 올라간다.

※ : 그렇게 보인다고 해서 방출되고 있는 빛의 스펙트럼이 가시광선 중심인 것은 아니다. 온도와 주로 방출되는 전자기파의 관계는 90쪽(1)에 나타나 있다.

3. 백열전구의 필라멘트는 고온이 되어 가시광선을 방출한다

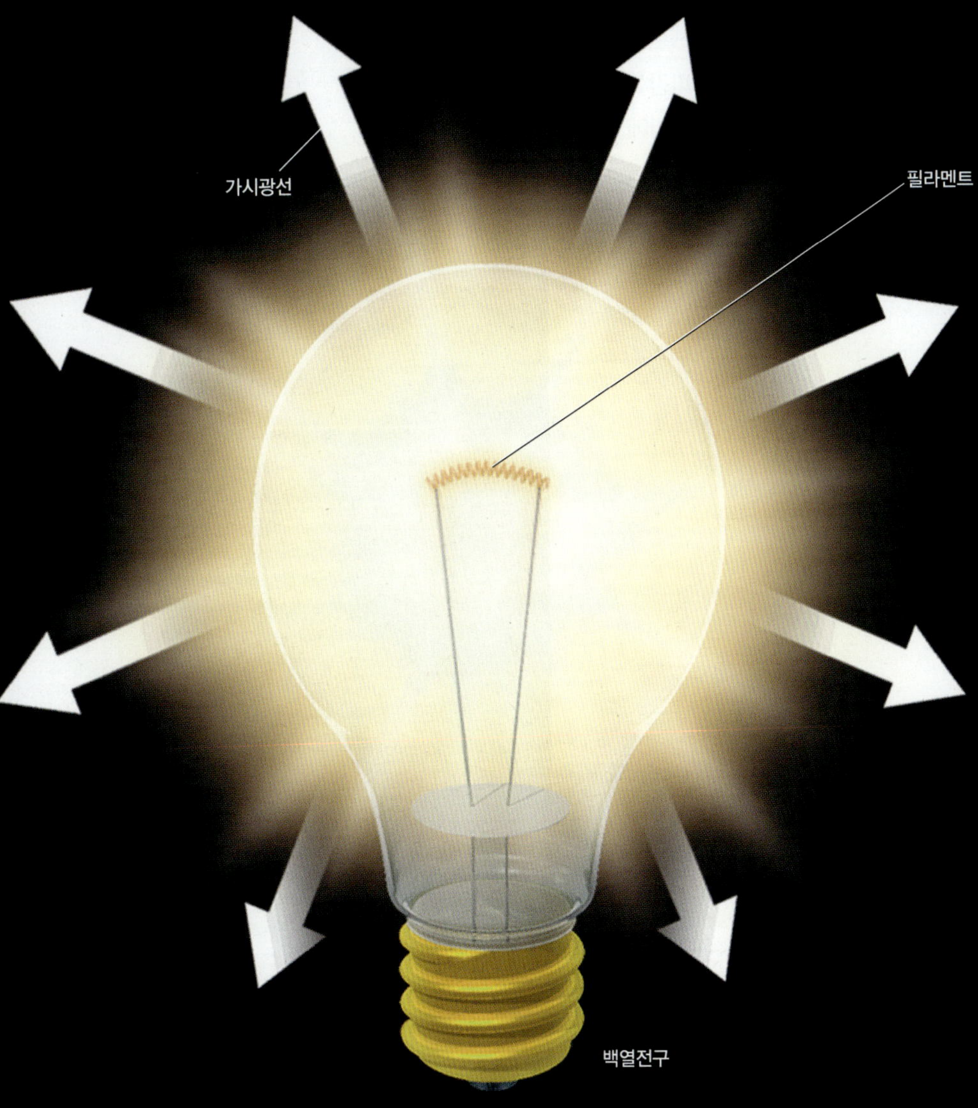

별의 색깔의 차이는 표면 온도의 차이

앞 페이지에서도 말했다시피 **모든 물체는 그 온도에 따른 파장의 전자기파를 방출한다. 이것을 '열복사(熱輻射)'라고 한다. 일반적으로는 물체의 온도가 높을수록, 파장이 짧은 빛의 성분이 많이 복사된다**(1). 1의 표를 보면 대부분의 물체 온도는 주로 적외선을 방출하는 온도 영역에 들어 있음을 알 수 있다.

한편 우주에는 태양과 같은 '항성' 등 고온의 물체가 많이 있다. 항성이란 스스로 빛나는 별을 말한다. 항성은 핵융합 반응※에 의해 고온이 되었으며, 항성 표면에서는 가시광선이 열복사로 방출된다.

항성의 색깔은 표면 온도로 정해진다(2). 표면 온도가 3300℃ 정도의 별은 붉게 보이고, 6300℃ 정도의 별은 노란색으로 보인다. 표면 온도가 1만 ℃를 넘는 항성은 하얀색 내지 파란색으로 보인다. 표면 온도가 높을수록 파장이 짧은 빛이 열복사에 의해 많이 방출되기 때문에 이런 색깔의 차이가 나타난다.

※: 예컨대 수소 원자핵끼리 충돌 및 합체해 더욱 무거운 헬륨 원자핵을 만드는 반응 등이다. 막대한 에너지를 만들어 낸다.

1. 물체의 온도와 주로 방출되는 전자기파

전파 …………	−270℃ 정도의 극저온
적외선 ………	~2000℃ 정도
가시광선 ……	~1만 ℃ 정도
자외선 ………	~수십만 ℃ 정도
X선 …………	~10억 ℃
감마선 ………	10억 ℃ 이상

※ 위의 표는 어디까지나 '주로 방출된다.'는 의미이다. 고온의 물체에서는 파장이 긴 전자기파도 많이 방출된다. 더욱이 X선 이상의 열복사는 블랙홀 등, 우주의 고에너지 천체에서밖에는 볼 수 없다.

'좀더 자세히!'
별의 표면 온도와 스펙트럼

오른쪽 그래프는 항성의 표면 온도를 알면, 항성이 방출하는 빛의 스펙트럼(파장에 대한 빛의 강도 분포)이 어떻게 변하는가를 이론 계산에 근거해 나타낸 것이다. 약 3300℃의 항성의 그래프를 보면, 가시광선 영역에서는 빨간색 빛을 가장 강하게 내고 있음을 알 수 있다. 약 6300℃의 항성은 노란색 근처의 빛을 가장 강하게, 약 1만 2300℃의 항성은 가시광선 영역에서는 파장이 짧은 파랑이나 보라의 빛이 가장 강하다. 이처럼 온도가 높으면 높을수록 파장이 짧은 빛을 강하게 방출한다. 더욱이 그래프 위의 열복사가 가장 강해지는 점에서의 파장과 온도(절대 온도)는 반비례한다는 사실이 알려져 있다. 절대 온도(K)는 물리학에서 흔히 쓰는 온도의 단위인데, 섭씨 온도(℃)에 273.15를 더한 것이다.

2. 항성의 색깔은 표면 온도로 정해진다

리겔
태양 지름의 50배 정도.
표면 온도는 1만 ℃를 넘으며,
창백하게 보인다. 오리온자리에
있는 0.1등성이다.

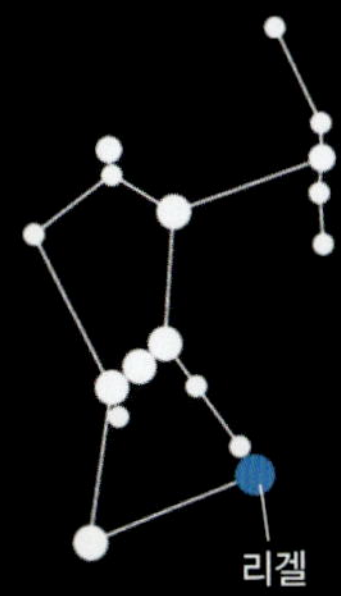

바너드별
태양 지름의 0.2배 정도.
표면 온도는 3400℃ 정도인데
빨간색이다. 뱀주인자리에 있는
9.6등성이다(맨눈으로는
보이지 않는다).

태양
표면 온도는 6000℃ 정도

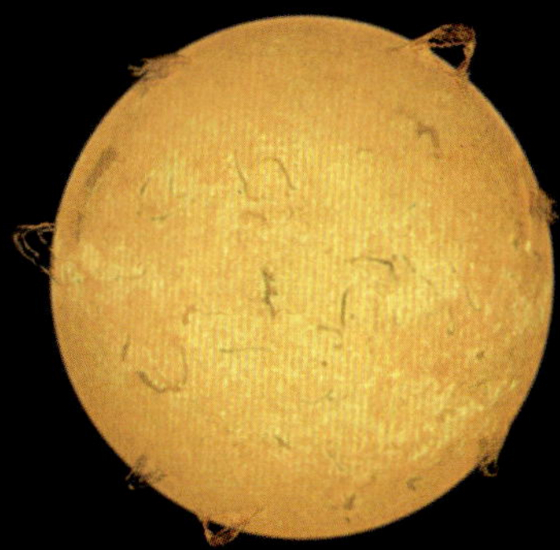

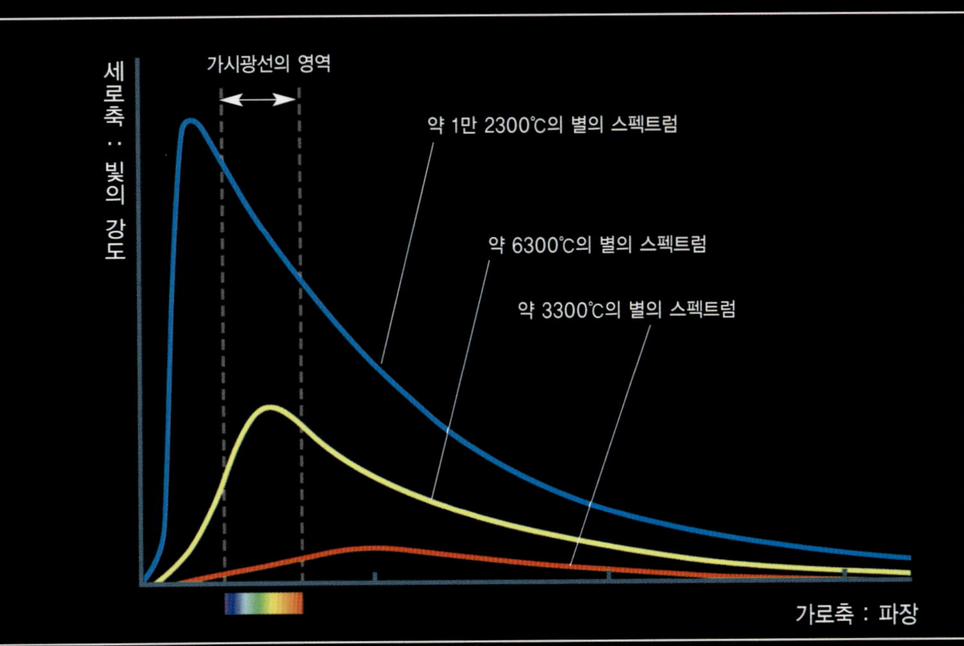

고온의 물질에 포함된 원자는 특유의 빛을 방출한다

빛(전자기파)을 내는 메커니즘은 88~91쪽의 열복사뿐만이 아니다. 예컨대 불꽃의 선명한 색채는 '불꽃 반응'에 의해 **다양한 원소가 내는 특유한 색깔의 빛**으로 이루어진다.

불꽃 반응이란 고온의 물질에 포함된 원자가 그 원소의 종류에 따라 서로 다른 색깔(파장)의 빛(전자기파)을 방출하는 현상이다(*1*). 나트륨은 노란색, 리튬은 빨간색, 칼륨은 보라색 등이다(*2*). 예컨대 불꽃의 붉은색은 스트론튬의 화합물, 노란색은 나트륨의 화합물 등으로 만들어진다.

3은 수소 가스를 약간 넣은 '방전관'이 내는 빛을 색깔(파장)별로 나눈 **'휘선 스펙트럼'**이다. 방전관은 안이 거의 진공으로 되어 있으며, 전압을 걸면 빛을 낸다.

태양의 스펙트럼은 연속적인 띠가 되지만, 이 사진에는 몇 가지 색깔의 선밖에 포함되어 있지 않다. 이들은 방전관 안의 수소 원자가 내는 특유한 색깔의 빛이다.

2. 불꽃 반응 금속이 녹은 수용액을 백금선(白金線)에 묻히고 이를 불꽃에 넣으면, 금속 원소의 종류에 따른 특유한 색깔로 불꽃이 빛난다.

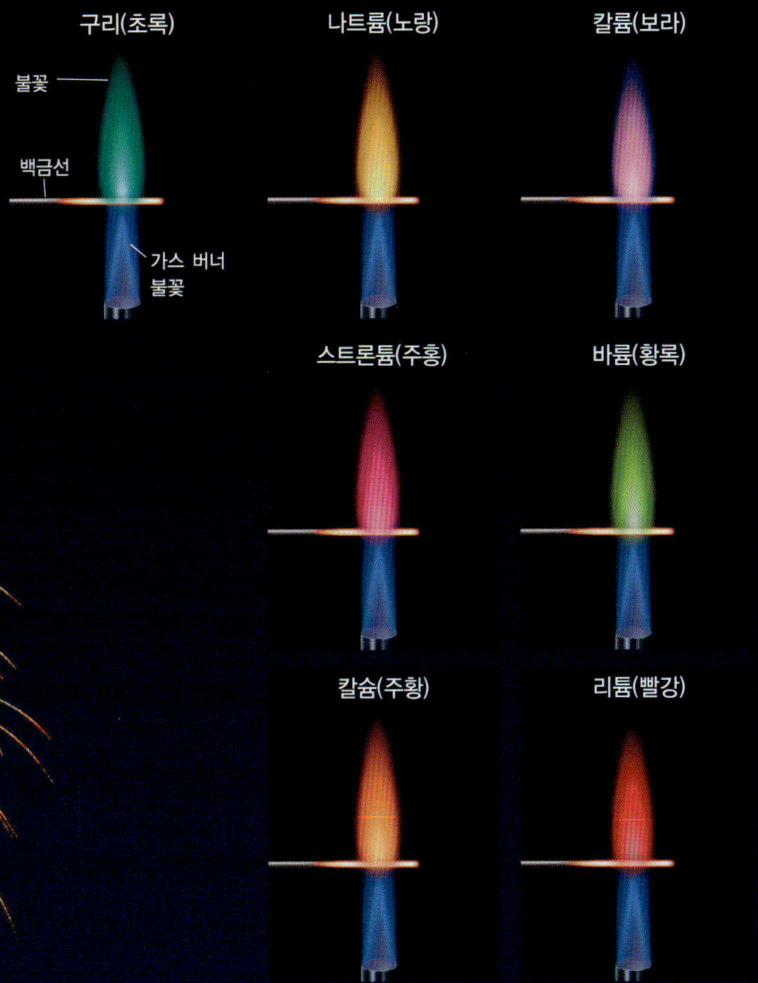

3. 수소의 휘선 스펙트럼

빛을 조사하면 먼 천체에 포함된 원소도 알 수 있다

한편 **저온의 물질에 포함된 원자는 그 원소의 종류에 따른 특유한 파장의 빛을 흡수한다**(*1*). **어떤 원소가 흡수하는 빛은 그 원소가 고온일 때 방출하는 빛과 똑같은 파장의 빛이다.**

태양빛의 스펙트럼을 자세히 보면, 여러 개의 어두운 선(암선)이 있다(*2*). **암선의 빛은 태양빛이 지표에 이르는 동안, 태양이나 지구의 대기에 포함된 원자에 흡수된 것이다**(*3*).

어떤 원소가 방출 또는 흡수하는 빛의 파장(휘선과 암선)은 지상에서나 태양에서나 모두 같다. 즉 태양 스펙트럼의 휘선과 암선을

1. 저온 물질의 원소는 특유한 빛을 흡수한다

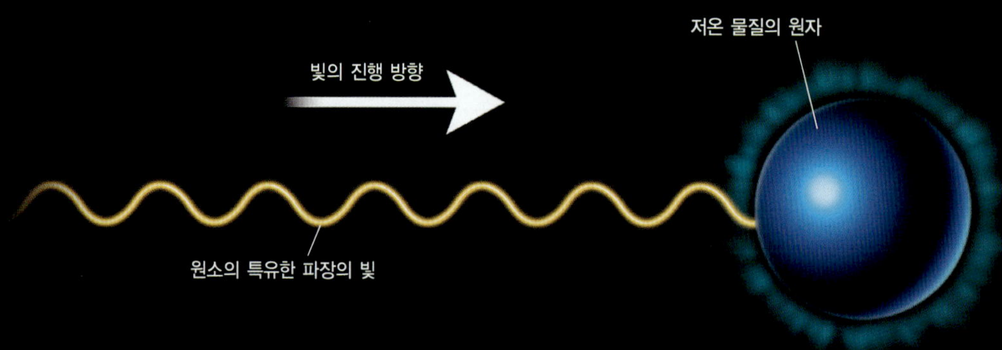

'좀더 자세히!'
헬륨은 우주에서 먼저 발견되었다
헬륨(He)이라는 원소는 지구상에서 발견되기 전인 1868년에, 태양빛의 스펙트럼 분석으로 처음 발견되었다. 태양의 코로나(상층의 대기)에서 어떤 특정한 파장의 빛이 강하게 방출되고 있다는 사실을 알았다. 그 파장의 빛을 방출하는 원소는 당시의 지구상에서는 발견되지 않았다. 미지의 원소의 존재가 예언된 셈이다.
지구상에서 헬륨이 발견된 것은 그로부터 27년 뒤인 1895년의 일이다. 이러한 경위에서 헬륨이라는 말은 그리스 어인 'Helios(태양)'에서 유래했다.

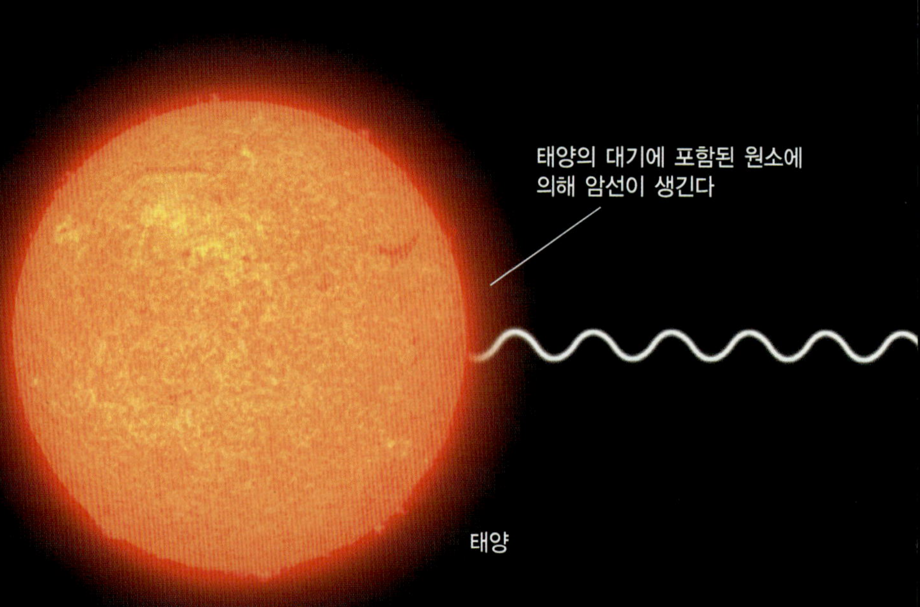

분석하면, 직접 가서 조사할 수 없는 태양에 어떤 원소가 존재하는지 알 수 있다. **빛의 속도로 수억 년이나 걸리는 먼 곳의 천체라도 스펙트럼을 조사할 수만 있다면 그 천체에 포함된 원소의 정보를 얻을 수 있다.**

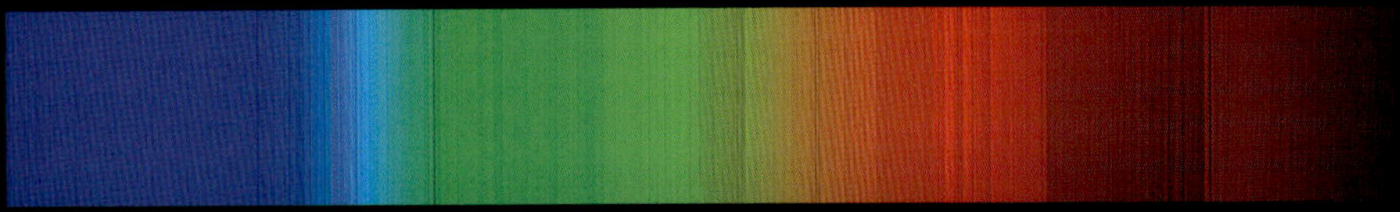

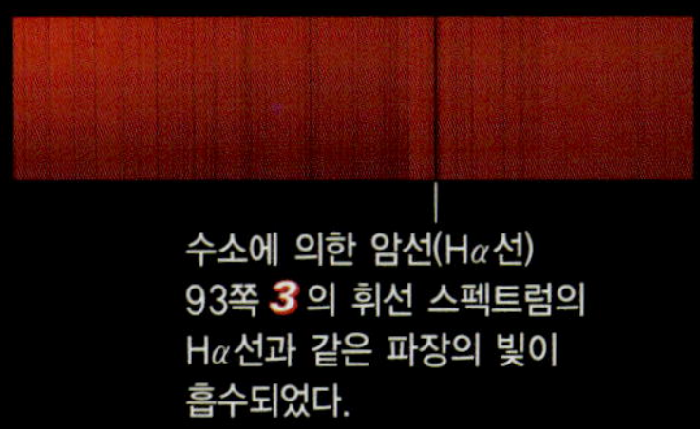

2. 태양빛의 스펙트럼과 암선

위는 암선을 포함하는 실제 태양빛의 스펙트럼 사진. 오른쪽은 그 빨간색 영역의 확대 사진이다. 1814년에 태양빛의 암선을 발견한 요제프 프라운호퍼(1787~1826)의 이름을 따서, 이들 암선을 '프라운호퍼선'이라 부른다.

3. 태양빛이 지구에 도달할 때까지 다양한 색깔의 빛이 흡수된다

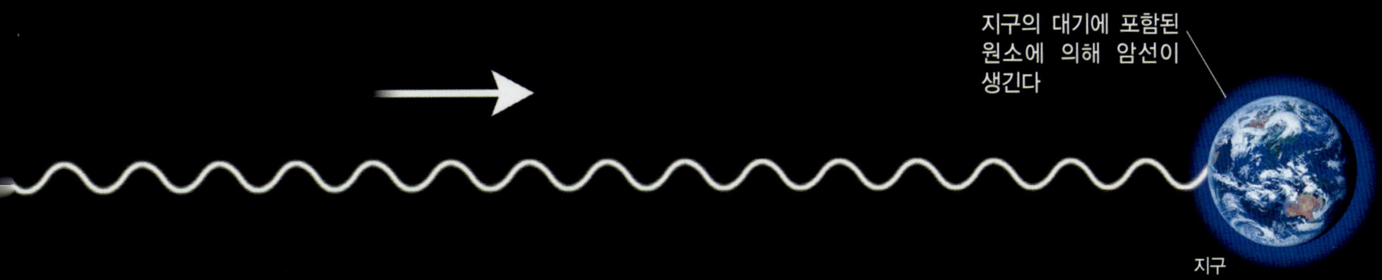

전자가 움직이면 전자기파(빛)가 발생한다

전류가 진동하면(전자가 진동하면) 전자기파가 발생한다(*1*, 80~83쪽에서 소개했다). 그러나 **더욱 일반적으로는 '하전 입자가 움직이면 전자기파(빛)가 발생한다.'고 할 수 있다.** 하전 입자란 전기를 띤 입자로 전자, 양성자, 이온 등이다. '움직인다'는 것은 진동 운동이나, 전자가 원자 안에서 다른 궤도로 바꿔 타는 것 등을 가리킨다[※1]. 자세히 알아보기로 하자.

전자가 심하게 진동하도록 하면, 진동수가 많은 전자기파가 발생한다. 반대로 **진동수가 많은 전자기파일수록 전자를 심하게 진동시킨다. 즉 가지고 있는 에너지가 큰 셈이다.** 예컨대 감마선은 진동수가 많으므로 에너지가 큰 전자기파라고 할 수 있다.

1. 전류가 진동하면 전자기파가 방출된다

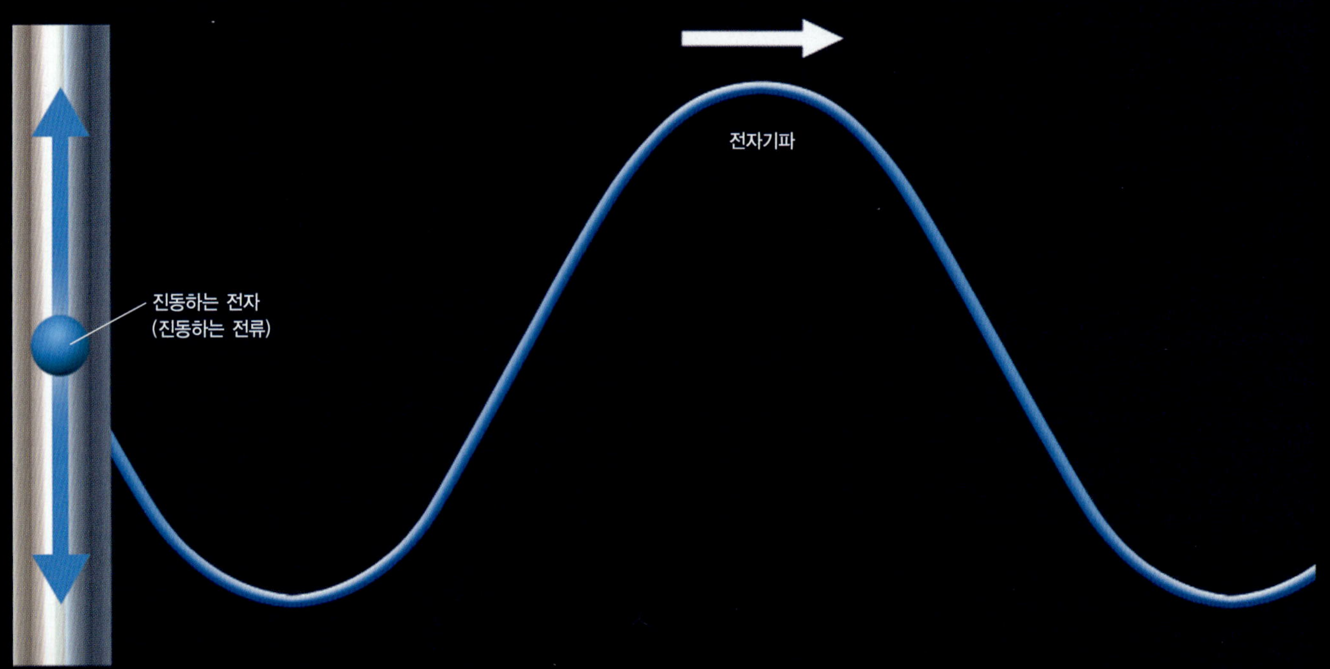

1, **2**, (및 99쪽의 **2**)는 모두 '전자가 움직이면 전자기파가 발생한다.'고 생각할 수 있다.

88쪽에서는 온도가 높은 물체일수록 파장이 짧은 전자기파를 많이 방출함을 소개했다(열복사). **온도란 원자 및 분자의 운동이 격렬한 정도이다.** 온도가 높은 물체는 원자 및 분자가 심하게 운동해 많은 에너지를 가지고 있으므로, 에너지가 큰 전자기파, 즉 파장이 짧은(진동수가 높은) 전자기파를 많이 방출할 수 있다.

그러면 열복사의 원인은 무엇일까? 2 처럼 원자 및 분자는 열에 의해 회전하거나 진동하고 있다. 이는 원자 및 분자 안의 전자나 원자핵이 움직이고 있다고도 할 수 있다. 결국 열에 의해 전자 등이 움직이는 결과로 전자기파가 발생한다고 생각할 수 있다.

※1 : 그러나 하전 입자가 같은 속도로 곧바로 운동을 하더라도 전자기파는 발생하지 않는다. 속도를 바꾸거나 운동 방향을 바꿀 때 전자기파가 발생한다.

2. 전자나 분자의 열운동에 의해, 전자기파(빛)가 발생(열복사)

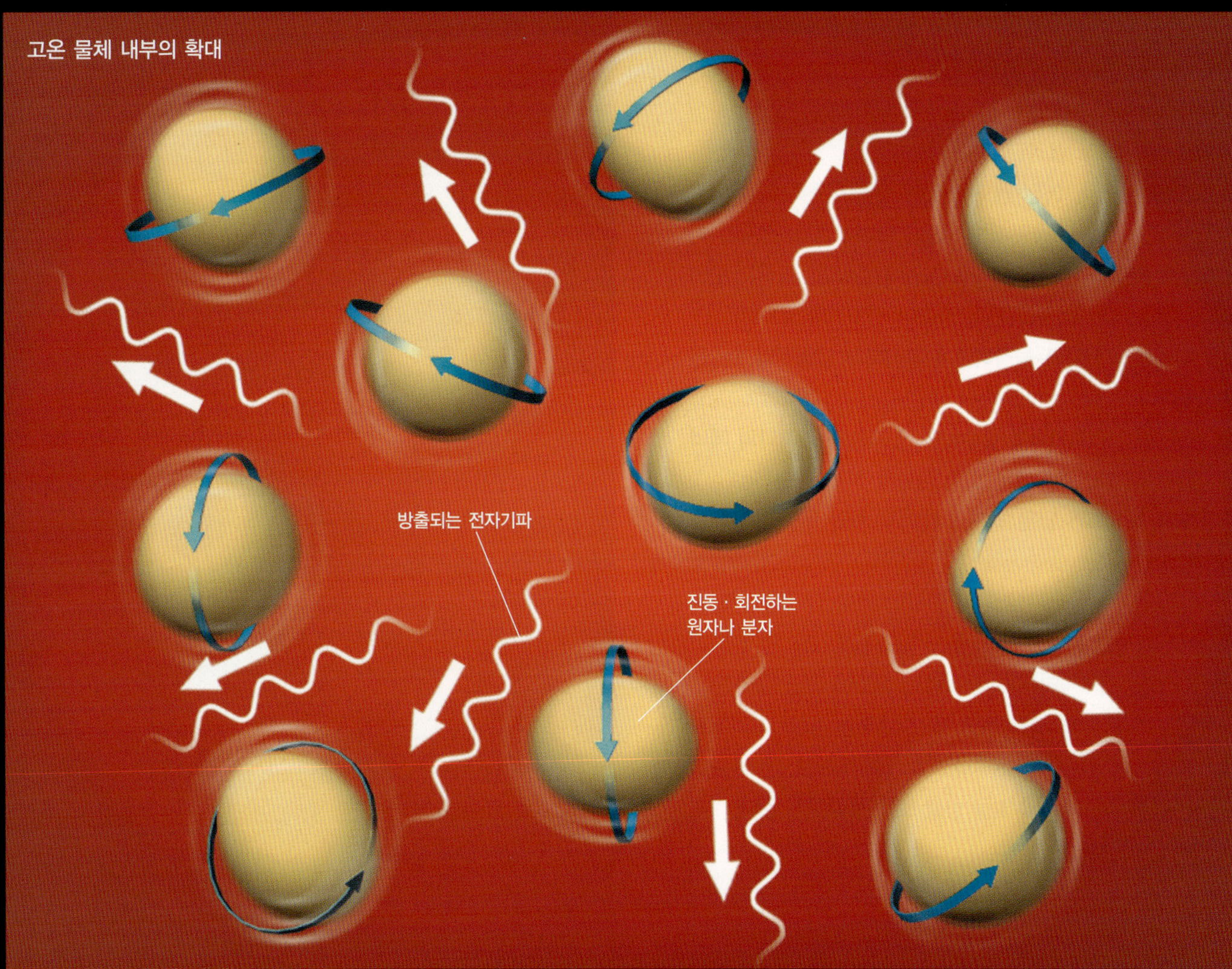

전자가 원자 안에서 궤도를 바꿔 타면 전자기파(빛)가 발생

92쪽에서는 불꽃 반응을 예로 들어 '원소는 그 종류에 따라 특유한 색깔(파장)의 빛을 방출 및 흡수한다.'는 내용을 소개했는데, 그 원리를 생각해 보자.

지상에서는 중력이 있으므로 높은 위치에 있는 물체일수록 큰 에너지(위치 에너지)를 가진다. 이것은 경사면에서 공을 떨어뜨려서 확인할 수 있다(1). 공의 원래 위치가 높을수록 위치 에너지가 크므로, 경사면을 다 내려왔을 때는 공이 가지는 운동 에너지가 커진다(속도가 빨라진다).

원자 안의 원자핵은 양전기, 전자는 음전기를 가지므로, 전자는 원자핵으로부터 전기적인 인력을 받는다. 그래서 원자핵에서 멀리 떨어진 궤도에 있는 전자일수록 에너지가 크다는 사실을 1과 같은 원리로 알 수 있다[※1](2).

원자핵에서 멀리 떨어진 궤도에 있는 전자가 원자핵에 가까운 궤도의 '빈 자리'로 바꿔 타는 것을 생각해 보자. **전자가 아래의 궤도로 바꿔 타면 전자의 에너지가 감소하고, 그 감소분의 에너지가 방출된다. 이 에너지의 방출이 전자기파(빛)이다**(2-a). 여기에서도 **'전자가 움직이면 전자기파가 방출된다.'는 원칙**이 성립한다.

거꾸로 **전자가 전자기파를 흡수하면, 전자는 전자기파의 에너지를 사용해 아래의 궤도에서 위의 궤도로 바꿔 탄다(2-b). 이때 전자가 흡수하는 것은 궤도의 에너지 차와 똑같은 만큼의 전자기파이다.**

원소가 다르면 원자핵이 지니는 전하의 양도 달라져, 전자에 작용하는 전기적인 인력의 크기 등도 달라진다. 그러면 전자가 궤도를 바꿔 탈 때의 에너지의 변화량도 원소에 따라 달라진다. 그래서 원소의 종류에 따라 방출 및 흡수되는 빛의 에너지가 바뀐다. 빛의 에너지는 파장(진동수)으로 정해지므로, 원소는 그 종류에 따른 특유한 파장의 빛을 방출 또는 흡수하게 된다.

※1 : 전자의 궤도나 원자에서의 빛의 방출은 엄밀하게는 미시적 세계의 이론인 '양자역학(양자론)'으로 생각해야 한다. 여기에서는 간략하게 소개했다.

1. 높은 위치에 있는 물체일수록 위치에너지가 크다

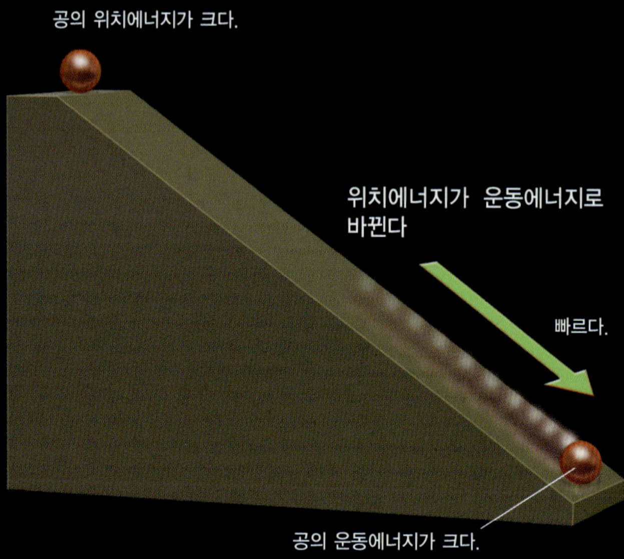

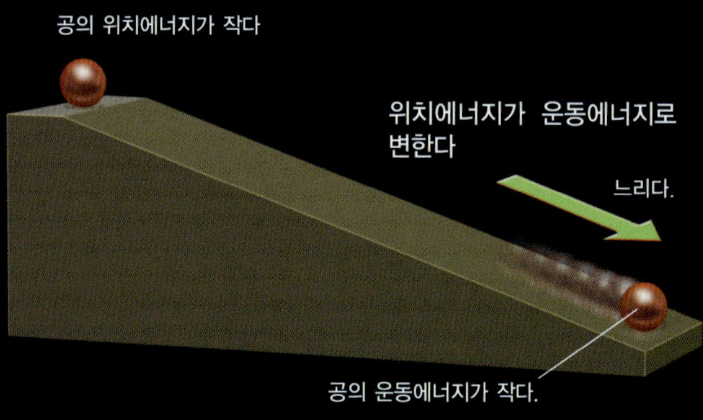

2. 원자의 구조와 전자기파(빛)의 발생 (불꽃 반응 등의 원리)

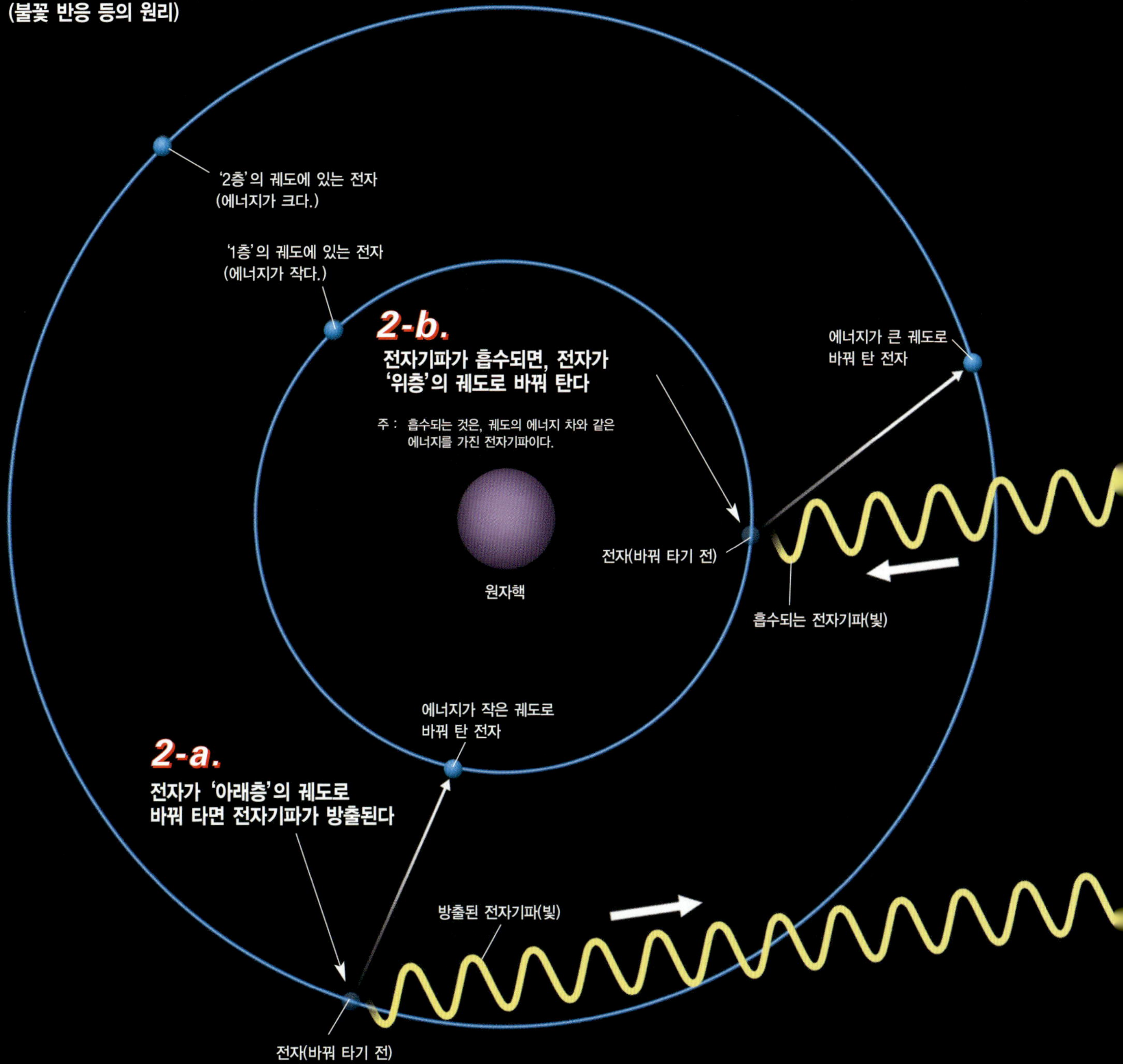

주 : 단, 보통의 안정된 원자는 **2-a**와 같이 전자기파를 방출하지 않는다. 원자가 외부에서 어떤 에너지를 얻으면, 전자가 '위층'으로 바꿔 탈 수 있다. 이 전자가 다시 '아래층'으로 바꿔 탈 때는 전자기파가 방출된다 (자세한 것은 다음 페이지에서 설명).

'좀더 자세히!' 전자의 궤도

전자는 원자핵 주위의 어디에나 존재할 수 있는 것은 아니다. 미시적인 세계의 특별한 제약에 의해, 전자는 특정한 궤도에서밖에 존재할 수 없다. 이것은 '양자역학'이라는 이론으로 설명된다. 전자의 궤도를 여기에서는 간단히 '1층'과 '2층'으로 나누어 생각했지만, 실제로는 같은 원자에서도 수많은 궤도가 존재한다.

원자의 '흥분'이 진정될 때 빛(전자기파)이 발생한다

원소가 내는 특유한 색깔의 빛은 극지방에 보이는 오로라를 만들어 낸다(*1*). 그 메커니즘을 소개한다.

태양은 가스를 우주 공간으로 방출하고 있다. 이 가스는 전자나 양성자(수소 이온) 등의 하전 입자로 이루어지는 플라스마(이온과 전자로 이루어진 가스)로 '태양풍'이라 한다(*1-a*). 지구에 온 태양풍의 입자는 지구 자기에서 힘을 받아 극지방으로 옮겨지고, 대기 중의 원자 및 분자(산소나 질소 등)의 전자와 충돌한다.

그러면 원자 및 분자 중의 전자는 높은 에너지의 궤도로 뛰어오

1-a. 태양풍(오로라를 발생시키는 원인)

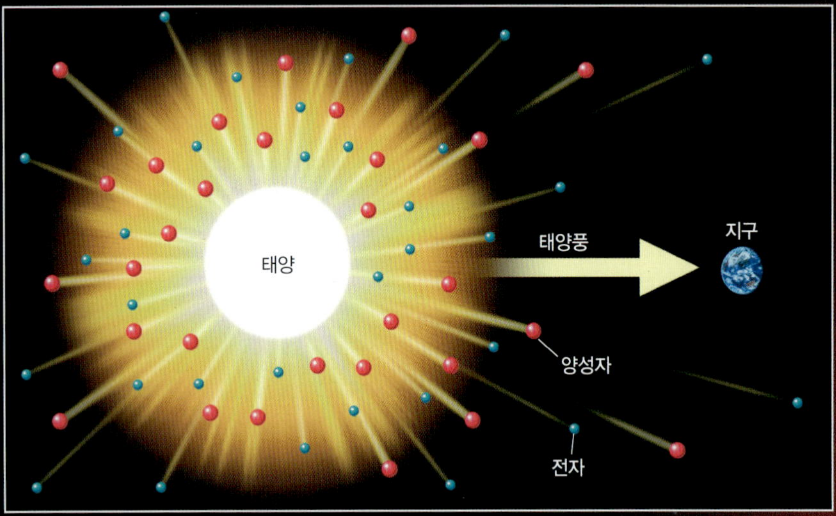

1. 오로라의 발광

르게 된다. 이때의 원자 및 분자는 흥분 상태(들뜬상태)가 된다(1-b). 물체가 항상 아래로 떨어지는 것과 마찬가지로, **높은 에너지의 궤도에 있는 전자는 잠시 있으면 낮은 에너지의 궤도로 바꿔 타고, 흥분 상태의 원자 및 분자는 원래의 상태(바닥상태)로 되돌아간다. 이때 궤도의 에너지 차에 해당하는 에너지를 가진 빛(전자기파)이 방출된다**(99쪽 2 참조). 이것이 오로라의 발광이다. 오로라는 발생원인 원자나 분자의 종류에 따라 빨간색이나 초록색 등의 색깔로 빛난다.

1-b. 오로라의 발광 원리

오로라의 주된 색깔 가운데 빨간색과 초록색은 산소 원자, 분홍색은 질소 분자가 내는 빛이다.

'좀더 자세히!'
오로라는 왕관형(王冠型)

태양풍의 하전 입자는 지구자기에서 힘을 받아 극지방으로 운반된다. 오로라가 발생하기 쉬운 장소는 고위도 지역에 띠 모양으로 분포하므로, 오로라를 우주에서 보면 지구에 씌워진 왕관처럼 보인다. 또 지구와 같은 메커니즘으로 대기와 자기 마당을 가지는 목성이나 토성에도 왕관형 오로라가 발생한다.

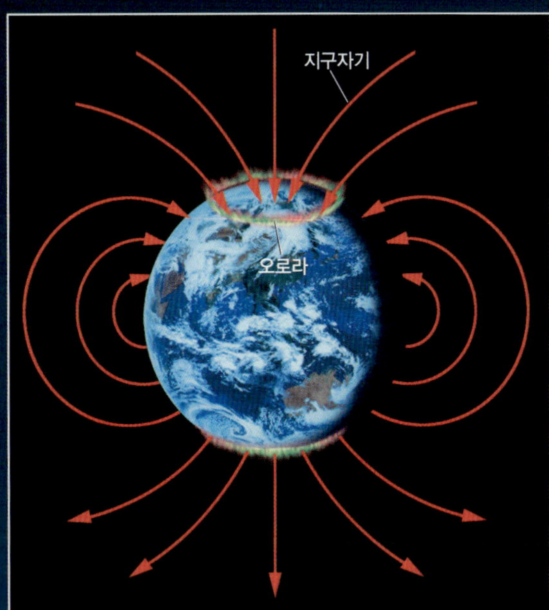

형광등은 자외선을 가시광선으로 변환한다

형광등(1)도 오로라와 비슷한 원리로 가시광선을 낸다. 형광등은 내부가 진공에 가깝게 되어 있으며, 전압을 걸면 전극에서 고속의 전자가 튀어나온다. 전자는 유리관 안에 봉해 넣은 수은 원자와 충돌해 수은 원자가 흥분 상태가 되며, 그 후 자외선을 방출한다(1-a).

형광등의 내벽에는 '형광 도료'가 칠해져 있어 자외선을 흡수한다. 형광 도료 속의 분자는 자외선을 흡수하면 자외선의 에너지에 의해 흥분 상태가 되지만, 곧 빛을 방출하는 것은 아니다(1-b). 그 사이에 흥분 상태의 분자는 열진동하는 주위의 분자와 충돌해 에너지를 일부 빼앗긴다. 그래서 형광등은 뜨거워진다. 에너지를 잃은 분자 중의 전자는 에너지가 낮은 '아래층'의 궤도로 옮겨 간다. 거기에서 더욱 아래의 층으로 전자가 바꿔 탈 때 가시광선이

1. 형광등의 발광 원리

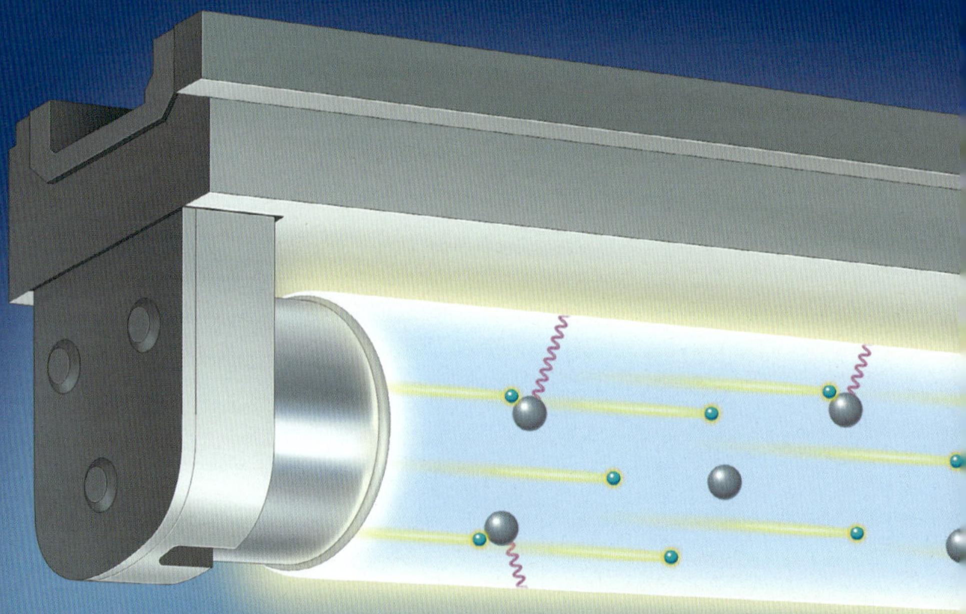

방출된다[※1].

이처럼 **흡수한 전자기파(이 경우에는 자외선)보다 에너지가 낮은 전자기파(이 경우에는 가시광선)를 방출하는 현상에서는 그 방출된 전자기파를 '형광(螢光)'이라고 부른다**[※2].

헷갈리기 쉬우나 반딧불이의 발광은 형광이 아니다. 반딧불이는 몸 안에 '루시페린'이라는 물질을 가지고 있어, 이것이 산소와 반응할 때 빛이 나온다. 화학 반응으로 발생한 에너지가 빛으로 방출되는 셈이다. 이런 발광을 '화학 발광'이라 한다. 화학 반응을 일으킬 때는 분자 안의 전자 궤도가 변하기 때문에, 여기에서도 **'전자가 움직이면 전자기파가 방출된다.'**는 앞 페이지의 원칙이 성립한다.

※ 1 : 여러 가지 파장의 빛을 포함한 태양빛에 가까운 백색광을 만들기 위해, 형광등의 형광 도료는 몇 가지 재료가 혼합되어 만들어진다.

※ 2 : 빛(형광등의 경우는 자외선)을 닿게 하지 않으면 곧 사라지는 것이 '형광'이지만, 바로 사라지지 않는 것을 '인광(燐光)'이라고 한다. 잘 알려진 인광의 예로는 어둠 속에서도 보이는 시곗바늘의 도료가 있다.

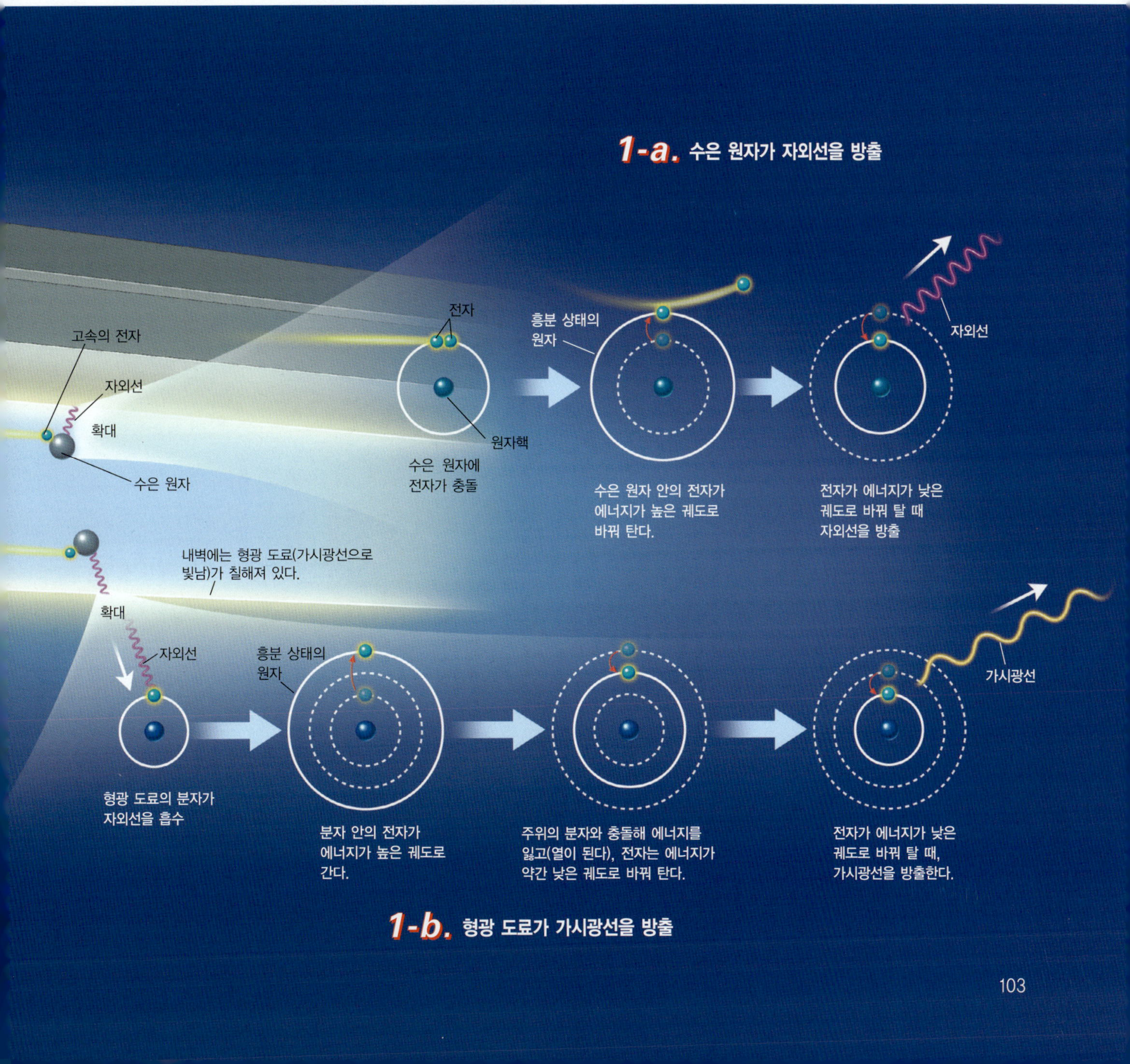

유리 속에서 빛은 '흡수'와 '재방출'을 되풀이한다

물질 속에서는 빛(전자기파)의 빠르기가 진공 속에서보다 느려진다. 그러면 빛은 왜 물질 속에서 속도가 느려질까?

예컨대 유리 속에서 광속은 진공 속의 50~70% 정도가 된다. 실은 **유리 속의 분자는 들어온 빛을 '흡수'했다가 극히 순간적으로 '재방출'한다**(*1*). 이러한 과정이 유리 안에서 반복되고, 그 결과로 진공 속에서보다 빛의 속도가 느려진다.

유리는 투명하게 보이지만 이것은 가시광선에 대한 이야기이며, 원적외선이나 자외선에 대해서는 별로 통하지 않는다. 만일 원적외선이나 자외선만 감지하는 특수한 눈으로 본다면 유리는 상당히 불투명하게 보일 것이다(*2*).

진동하는 물체는 흔들리기 쉬운 진동수를 가지며, 이것을 '고유 진동수'라고 한다. 악기의 현이나 방울 등이 특정한 음으로 소리를 내는 것은 정해진 고유 진동수로 진동하기 때문이다. 물체에 고유 진동수와 같은 진동수를 가지는 파동이 닿으면, 물체는 고유 진동수로 진동하기 시작한다(공명). *3*처럼 두 소리굽쇠를 떼어 놓고 왼쪽 소리굽쇠를 두들겨 진동시키면, 소리굽쇠의 진동과 같은 진동수의 음파(공기의 진동)가 발생한다. 오른쪽 소리굽쇠는 이 소리굽쇠에 공명해 음파의 에너지를 일부 받아, 왼쪽 소리굽쇠와 같은 진동수로 흔들리기 시작한다.

유리의 분자(전자)에도 둘 이상의 고유 진동수가 있으며, 그들 진동수가 전자기파에서는 원적외선과 자외선의 영역에 해당한다. 유리에 원적외선(또는 자외선)이 입사하면 분자는 공명을 일으켜, 원적외선(또는 자외선)을 흡수하고 진동을 시작한다(*4*).

공명을 일으킨 분자의 진동은 잠시 계속된다. 그 사이에 진동하는 분자는 주위의 분자와 부딪치는 등 에너지를 주위에 넘기고 진동이 진정된다. 이 경우에는 빛의 방출은 일어나지 않는다. 즉 **원적외선이나 자외선은 유리 분자에 완전히 흡수되고, 그 에너지는 열이 되어 유리의 온도를 높이는 것이다.** 가시광선의 경우는 공명을 일으키지 않으므로, '흡수'된 빛은 순식간에 '재방출'된다. ' '를 붙인 이유는 원적외선의 예와 같은 완전한 흡수와 구별하기 위해서이다.

이처럼 **물질의 투명 및 불투명(전자기파를 통하느냐 통하지 않느냐)은 물질의 고유 진동수(어느 진동수로 공명을 일으키느냐)에 의해 정해진다.**

1. '흡수'와 '재방출'의 연속

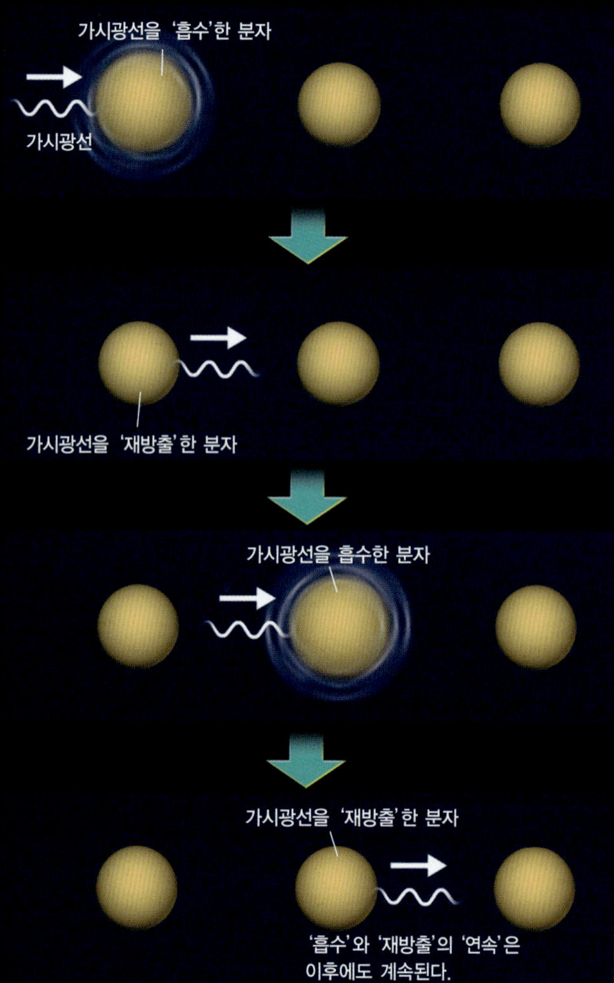

2. 가시광선으로 투명해 보이는 유리도, 원적외선이나 자외선으로 보면 불투명

4. 유리가 원적외선에 대해 불투명한 이유

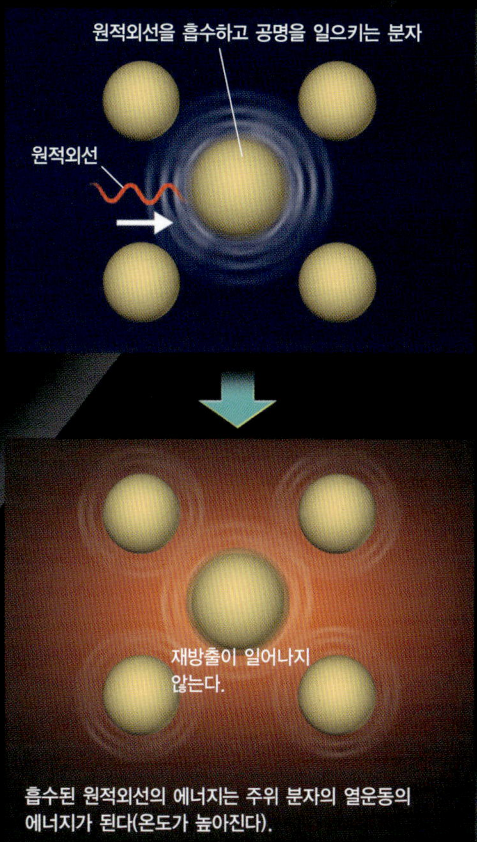

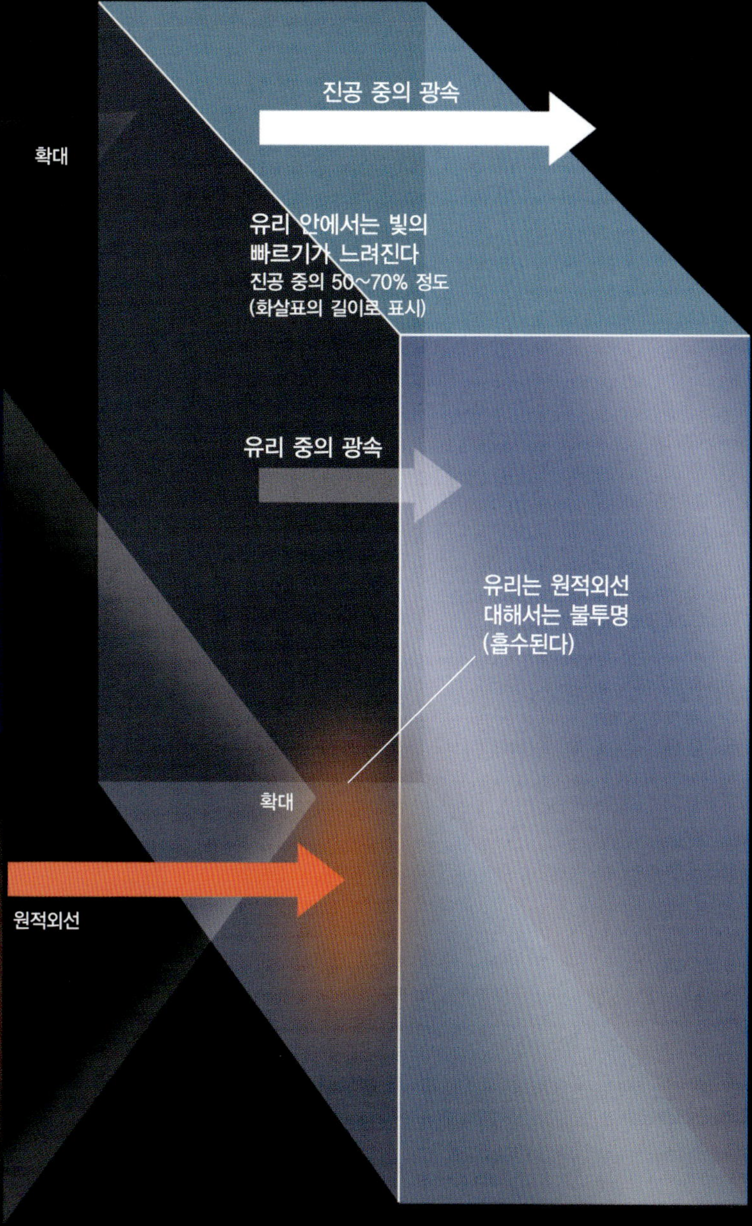

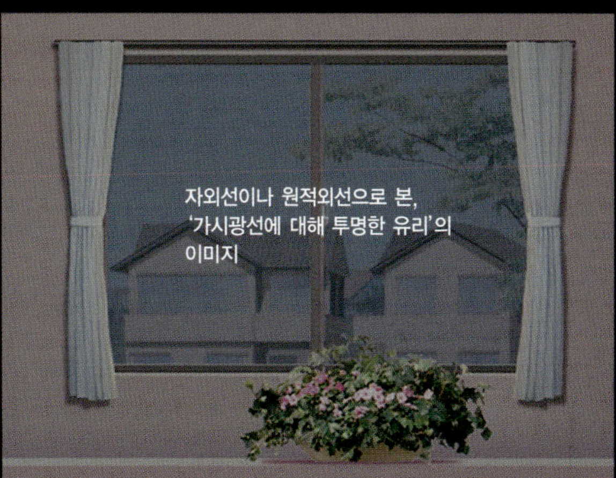

3. 소리굽쇠의 공명

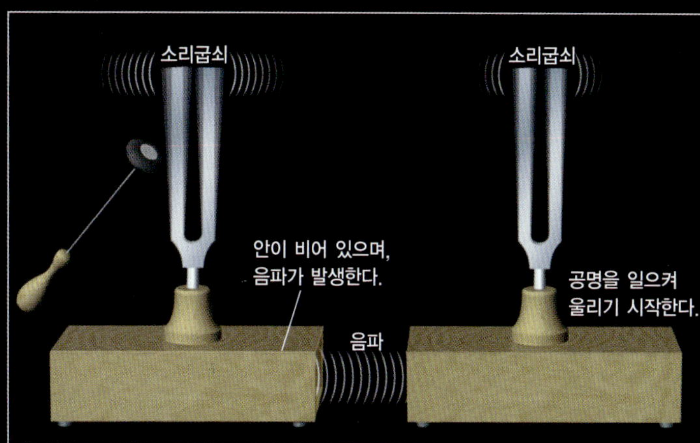

인간에게 일부의 전자기파 밖에 보이지 않는 까닭은?

투명한 것으로 대기를 빼놓을 수 없다. **대기는 가시광선과 적외선의 일부 및 전파의 일부에 대해서는 거의 투명하지만, 그 이외의 파장에 대해서는 거의 불투명하다**(*1*). 태양이나 우주 저편에서는 가시광선 이외에도 모든 파장 영역의 전자기파가 지구로 쏟아지고 있다. 그러나 대기가 전자기파의 여러 파장 영역에 대해 불투명하므로, 그들은 지표에 거의 이르지 못한다.

물질이 불투명해지는 원인에는 앞 페이지에서 소개한 '흡수' 이외에 '산란'이나 '반사'도 있다.

어떤 종류의 통신용 전파는 고도 60km 이상에 있는 '전리층'에서 반사하고 지상으로 되돌아오는 성질이 있어 장거리 통신에 이용된다(*2*). 반대로 우주에서 오는 파장 수십 m 이상의 전파는 전리층에서 반사되어 지상에는 이르지 않는다(*1-a*).

적외선의 대부분은 대기 중의 물이나 이산화탄소 분자 등에 의해 흡수, 산란되어 지상에는 이르지 않는다(*1-b*).

자외선의 대부분은 대기 상층에 존재하는 '오존(O_3)' 분자에 의해 흡수된다(*1-c*). X선과 감마선도 질소 분자나 산소 분자에 흡수되어 지상에는 거의 이르지 않는다(*1-d*). 한편 가시광선은 그 일부가 대기 분자에 의해 산란되지만 대부분 지상에까지 이른다.

대기가 가시광선에 대해 투명한 것이 진화에 영향을 끼쳤다?

그런데 전자기파는 파장이 몇 km 이상인 전파에서 파장이 10억분의 1mm 이하인 감마선까지 그 폭이 넓다(*3*). 한편 가시광선의 파장 영역은 400~800nm(1nm는 10억분의 1m) 정도이다. **전자기파 중에서 인간의 눈이 감지할 수 있는 가시광선은 전자기파 안의 극히 한정된 영역에만 있다.**

그 이유는 '대기가 가시광선에 대해 투명하기 때문'으로 추정된다. 지표에는 가시광선이 대량으로 쏟아지고 있지만, 그 밖의 여러 전자기파는 대기에 의해 차단된다. 그래서 생물은 가시광선에 해당하는 파장 영역의 전자기파를 이용하는 것이 진화 과정에서 유리하게 작용했으리라 생각된다.

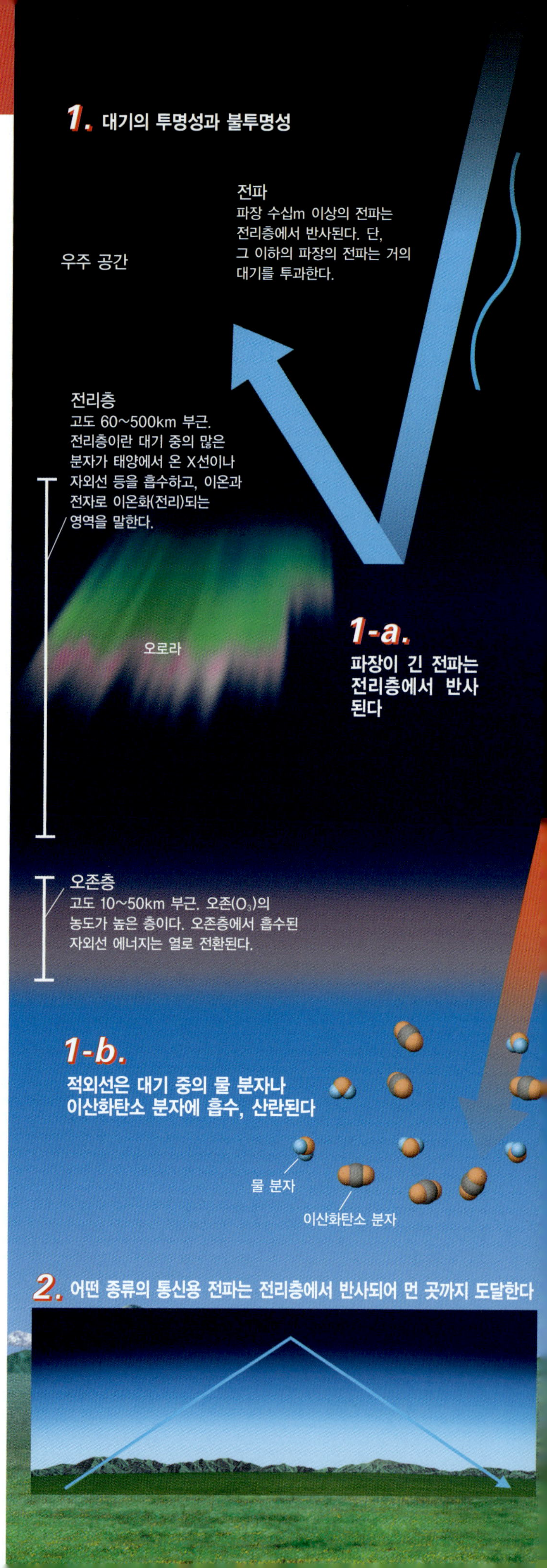

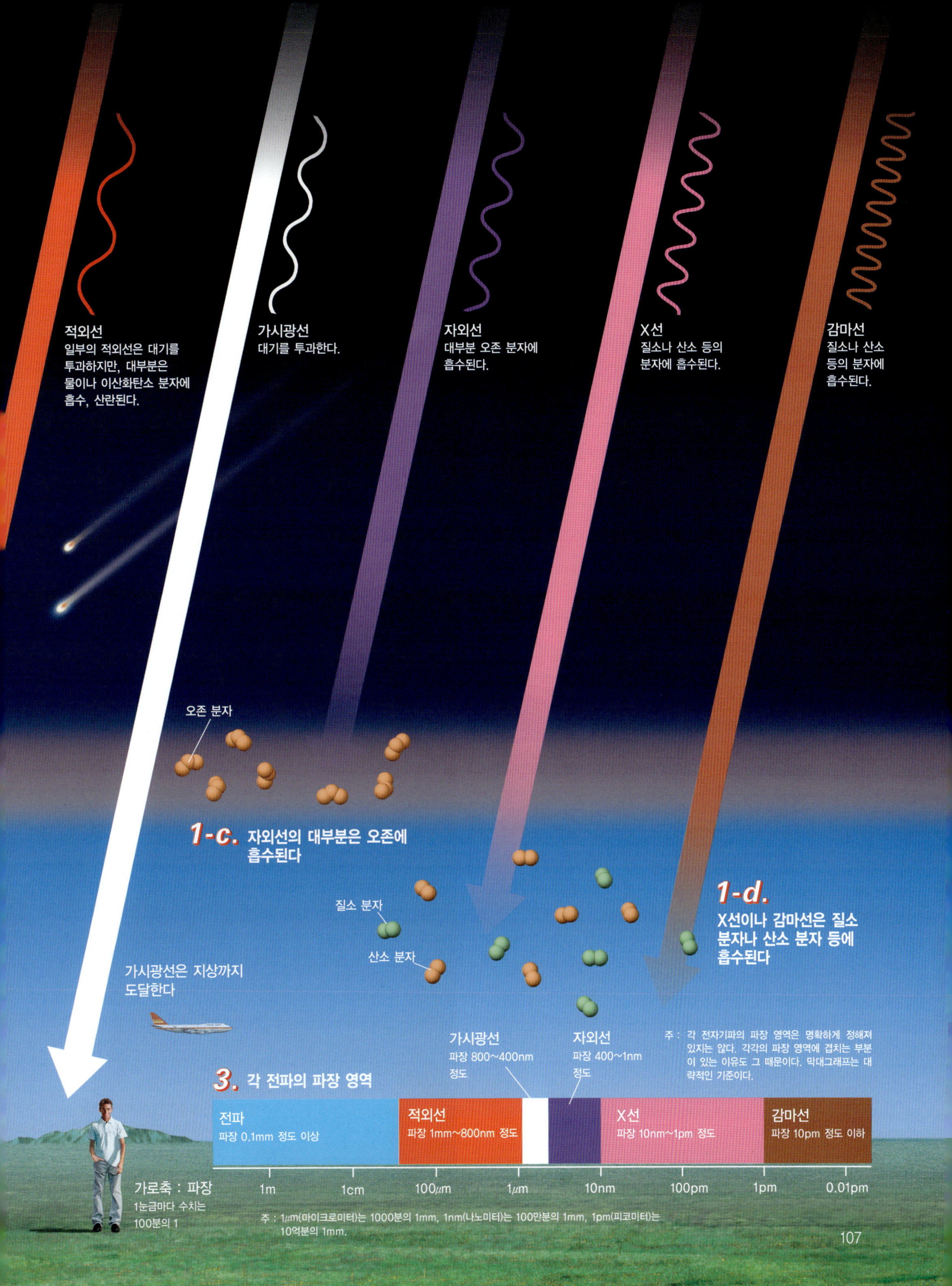

적외선
일부의 적외선은 대기를 투과하지만, 대부분은 물이나 이산화탄소 분자에 흡수, 산란된다.
가시광선
대기를 투과한다.
자외선
대부분 오존 분자에 흡수된다.
X선
질소나 산소 등의 분자에 흡수된다.
감마선
질소나 산소 등의 분자에 흡수된다.
오존 분자
1-c. 자외선의 대부분은 오존에 흡수된다
질소 분자
산소 분자
1-d. X선이나 감마선은 질소 분자나 산소 분자 등에 흡수된다
가시광선은 지상까지 도달한다
가시광선
파장 800~400nm 정도
자외선
파장 400~1nm 정도
주 : 각 전자기파의 파장 영역은 명확하게 정해져 있지는 않다. 각각의 파장 영역에 겹치는 부분이 있는 이유도 그 때문이다. 막대그래프는 대략적인 기준이다.
3. 각 전파의 파장 영역
전파
파장 0.1mm 정도 이상
적외선
파장 1mm~800nm 정도
X선
파장 10nm~1pm 정도
감마선
파장 10pm 정도 이하
가로축 : 파장
1눈금마다 수치는 100분의 1
1m
1cm
100μm
1μm
10nm
100pm
1pm
0.01pm
주 : 1μm(마이크로미터)는 1000분의 1mm, 1nm(나노미터)는 100만분의 1mm, 1pm(피코미터)는 10억분의 1mm.

빛에는 진동의 방향이 있다

1 은 Z방향으로 나아가는 전자기파의 모식도이다. 전기 마당은 X방향으로만, 자기 마당은 Y방향으로만 진동하고 있다. *1* 처럼 하나의 방향으로만 진동하는 빛을 '편광'이라고 한다('진동 방향'이라고 할 경우 전기 마당의 진동 방향을 가리키는 것으로 한다). 한편 태양이나 형광등의 빛 등 일반적인 빛은 다양한 진동 방향의 빛이 균등하게 섞여 있다(*2*).

일반적인 빛도 '편광판'에 통과시키면 편광이 된다. 편광판이란 투과시키는 빛의 진동 방향이 정해져 있는 광학 재료이다. 투과시키는 빛의 진동 방향이 직교하는 2장의 편광판에 빛을 입사시키면, 모든 빛이 차단된다(*3*).

편광 선글라스의 신비

빛이 금속 아닌 물체의 표면에서 반사할 때, 반사광은 대부분 반사면에 대해 평행한 방향으로 진동하는 편광이 된다(*4*)※1. 낚시나 스키 등에 쓰이는 '편광 선글라스'는 편광판을 써서 효과적으로 이 반사광만 차단한다. 편광 선글라스는 가로 방향으로 진동하는 빛을 차단하는 편광판이 되어 있으므로, 수면이나 설면에서의 반사광은 눈에 이르지 않는다. 한편 세로 방향의 편광만 통과시키므로, 그 밖의 풍경에서 오는 빛은 눈에 들어온다. 그래서 편광 선글라스를 쓰면 수면 아래의 물고기도 잘 보인다.

※1 : 편광이 되는 빛의 비율은 입사각에 따라 달라진다. 굴절광과 반사광이 이루는 각이 90°가 될 때, 반사광의 100%가 편광이 된다. 이때의 입사각을 '브루스터각(Brewster's angle)'이라고 한다.

1. 한 방향으로만 진동하는 빛(편광)

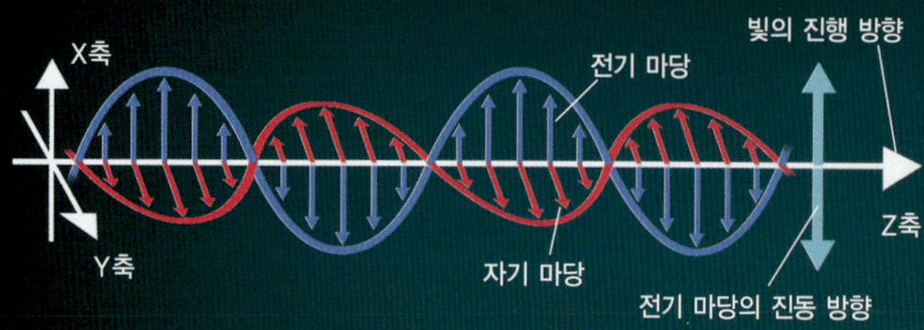

2. 일반적인 빛
태양빛, 형광등의 빛, 백열전구의 빛 등.

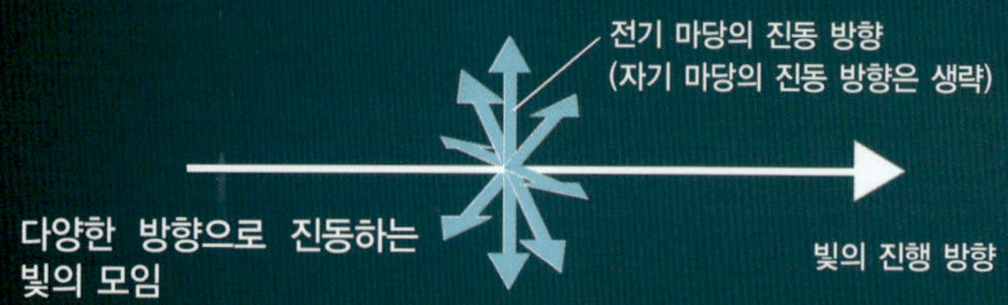

3. 편광판

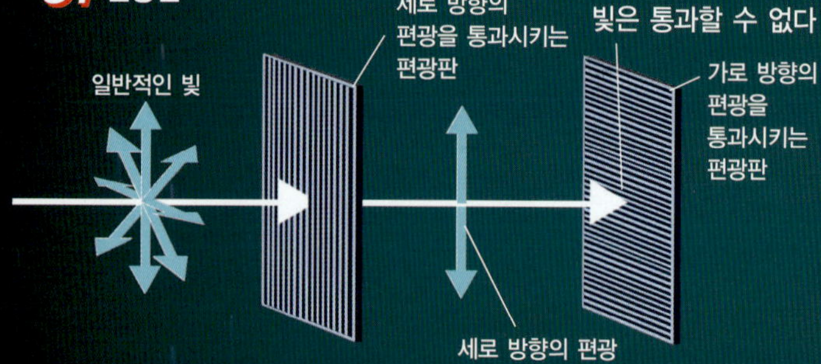

맨눈의 시야 수면을 그대로 보면, 수면에서의 반사광이 방해되어 수면 아래를 잘 볼 수 없다.

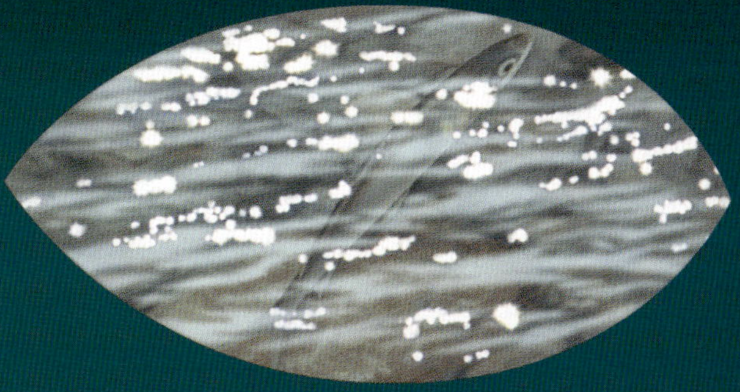

편광 선글라스를 썼을 때의 시야

편광 선글라스로 수면을 보면, 수면에서의 반사광이 차단되어 수면 아래의 모습이 잘 보인다.

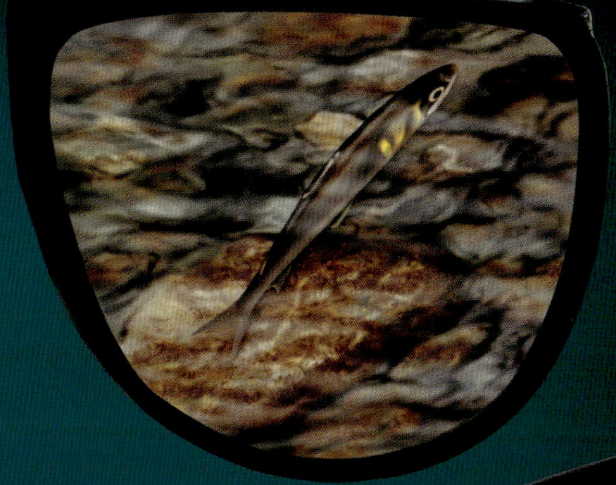

4. 반사광과 편광 선글라스

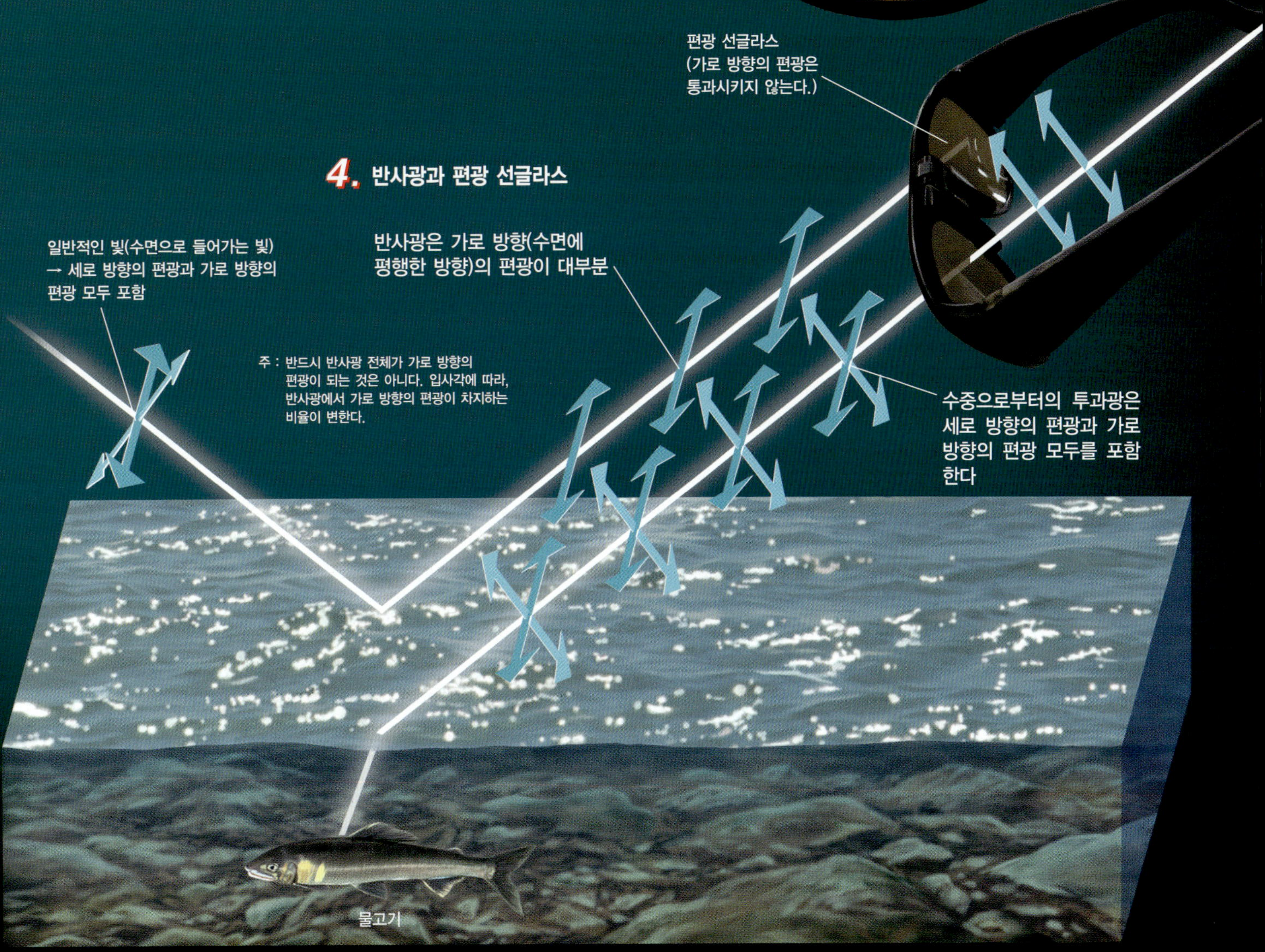

주 : 그림에서는 설명에 불필요한 투과광이나 반사광은 생략했다.

진동하는 전자는 가로 방향으로 빛을 방출한다

그러면 반사광은 왜 편광이 되는 것일까? 수면에 반사되는 빛은 어떤 의미에서는 원래의 입사광과는 별개의 것이다. 물 분자는 일단 빛을 '흡수' 했다가 거의 사이를 두지 않고 '재방출' 한다.※1 **무수한 물 분자가 '재방출' 한 빛의 모임이 반사광이다.** 물 분자 속의 전자는 입사한 빛을 '흡수' 하면 그 진동 방향으로 흔들린다. 그리고 **스스로의 진동 방향과 같은 방향으로 진동하는 빛을 '재방출' 하는 것이다.**

1 과 같이, **진동하는 전자는 가로 방향(진동 방향에 수직인 방향)으로 가장 많은 빛을 방출하지만, 세로 방향으로는 빛을 방출할 수 없다.** 80쪽의 *3* 에서 본 것처럼 전기 마당과 자기 마당의 연쇄적

1. 전자의 진동 방향으로는 빛이 방출되지 않는다

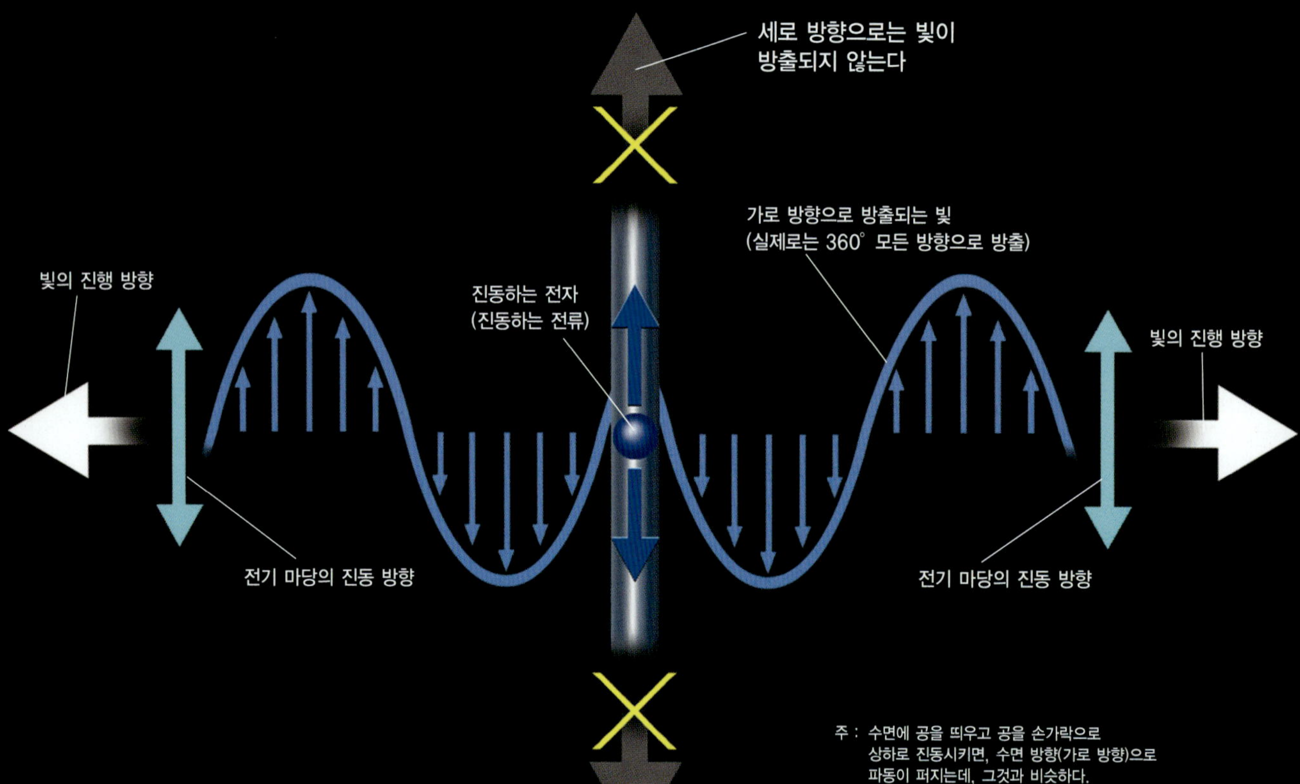

주 : 수면에 공을 띄우고 공을 손가락으로 상하로 진동시키면, 수면 방향(가로 방향)으로 파동이 퍼지는데, 그것과 비슷하다.

인 발생, 즉 전자기파는 진동 전류에 대해 가로 방향으로 많이 발생한다.

2-a 처럼 가로 방향(수면 방향)으로 진동하는 전자는 반대 방향(반사의 법칙을 만족시키는 방향)으로 빛을 방출할 수 있지만, 2-b 처럼 세로 방향으로 진동하는 전자는 반대 방향으로는 빛을 방출할 수 없다. 이와 같은 이유 때문에 반사광은 대부분 수면 방향으로 진동하는 빛이 된다.

※ 1 : '흡수'와 '재방출'에 ' '를 붙인 것은 105쪽에서와 같은 의미이다. 완전한 흡수가 일어나는(빛의 에너지가 물체의 열에너지가 되는) 것이 아니라, 순식간에 빛을 '재방출'한다.

2-a. 가로 방향의 편광은 반사한다

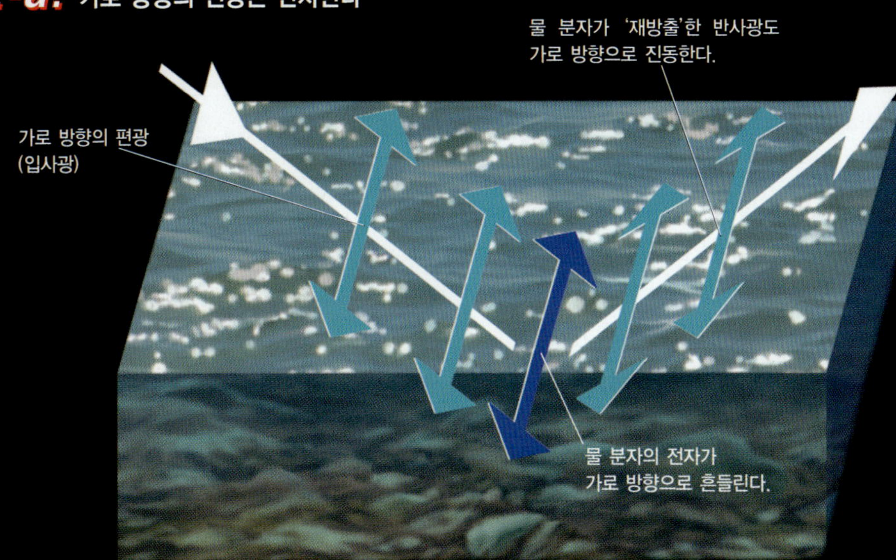

빛(전자기파)은 '에너지의 덩어리'로 행동한다

이제까지 '빛과 파동'을 소개했지만, **빛을 단순한 파동으로 생각하면 설명이 되지 않는 현상도 있다.** 그 하나가 '광전 효과'이다. **광전 효과란 금속에 빛(전자기파)을 쬐면 빛의 에너지를 받은 전자가 금속에서 튀어나오는 현상이다.**

광전 효과에는 불가사의한 성질이 있다. 파장이 긴 빛은 아무리 밝게(강하게) 해도 전자가 튀어나오지 않지만(1-a), 파장이 짧으면 약한 빛에서도 전자가 튀어나온다(1-b). 빛이 밝다는 것은 전자기파로서의 진폭이 크다는 뜻이다(2-a). 즉 전기 마당의 푸른색 화살표가 길기 때문에 금속 중의 전자를 크게 움직이는 것이다. 반대로 빛이 약하다는 것은 전기 마당의 푸른색 화살표가 짧아(2-b) 전자가 별로 움직이지 않는 것이다. 그러나 광전 효과에서는 파장이 짧으면 약한 빛으로도 전자가 크게 움직여 금속 안에서 튀어나오므로, 빛을 단순한 파동으로 생각해서는 설명이 되지 않는다.

이 어려운 문제에 답을 찾아 낸 사람이 바로 알베르트 아인슈타인(1879~1955)이다. **아인슈타인은 전자기파가 '에너지의 덩어리'로 나아간다고 생각했다. 전자기파에는 더 이상 나눌 수 없는 '에너지의 최소 단위'가 있다. 이것을 '광자(또는 광양자)'라고 한다.** 파장이 짧은 전자기파의 광자는 진동수가 높으므로 전자를 재빨리 흔들어 움직일 수 있다. 즉 파장이 짧은 전자기파의 광자는 에너지가 크다.

광자로 생각할 경우, 빛이 밝다는 것은 광자의 수가 많음을 의미한다. 일반적으로 하나의 전자와 부딪치는 것은 광자 하나이다. 그래서 파장이 긴 빛은 아무리 광자의 수를 많게 해도(밝게 해도) 광자 하나가 가지는 에너지가 작으므로, 전자를 금속 안에서 밖으로 튀어나오게 할 수 없다(3-a). 한편 파장이 짧은 빛의 광자는 에너지가 크므로 전자를 튕겨 날아가게 할 수 있다(3-b).

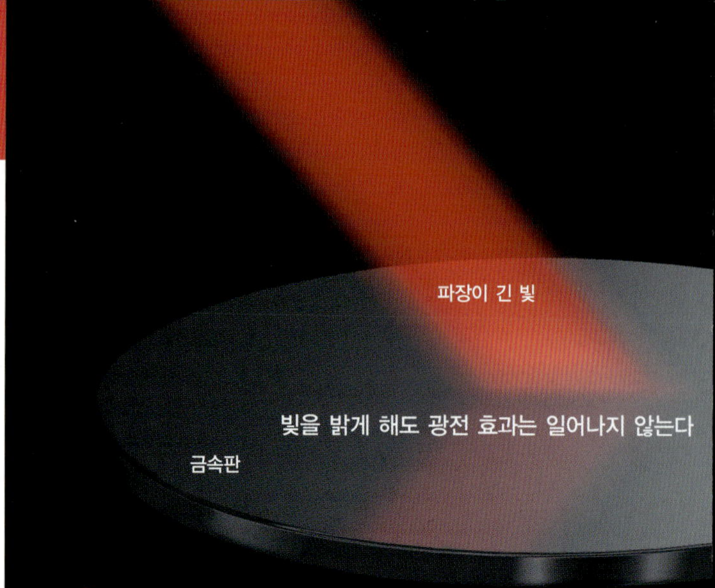

1-a. 파장이 긴 빛에서는 광전 효과가 일어나지 않는다

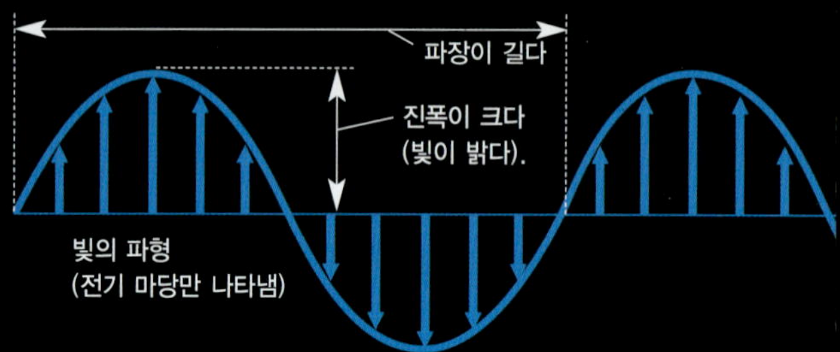

2-a. 파장이 길고, 밝은 빛의 파형

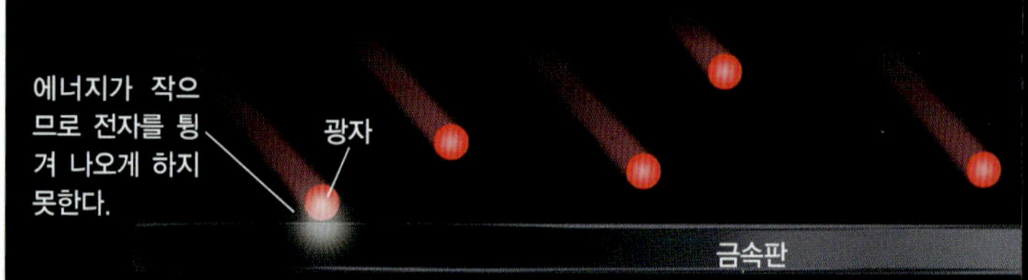

3-a. 파장이 긴 빛의 광자는 에너지가 작다
아무리 광자의 수가 많아도 전자는 튀어나오지 못한다.

광자의 당구로 전자가 튕겨 나간다

X선을 금속에 쬐면, 반사되어 온 X선의 파장이 길어지는(에너지가 작아지는) 현상이 있다. 이것을 '콤프턴 효과'라고 한다(4).

콤프턴 효과도 X선을 광자로 생각하고, '전자와 광자의 당구'를 생각할 필요가 있다. X선의 광자가 금속 중의 전자와 충돌해, 당구공처럼 전자를 튕겨 날아가게 하는 것이다.

이 충돌에 의해 전자는 운동 에너지를 얻는 셈이므로, X선에 있는 광자의 에너지는 그만큼 줄어든다. 그래서 X선의 광자는 파장이 길어진다.

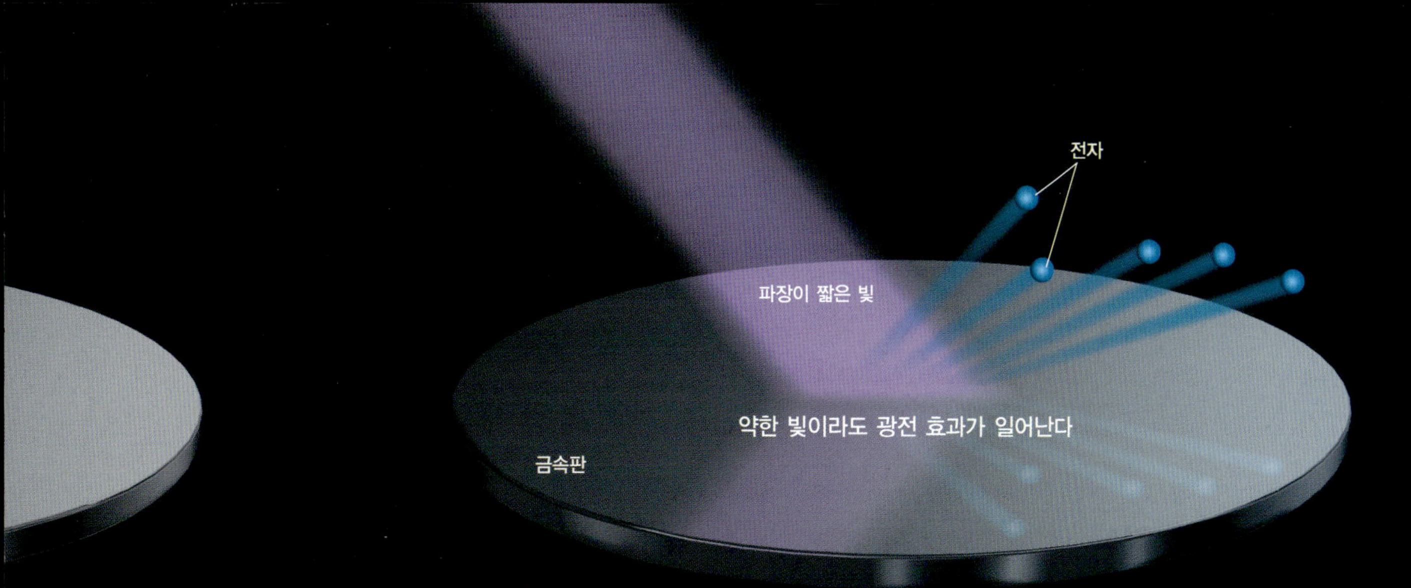

1-b. 파장이 짧은 빛은 광전 효과를 일으킨다

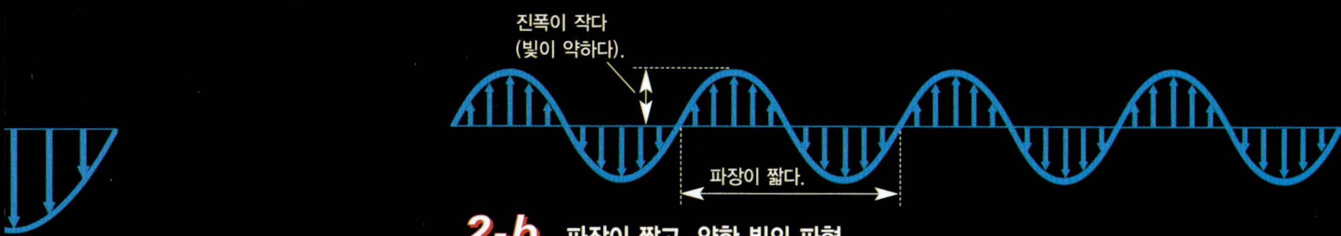

2-b. 파장이 짧고, 약한 빛의 파형

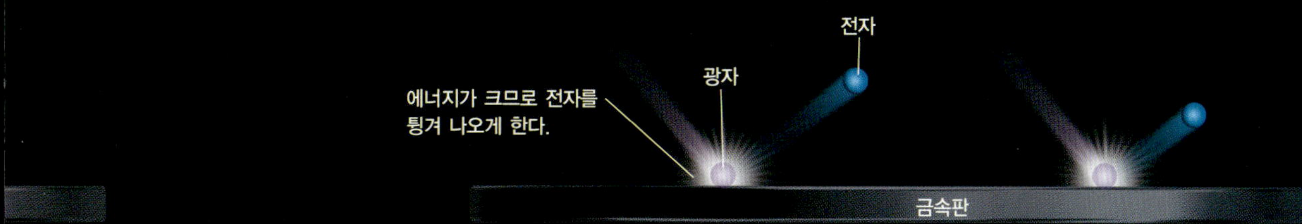

3-b. 파장이 짧은 빛의 광자는 에너지가 크다
오직 하나의 광자라도 전자를 튕겨 나오게 할 수 있다.

4. 광자와 전자의 당구(콤프턴 효과)

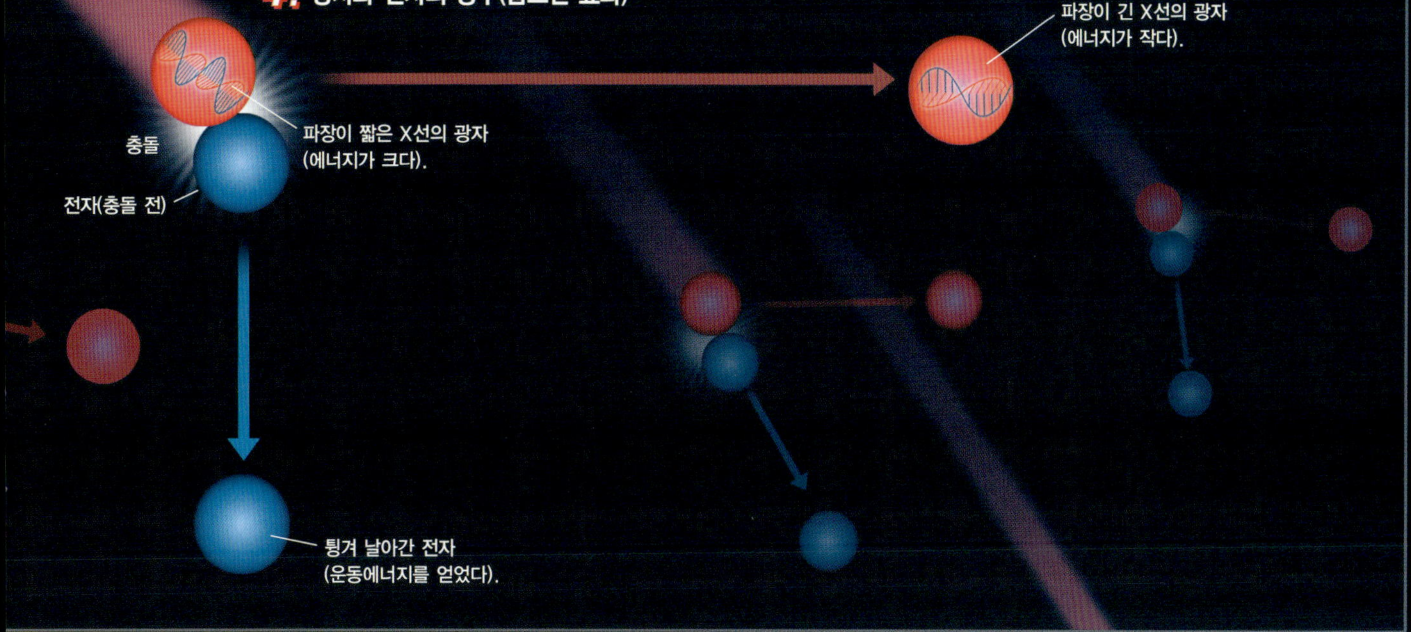

빛(전자기파)은 물체에 압력을 줄 수 있다

빛(전자기파)에 쪼인 물체는 빛에서 압력을 받는다. 이제까지 살펴본 것처럼 빛은 전기 마당과 자기 마당의 진동이다. 물질 중에 존재하는 전자 등의 하전 입자는 진동하는 이들 전기 마당과 자기 마당에서 힘을 받는다. 그들이 겹쳐 쌓이면서 물체는 빛에서 압력을 받는 것이다. 앞 페이지에서 소개한 '광자'로 생각하면 훨씬 직관적으로 알기 쉽다. 물체에 무수히 많은 작은 공(광자)이 부딪치므로 물체는 압력을 받는다.

일반적으로 빛의 압력은 극히 약하므로 일상 생활에서는 실감할 수 없다. 그러나 공기 저항이 없는 우주 공간에서는 일단 움직이기 시작한 것은 멈추지 않는다. 그래서 근소한 빛의 압력이 현저하게 나타나는 예가 많이 있다. 예컨대 혜성의 꼬리는 태양과는 반대쪽으로 길게 뻗는다. 혜성의 핵에서 분출한 가스나 먼지가 태양빛의 압력이나 태양풍(전자나 양성자의 흐름. 100쪽의 *1-a*)을 받아, 태양과는 반대쪽으로 길게 뻗는다(*1*).

2005년 소행성 '이토카와'에 착륙한 일본 우주항공연구개발기구(JAXA)의 탐사선 '하야부사'는 이토카와로부터의 중력(만유인력)에 덧붙여 태양빛의 압력을 고려하면서 비행 제어가 이루어졌다(*2*). 크기 약 540m의 이토카와로부터 4~5km 떨어진 곳에서, 이토카와로부터의 중력과 태양빛에 의한 힘이 거의 같아진다. 중력은 이토카와에서 멀어질수록 작아지지만, 태양빛에 의한 힘은 이토카와까지의 거리와는 관계가 없다. 하야부사가 이토카와에서 20km 떨어진 곳에 도착하고 나서 7km 부근에 접근할 때까지는, 이토카와로부터의 중력보다 태양빛에 의한 힘이 훨씬 강했다고 한다.

빛의 압력을 이용하는 우주 탐사선의 계획도 있다. 바로 '우주 범선'이다(*3*). 탐사선에 돛을 달아 태양빛의 압력으로 요트처럼 추진하는 것이다. 연료를 줄일 수 있으므로 목성보다 먼 우주 탐사용으로 기대된다. 아직은 기초 실험 단계이지만, JAXA는 2004년에 지름 10m의 돛을 우주에 전개시키는 실험에 성공했다. 그와 같은 계획은 미국 등에서도 이루어지고 있다.

1. 혜성의 꼬리는 태양 반대쪽으로 길게 뻗는다

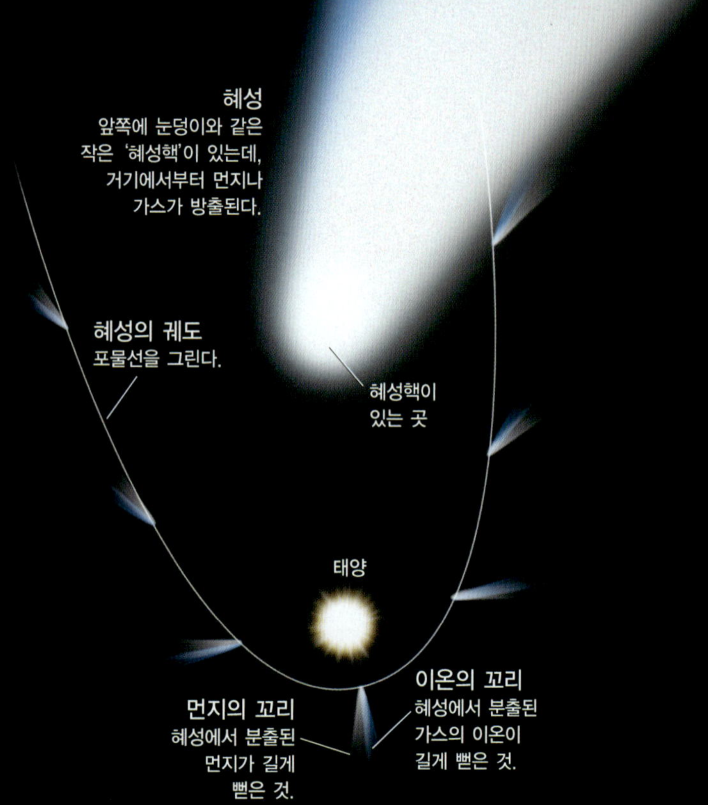

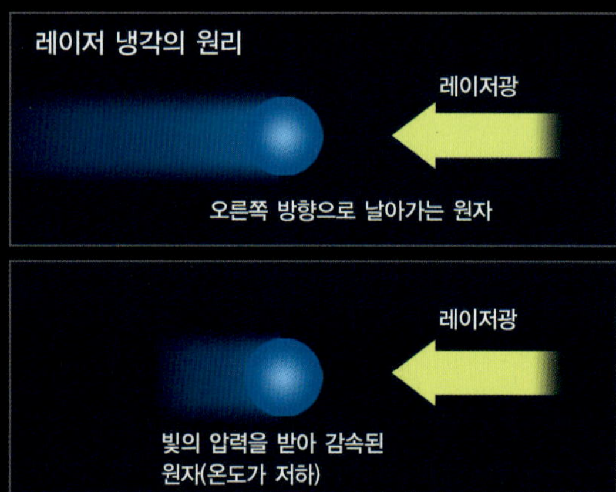

'좀더 자세히!'
빛의 압력으로 극저온까지 냉각

기체의 온도란 원자의 운동의 격렬함을 뜻한다. 원자가 오른쪽으로 날고 있다고 가정하자(위의 그림 윗단). 이 원자에 오른쪽에서 빛을 쬐면, 빛의 압력을 받아 감속된다(위의 그림 아랫단). 원자가 감속한다는 것은 기체의 온도가 내려감을 의미한다. 이와 같은 원리에 의한 기체 냉각법을 '레이저 냉각'이라 한다(레이저에 대해서는 124쪽 이후에서 소개한다).
실제의 레이저 냉각의 메커니즘은 더 복잡하지만, 기본 원리는 빛의 압력에 의한 원자의 감속이다. 레이저 냉각을 쓰면, 아주 적은 분량이지만 기체를 거의 절대 온도 0°(온도의 하한. 이 온도에서 원자는 움직이지 않게 된다.)까지 냉각시킬 수 있다.

2. 탐사선의 운용에서는 태양빛의 압력도 고려해야 한다

3. 태양빛의 압력을 받아 나아가는 우주 범선

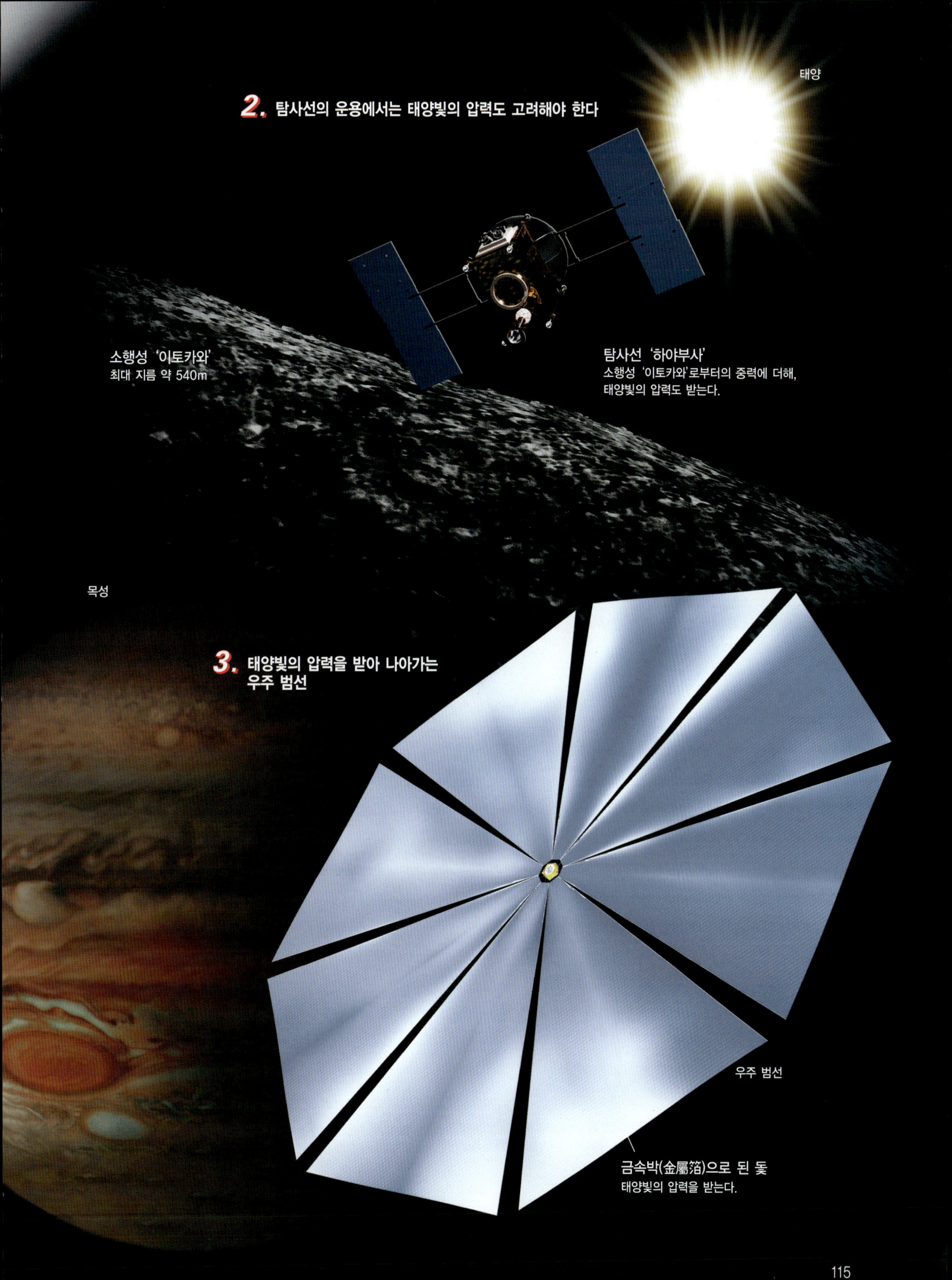

좀더 알고 싶다!
Q&A

이 코너에서는 '박사와 학생의 대화'를 통해 빛에 관해 더욱 깊이 이해하는 것을 돕는다.

Q6 '빛은 전자기파'란 무슨 뜻인가?

학생 — '빛의 정체는 전자기파'라고 하지만 추상적이라 아직 이해하지 못하겠습니다…….

박사 — **전자기파란 전기 마당과 자기 마당의 진동이 주위로 퍼져 나가면서 나아가는 현상을 말합니다(a).** 전기 마당이란 전기를 띤 물체의 주위 등 '전기력을 미칠 수 있는 공간'을 말합니다. 전기 마당에 전하 입자(전기를 띤 입자. 전자나 이온 등)을 놓으면 전기력을 받습니다. 자기 마당이란 자석의 주위 등 '자기력을 미칠 수 있는 공간'을 말합니다. 자기 마당에 다른 자석을 놓으면 자기력을 받습니다. 그리고 움직이고 있는 하전 입자는 자기 마당으로부터도 힘을 받습니다(b). 하전 입자가 전기 마당과 자기 마당에 의해 받는 힘을 통틀어 '로렌츠 힘'이라고 합니다.

학생 — 전기 마당과 자기 마당의 진동이란 무슨 뜻입니까?

박사 — 공간에 있는 어느 한 점의 전기

a. 직선 위를 진행하는 전자기파

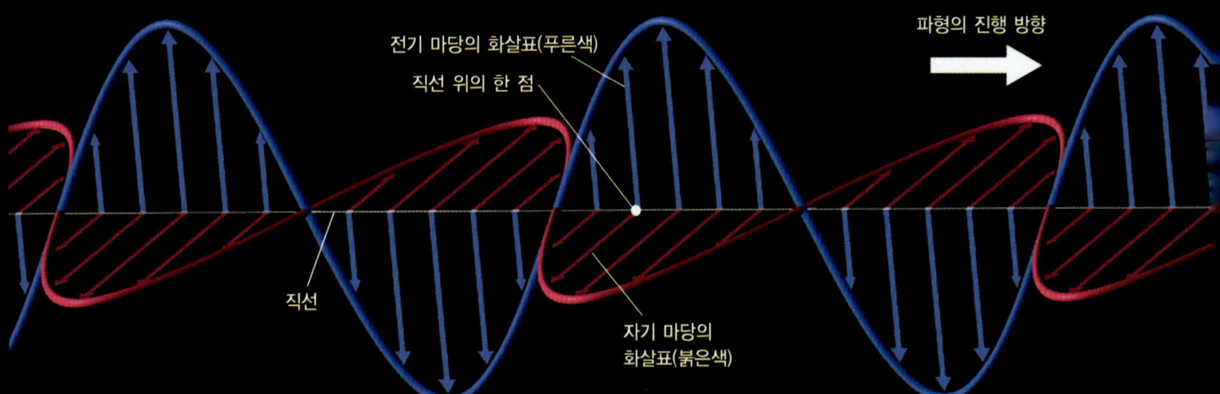

c. 전기 마당과 자기 마당의 연쇄적인 발생

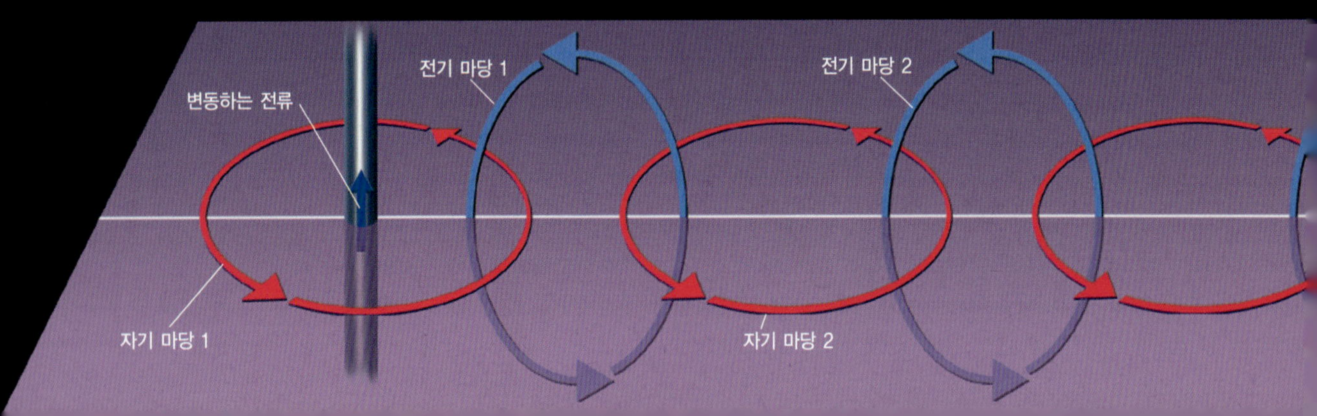

마당(또는 자기 마당)의 크기와 방향은 화살표로 나타낼 수 있습니다. 이 전기 마당(또는 자기 마당) 화살표의 길이와 방향이 시시각각으로 바뀌어 가는 것을 전기 마당(또는 자기 마당)의 진동이라 합니다.

학생 — 빛이 눈에 보이는 것과 전자기파의 개념은 어떻게 이어집니까?

박사 — **전자기파가 지나가는 길에 하전 입자가 존재하면 전자기파가 진동하는 전기 마당과 자기 마당에 의해 하전 입자는 로렌츠 힘을 받아 흔들립니다. 원래 빛이 눈에 보이는 것은 빛의 전기 마당과 자기 마당이 망막 세포에 있는 감광 색소(로돕신이라는 분자 등)의 전자에 작용하기 때문입니다.** 감광 색소에 빛이 닿으면 분자 속의 전자가 전기 마당과 자기 마당에 의해 흔들려 감광 색소의 분자 구조가 변합니다. 그 신호가 최종적으로 뇌까지 전해져 '보인다'는 감각이 생기는 것입니다.

학생 — 전자기파는 어떨 때 발생하나요?

박사 — 전자기파는 하전 입자를 진동시키는 것이지만, 거꾸로 하전 입자가 진동하면 전자기파가 발생합니다. 예컨대 전류는 하전 입자인 전자의 흐름이기 때문에, 전류의 흐름과 크기가 변동하면 전자기파(전파)가 발생합니다.

학생 — 음파가 고막을 흔들고, 거꾸로 큰북의 막을 두드려 진동시키면 음파가 생기는 것과 같은 관계로군요.

박사 — 그렇습니다. 하전 입자가 진동하면 그것을 계기로 하여 주위에는 자기 마당과 전기 마당의 진동이 연쇄적으로 퍼져 나갑니다(*c*). 이것이 전자기파의 발생입니다.

학생 — 자기 마당의 주위에는 반드시 전기 마당이 발생하고, 전기 마당의 주위에는 반드시 자기 마당이 발생합니까?

박사 — 그렇지는 않습니다. 자기 마당의 진동에 의해 주위에 전기 마당이 발생하고, 전기 마당의 진동에 의해 주위에 자기 마당이 발생하는 것입니다. 일정한 자기 마당은 주위에 전기 마당을 발생시키지 않으며, 일정한 전기 마당은 주위에 자기 마당을 발생시키지 않습니다.

학생 — 전기 마당과 자기 마당이 진동하기 때문에 비로소 전자기파가 퍼져 나갈 수 있군요.

박사 — 그렇습니다.

주 : 의문점(Q)에 대한 답(A)에 해당하는 부분을 굵은 글자로 나타냈다.

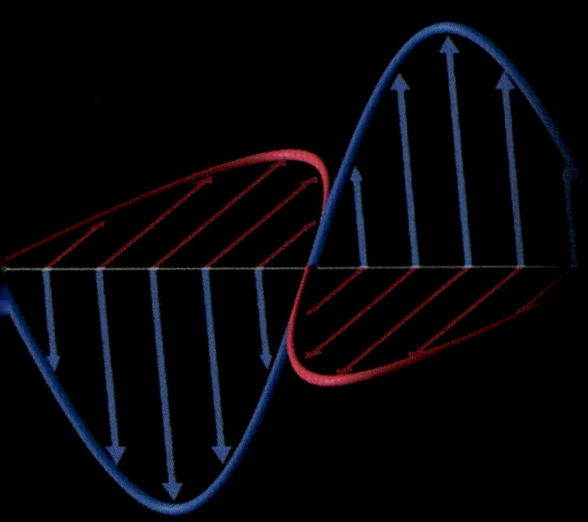

b. 하전 입자는 자기 마당으로부터 힘을 받는다

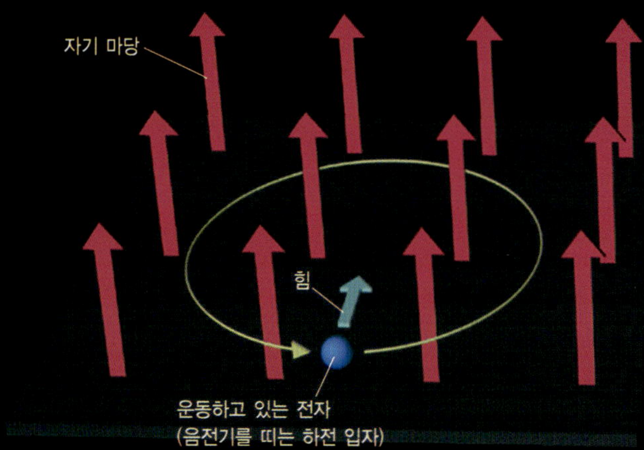

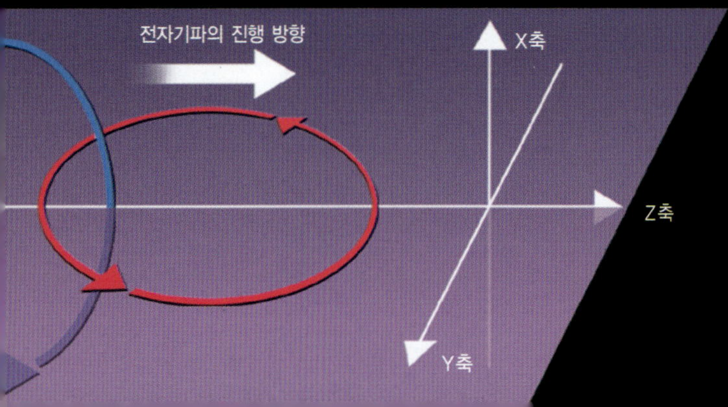

빛(가시광선)은 전파, 적외선, 자외선, X선, 감마선 등과 마찬가지로 전자기파의 일종이다. 전자기파란 전기 마당과 자기 마당의 진동이 공간을 나아가는 현상이다(*a*). 전자기파가 통과하는 어느 한 점(*a*의 흰 점)을 주목하면, 전기 마당과 자기 마당의 화살표 크기와 방향은 시간과 더불어 변한다. 하전 입자(전기를 띤 입자 : 전자 등)는 전기 마당으로부터 힘을 받는다(*b*). 이 때문에 전자기파가 가는 길에 하전 입자가 존재하면 하전 입자는 흔들리게 된다.
한편 전류를 변동시키면 주위에는 진동하는 자기 마당이 발생한다(*c*의 자기 마당 1). 이어 진동하는 자기 마당은 주위에 진동하는 전기 마당(전기 마당 1)을 발생시키고, 이어 진동하는 전기 마당은 주위에 진동하는 자기 마당(*c*의 자기 마당 2)을 발생시킨다. 이처럼 변동하는 전류(진동하는 하전 입자)를 계기로 하여, 주위에는 연쇄적으로 전기 마당과 자기 마당이 발생하면서 나아간다. 이것이 전자기파의 발생이다.

좀더 알고 싶다!

Q&A

Q7 빛은 파동인데, 왜 진공 속에서도 전해지는가?

학생 — 빛은 유리 등 투명한 물체를 투과할 수 있는데, 왜 물체를 빠져 나갈 수 있습니까?

박사 — 그런 의문이 생기는 것은 빛을 물질적인 이미지로 파악하기 때문이 아닐까요? 빛이 투명한 물체를 투과할 수 있는 것은 빛(전자기파)이 물질이 아니라 파동이기 때문입니다. 예컨대 바다 위에 어떤 물체가 떠 있는 것을 생각해 보기 바랍니다. 왼쪽에서 오는 파도는 떠 있는 물체를 흔들어 오른쪽으로 통과시켜 나갑니다. 빛의 경우도 그것과 비슷합니다. 물체에 흡수되거나 반사되지 않는 한, 빛(전자기파)은 물체를 투과할 수 있는 성질을 원래부터 가지고 있습니다.

아인슈타인은 빛의 '매질'의 존재를 부정

학생 — 음파는 공기의 진동이 주위에 전해지는 현상이기 때문에, 공기가 없는 우주 공간에서는 당연히 전해지지 않겠지

a. **음파와 수면파는 '매질'을 가진다**

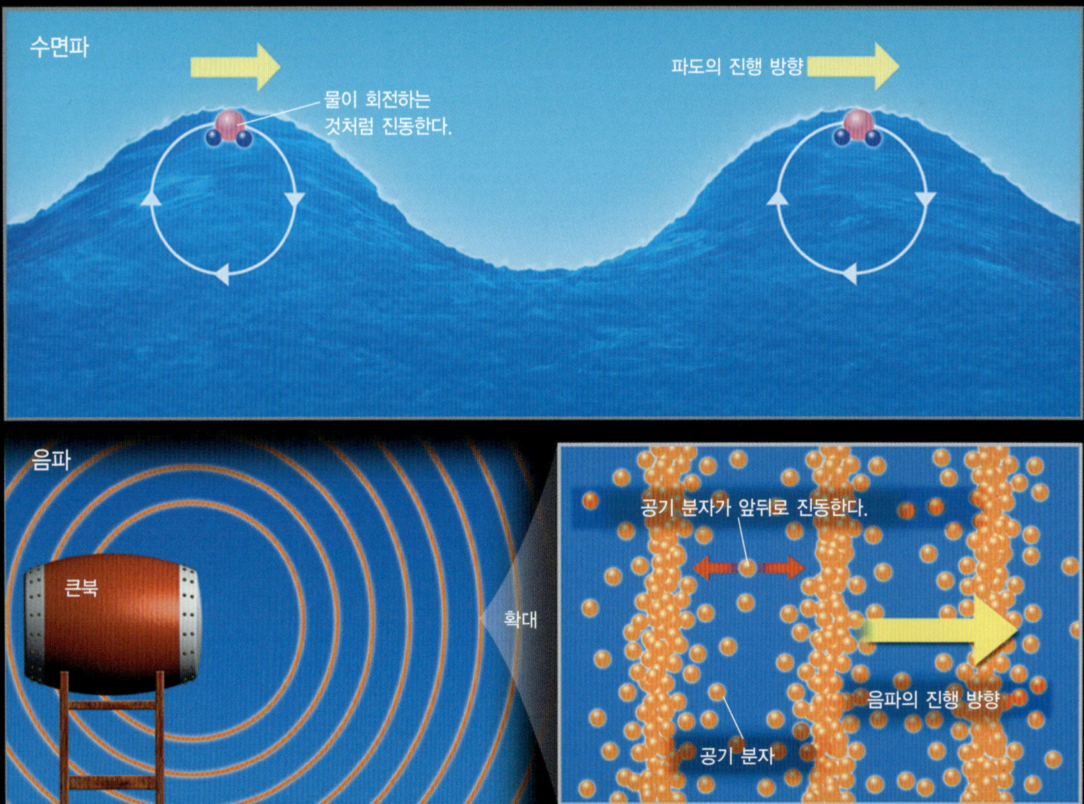

일반적인 파동에는 파동을 전하는 '매질'이 있다. 수면에 전해지는 파동은 물이 회전하는 것처럼 진동함으로써 전해져 나간다(위). 즉 수면파의 매질은 물이다. 한편 음파는 공기 분자가 앞뒤로 진동함으로써 전해져 나간다(아래). 즉 음파의 매질은 공기이다.

요? 그러나 멀리 떨어진 별에서 오는 빛은 우주 공간을 통해 지구까지 이르고 있습니다. 빛은 음파와 같은 파동인데, 어떻게 우주 공간에서도 전해질까요?

박사 — 음파에서의 공기, 수면파에서의 물과 같이 파동을 전하는 물질을 '매질'이라고 합니다(*a*). 한편 빛에는 원래 매질이 없습니다. 그러므로 빛은 진공 속에서도 전해지는 것입니다.

학생 — 왜 빛에는 매질이 존재하지 않습니까?

박사 — 매우 어려운 문제입니다. 실제로 19세기까지는 빛의 매질로 '에테르'라는 미지의 물질이 존재한다고 알려져 있었습니다(*b*). 그러나 아무리 실험해도 에테르의 존재를 입증할 수 없었습니다. 그래서 드디어 아인슈타인(1879~1955)은 에테르의 존재를 부정하고 그 견해를 토대로 하여 1905년에 '특수 상대성 이론'※을 완성시켰습니다. 신기한 이야기이지만 빛은 매질이 없더라도 전해지는 파동입니다.

학생 — 그래도 역시 파동에는 매질이 붙어 있는 것처럼 느껴집니다…….

박사 — 음파와 바다의 파도는 물질 자체의 진동이 전해져 가는 현상입니다. 한편 빛(전자기파)은 물질의 진동이 아니라 진공 속에서도 생길 수 있는 전기 마당과 자기 마당의 진동입니다(Q6 참조). 빛(전자기파)은 물질을 필요로 하지 않는 진동이므로 진공 속에서도 전해질 수 있다고 생각해 주십시오.

학생 — 그렇군요.

박사 — 진공 속을 빛과 마찬가지로 초속 30만 km로 전해지는 파동은 그 밖에도 있습니다. 바로 중력의 파동인 '중력파'입니다. 거대한 질량을 가진 천체끼리 충돌할 때 등에 중력파가 발생합니다. 중력파는 그 존재가 예언되었지만 오랫동안 발견되지 않았습니다. 그러다가 미국의 연구팀이 중력파 관측 장치 'LIGO(라이고)'를 이용해 중력파를 직접 관측하는 데 성공했다고 2016년 2월에 발표했습니다.

※ 특수 상대성 이론이란 '시간과 공간이 절대적인 것이 아니라, 관측자에 따라 늘어나거나 줄어들 수 있는 것'임을 밝혀 낸 이론이다. 그때까지 물리학에서 생각되었던 시간과 공간의 개념을 근본적으로 뒤집어 놓았다.

주 : 의문점(Q)에 대한 답(A)에 해당하는 부분을 굵은 글자로 나타냈다.

b. 빛의 매질 '에테르'는 존재할까?

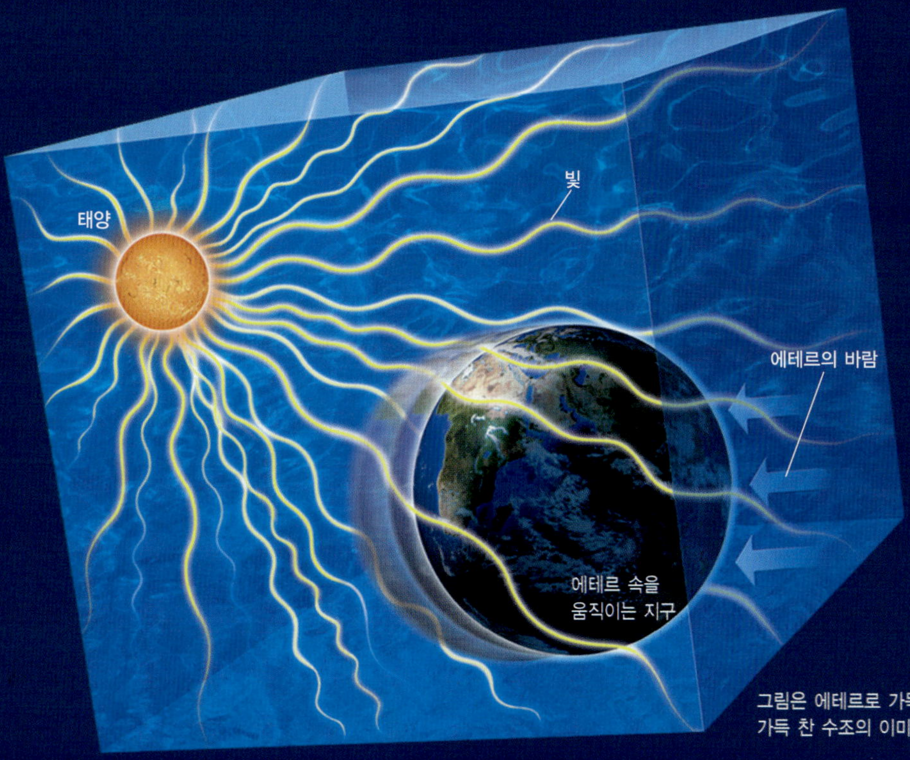

그림은 에테르로 가득 찬 우주 공간을 물이 가득 찬 수조의 이미지로 그렸다

19세기까지 빛에도 '에테르'라는 매질이 존재하며, 우주는 에테르로 가득 차 있으리라고 생각되었다. 만약 그것이 사실이라면 지구는 태양의 주위를 공전하고 있으므로 지구는 진행 방향으로 '에테르의 바람'을 받을 것이다. 바람이 없는 날이라도 자전거를 타면 바람을 느낄 수 있는데 그것과 마찬가지이다.

그러나 과학자들이 아무리 에테르의 바람을 관측하려고 시도해도 에테르의 영향을 발견할 수 없었다. 그래서 20세기 초에는 마침내 에테르의 존재가 부정되었다.

좀더 알고 싶다!

Q&A

Q8 광자란 무엇인가? 질량이 없는 광자에서 왜 압력이 생길까?

학생 — '빛은 에너지의 덩어리(광자)로 행동한다.'는 것이 추상적이라 제대로 이해되지 않습니다(a).

박사 — 바꾸어 말하면 **'빛은 에너지의 최소 단위가 있다.'는 것입니다. 이런 에너지의 최소 단위를 '광자(또는 광양자)'라고 합니다. 빛이란 광자의 모임입니다.** 예를 들어 화폐의 최소 단위를 1원이라고 할 때, 화폐를 1원보다 작게 분할할 수는 없습니다. 그와 마찬가지로 빛에도 에너지의 최소 단위가 있으며, 그보다 작은 에너지의 빛으로 분할할 수는 없습니다. 게다가 **에너지의 최소 단위는 빛의 파장에 따라 서로 다릅니다. 파장이 짧은 빛일수록 최소 단위의 에너지는 크며, 파장이 긴 빛일수록 최소 단위의 에너지는 작습니다.**

학생 — a 에서는 광자를 입자로 그렸습니다. 그러나 빛은 파동이며 입자와는 서로 다른 것 아닙니까?

박사 — 분명히 다수의 광자가 모인 빛

a. 광자로 생각할 필요가 있는 '광전 효과' 주 : 반사광은 그리지 않았다.

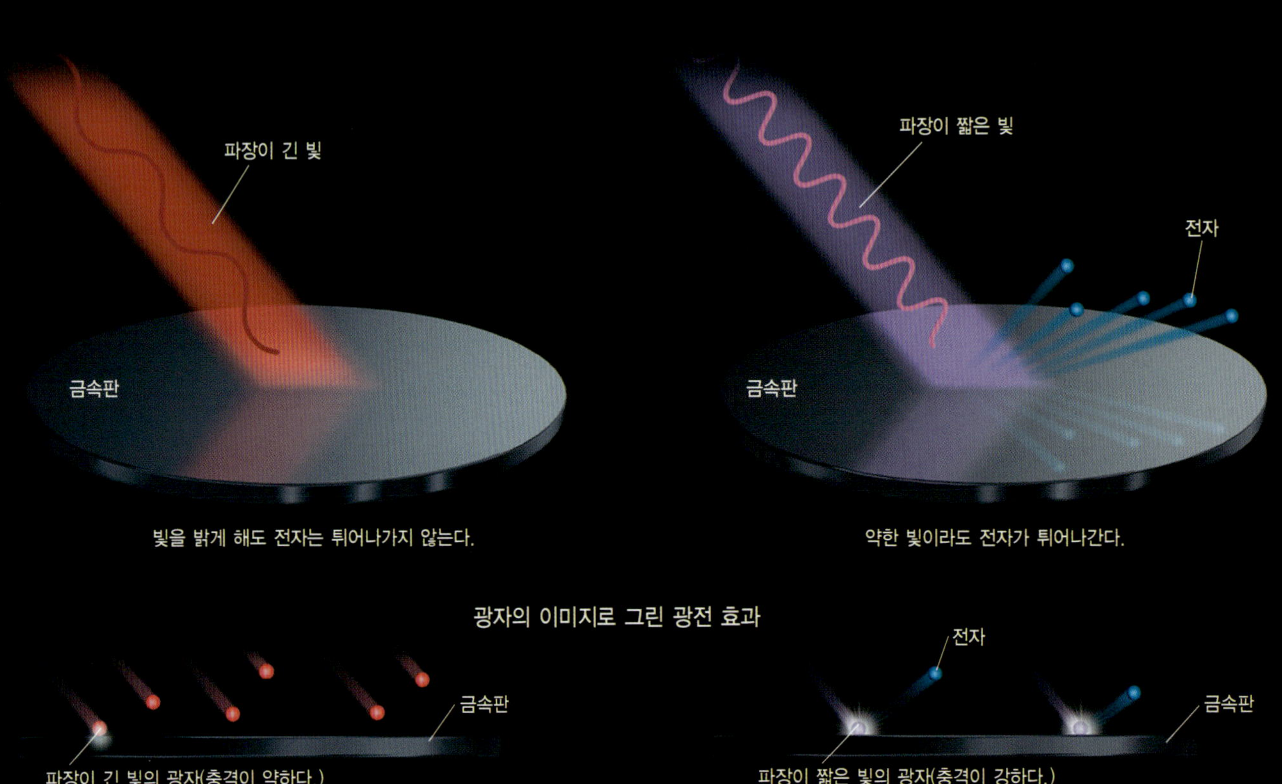

금속에 빛을 쪼이면 전자가 빛의 에너지를 받아 튀어나가는 경우가 있다(광전 효과). 신기하게도 파장이 긴 빛의 경우에는 아무리 밝게 하더라도 전자가 튀어나가지 않지만, 파장이 짧은 빛은 아무리 빛이 약하더라도 튀어나간다(위의 그림).
이 현상은 빛을 '광자'라는 '에너지의 덩어리'로 생각하면 설명할 수 있다(아래 그림). 파장이 긴 빛의 광자는 에너지가 작아서, 전자와 충돌하더라도 충격이 약하다. 한편 파장이 짧은 빛의 광자는 에너지가 커서 충격이 강하다. 그래서 전자가 금속으로부터 튀어나오는 것이다.

전체로서는 파동으로 행동합니다. 그러나 매우 신기한 이야기이지만 광자는 한 번에 하나의 전자하고만 충돌합니다. 이 성질이 입자와 비슷하기 때문에 *a*에서는 편의상 광자를 입자의 이미지로 그린 것입니다. 파동은 공간적으로 퍼져 나가고 있으므로 광자가 단순한 파동이라면 몇 개의 전자와 동시에 충돌할 수 있을 것입니다. 그러나 그렇게 생각하면 광전 효과를 설명할 수 없습니다.

학생 — 혼란스럽군요……. 광자는 파동이 아니라 입자입니까?

박사 — **광자는 단순한 파동은 아니며 단순한 입자도 아닙니다. 어느 때는 파동과 비슷한 성질을 나타내고, 어느 때는 입자와 비슷한 성질을 나타내는 신기한 성질을 가진 존재입니다. 이것을 '파동과 입자의 양면성'이라고 합니다.** 광자가 지닌 파동과 입자의 양면성은 '양자역학(또는 양자론)'이라는 물리학의 이론으로 설명됩니다. 안타까운 일이지만 파동과 입자의 양면성을 하나의 그림 속에서 정확하게 그리기란 불가능할 것입니다.

광자의 전기 마당과 자기 마당이 '빛의 압력'의 근원

학생 — 광자에 질량(무게)이 있나요?

박사 — **광자에는 질량이 없습니다. 질량은 0입니다.**

학생 — 광자에 질량이 없는데도 왜 광자가 닿은 물체에는 압력이 미치는 것일까요?(*b*) 질량이 없는 입자는 물체에 닿더라도 충격이 없을 것이므로 아무 힘도 미치지 않으리라고 생각됩니다만…….

박사 — **광자도 전기 마당과 자기 마당의 진동임에는 변함이 없습니다. 광자가 물체에 닿으면 물체 속의 전자 등 하전 입자는 광자의 전기 마당과 자기 마당으로부터 로렌츠 힘을 받습니다. 이들 힘이 쌓여 물체에 압력이 미치는 것입니다.**

학생 — 그렇군요. 그렇지만 아직 제대로 이해가 되지 않습니다…….

박사 — 광자를 물질적인 이미지로 파악하고 있기 때문이 아닐까요? 광자는 원래 물질이 아닙니다. 광자는 질량이 없어도 그 전기 마당과 자기 마당에 의해 물체에 힘을 미칠 수 있습니다.

주 : 의문점(Q)에 대한 답(A)에 대응하는 부분을 굵은 글자로 나타냈다.

b. **빛에는 압력이 있다**

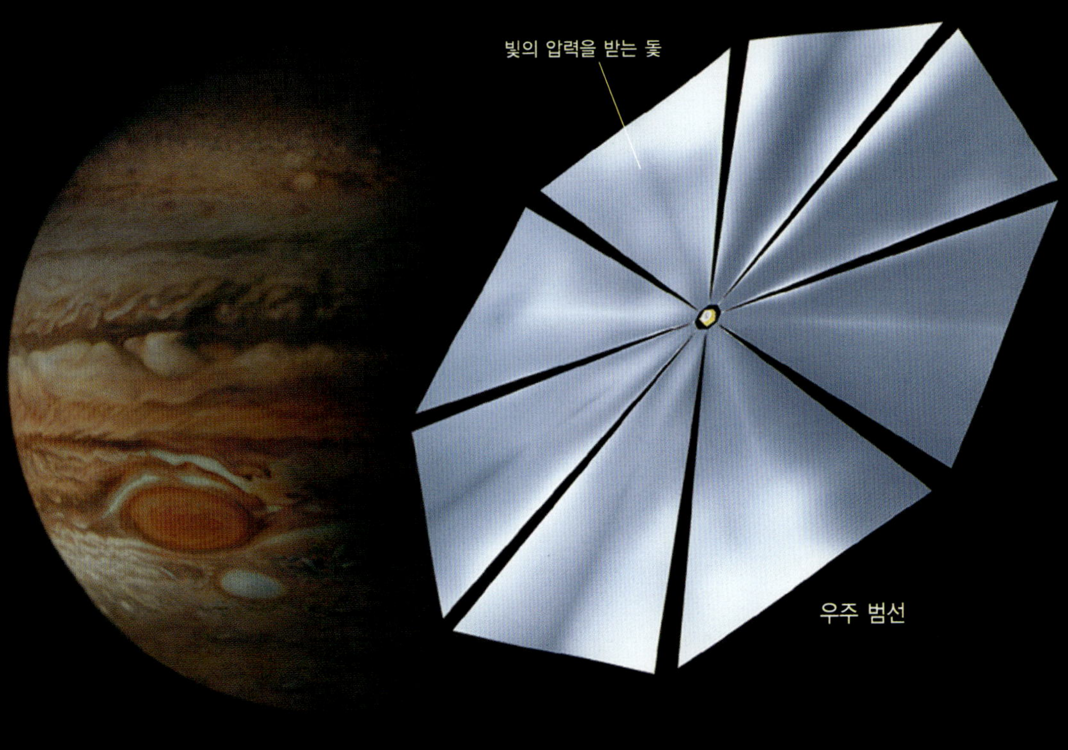

아주 미약하여 일상 생활에서는 느끼지 못하지만 빛을 쬐면 물체에 압력을 미칠 수 있다. 공기의 저항 등이 없는 우주 공간에서는 빛의 압력이 두드러지는 효과를 미친다. 예컨대 장래의 우주 탐사선으로 태양빛의 압력을 받아 추진하는 '우주 범선'이 구상되고 있다.

제 4 장

빛의 21세기

20세기를 '전자(電子)의 시대'로 일컫게 했던 기술은 21세기가 되자 '빛의 시대'를 가져왔다. 그 주역의 하나인 '레이저광'은 커다란 에너지를 작은 한 점에 모을 수 있다. 그래서 공업 제품 가공 및 의료용 메스, 주변에서 흔히 볼 수 있는 CD나 DVD 등의 광디스크에 사용되면서 우리 생활에도 뿌리를 내리고 있다. 또 고속 통신을 가능케 하는 '광섬유' 등 나날이 진화하는 광기술에 대해 소개한다.

레이저광은 파동이 가지런한 빛

이제부터는 광기술에 초점을 맞춰 나간다. 20세기가 전자공학의 시대 즉 '전자의 시대'였다면, **21세기는 광전자공학의 시대 즉 '빛의 시대'라고 말한다.**

그 주역의 하나가 '레이저'이다. 레이저란 '레이저광'을 발생시키는 장치이다. 형광등 같은 일반적인 광원에서 복사되는 빛은 진행 방향, 파장, 마루나 골의 위치가 흩어진다(1). 파티에서 많은 사람이 자유로이 잡담을 하는 것과 같은 상태라고 할 수 있다. 한편 **레이저광은 진행 방향, 파장, 마루나 골의 위치가 가지런한 빛이다(2)**[※1]. 이것은 많은 사람이 목소리를 맞추어 노래를 부르는 것과 같다.

1. 일반적인 빛
파장, 진행 방향, 마루와 골의 위치 관계가 제각각이다.

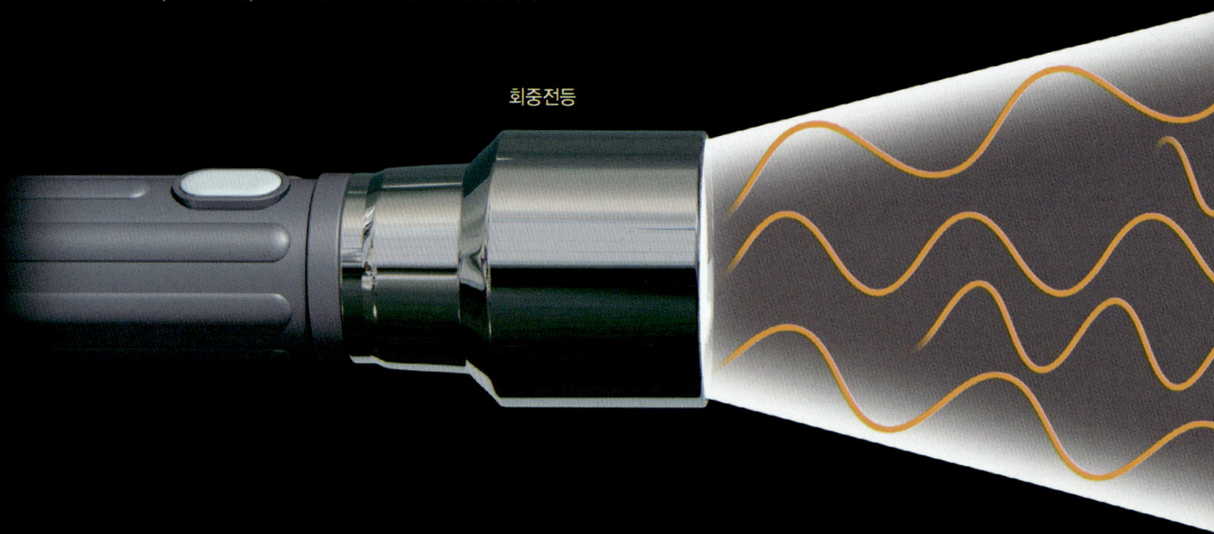

2. 레이저광
파장, 진행 방향, 마루와 골의 위치 관계가 가지런하다
(보강하는 간섭을 일으켜 강도가 높아졌다).

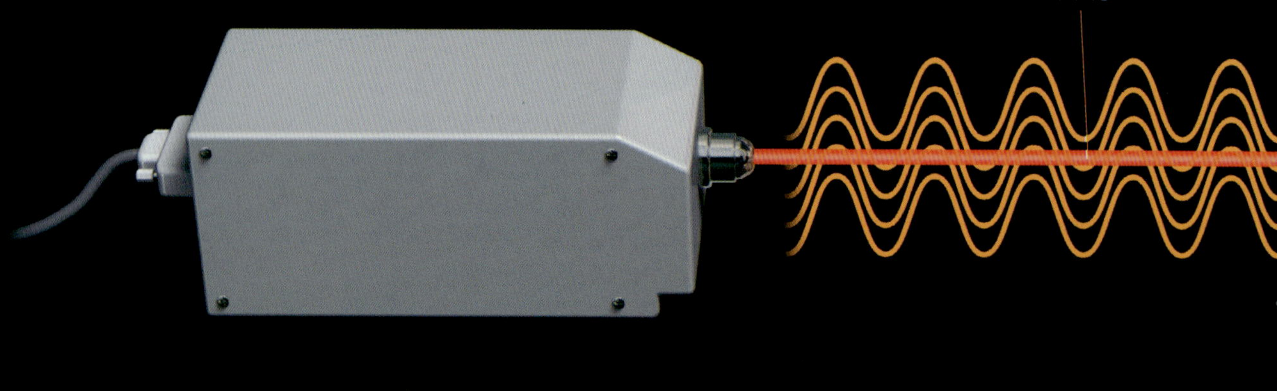

레이저에는 뛰어난 성질이 많다. 예컨대 '큰 에너지를 한 점에 모을 수 있다.'는 특징을 가졌다. 20쪽에서도 소개했지만, 렌즈로 백색광을 모으더라도 색깔(파장)에 따른 굴절률의 차이 등 때문에 초점이 흐려진다(3). 그러나 **레이저광은 진행 방향과 파장 모두가 가지런한 빛이므로, 렌즈를 사용해 매우 작은 한 점에 모을 수 있다**[※2](4).

※1 : 엄밀하게는 레이저광도 완전히 단일한 파장이 아니라 근소하게 파장의 폭을 가지며, 여러 파장의 빛을 내는 레이저도 있다. 그러나 백색광에 비하면 레이저광에 포함된 파장 영역은 좁은 것이 보통이다. 레이저의 출력에 따라 달라지지만, 레이저광이 직접 눈에 들어가면 망막이 손상될 가능성이 있어 위험하다.

※2 : 한 점에 모은다고 해도, 20쪽의 주와 Q2에서도 언급한 회절 한계가 존재하므로 파장 정도 크기의 점이다.

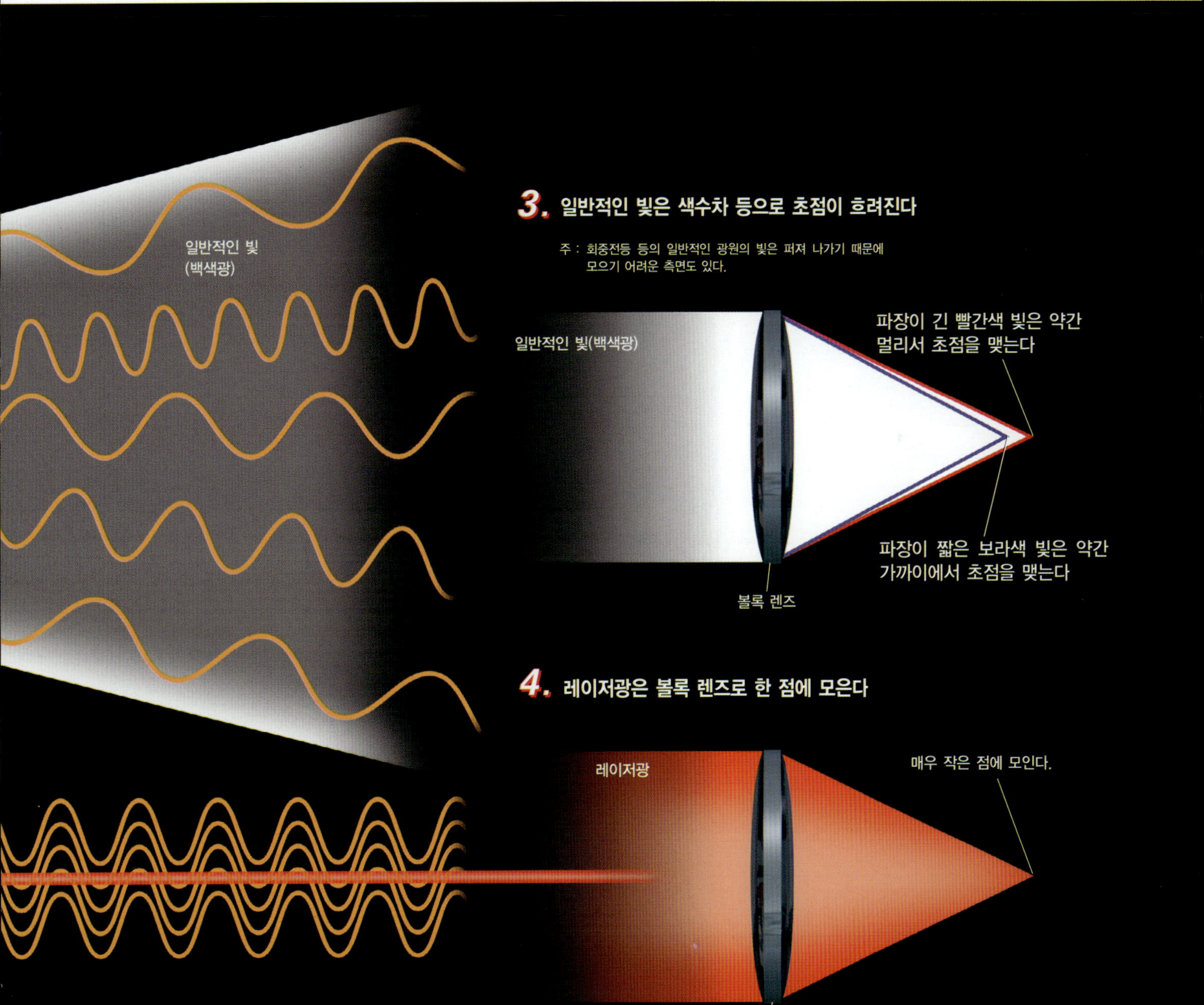

주 : 위의 그림에서는 레이저광을 한 가닥의 붉은 선으로 표현했다.
파형은 전기 마당의 진동의 모습을 모식적으로 나타낸 것에 불과하다.

CD와 DVD에도 레이저광은 필수

레이저광은 커다란 에너지를 한 점에 모을 수 있는 성질을 이용해, 자동차 공장 등에서 철판을 절단하거나 용접하는 등에 사용된다(1). 가장 단단한 광물인 다이아몬드조차 레이저광으로 구멍을 낼 수 있다.

레이저광은 광디스크(CD나 DVD)의 플레이어, 바코드 판독 장치, 광통신 등의 형태로 우리 생활에 뿌리내리고 있다.

예컨대 재생 전용의 CD나 DVD 등을 재생할 때는 비교적 낮은 출력의 레이저광을 렌즈로 가늘게 압축해 디스크의 기록면에 쬔다.(2). 기록면에는 정보가 요철의 형태로 기록되어 있다. 피트(볼록한 부분)에 레이저광이 닿으면 반사광의 세기가 약해

1. 가공에 이용되는 레이저광
레이저광은 단단한 물체도 자유자재로 자를 수 있다. 또 의료용 메스로 이용하면 절단시의 열에 의해 자동적으로 지혈도 된다.

지는 메커니즘으로 되어 있어, 피트의 유무로 기록된 정보를 반사광의 세기 차로 판독할 수 있다.

기록이 가능한 광디스크(DVD-R 등)는 기록할 때(또는 기록을 바꿀 때) 레이저광을 쬐어 기록막의 한 점을 고온으로 한다(3). 그러면 기록막이 변화해 반사율이 바뀐다※1. 이것이 피트와 같은 기능을 한다.

※1 : 기록 가능한 광디스크에는 여러 종류가 있으며, 레이저광을 쬠으로써 다음과 같은 변화를 일으킨다. '기록막에 구멍이 난다' '여러 금속이 섞여 합금화한다' '결정 구조가 변한다' '색소가 분해된다' 등.

2. 광디스크 플레이어에도 레이저광이 쓰인다

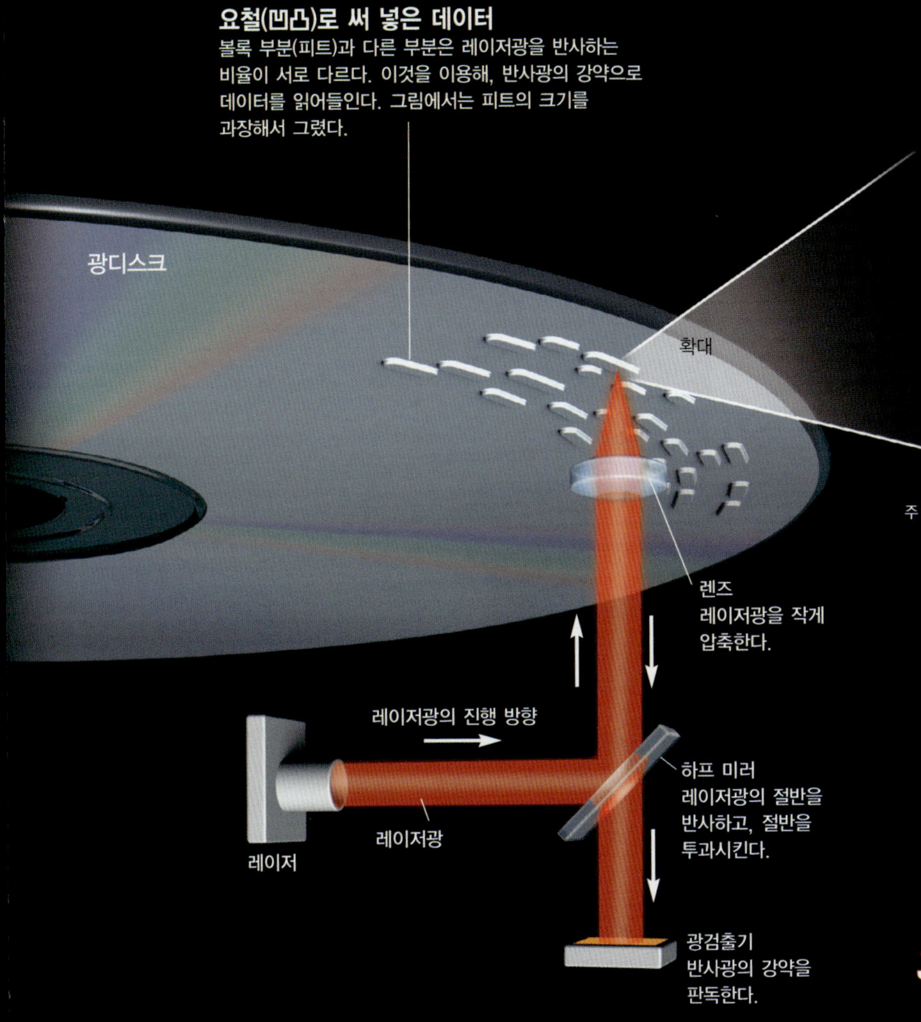

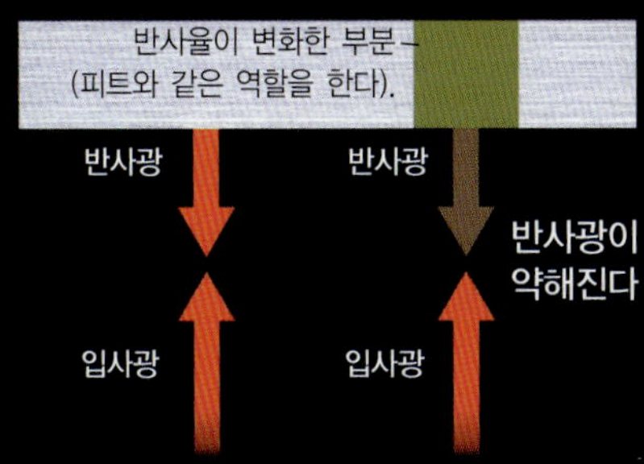

3. 기록 가능한 광디스크도 반사율을 바꾼다

레이저의 기초가 되는 원리는 아인슈타인이 생각해 냈다

레이저광은 어떻게 해서 생길까? 100~101쪽에서 소개한 것처럼 '흥분 상태(들뜬상태)'에 있는 원자는 잠시 있으면 빛을 방출하고 원래의 상태(바닥상태)로 돌아간다(1). 이것을 '자연 방출'이라고 한다.

흥분 상태의 원자에 빛이 닿으면 재미있는 일이 일어난다. 이 빛의 '자극'을 받은 원자는 **입사광과 같은 파장, 같은 타이밍(마루와 골이 가지런하다), 같은 진동 방향(편광 방향)의 빛을 입사광과 같은 방향으로 방출한다**(2). 원자가 입사광에 '이끌려' 빛을 방출하는 이미지이다. 이것을 **'유도 방출'**이라고 한다.

유도 방출된 빛은 다시 가까이 있는 흥분된 원자를 자극해 같은 빛을 방출시킨다. 이와 같은 연쇄적인 유도 방출에 의해 생기는 것이 바로 레이저광이다.

유도 방출의 이론은 아인슈타인이 1916년에 발표했다. 아인슈타인이라면 시간과 공간의 이론인 '상대성 이론'으로 유명한데, 이런 부문에서도 위대한 업적을 남겼다.

거울 사이에서 레이저광이 증폭된다

실제의 레이저에서는 다음과 같이 레이저광을 만들고 있다(3). 레이저를 만들어 내는 '레이저 매질(그림에서는 루비)'에 섬광을 쬐거나 전류를 흐르게 해 에너지를 가한다(3-a). 그러면 매질 중 대부분의 원자가 흥분 상태가 된다. 흥분 상태의 원자가 원래의 상태로 되돌아갈 때 빛을 방출하는데, 이것이 자극이 되어 연쇄적으로 유도 방출이 일어난다(3-b).

빛은 레이저 매질의 양쪽에 설치된 거울로 반사되고 레이저 매질 속을 몇 번이나 왕복하므로, 유도 방출의 연쇄가 계속되면서 빛은 거듭 증폭된다(3-c). 한쪽의 반사경은 빛을 일부만 통과시키는 특수한 반사경이므로, 여기에서 증폭된 레이저광이 밖으로 나간다.

3. 레이저광을 발생시키는 원리 (루비 레이저의 경우)

3-a. 레이저 매질에 에너지를 공급한다

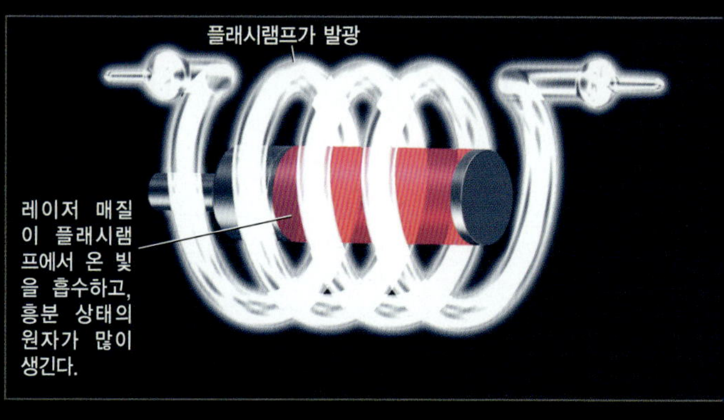

1. 자연 방출

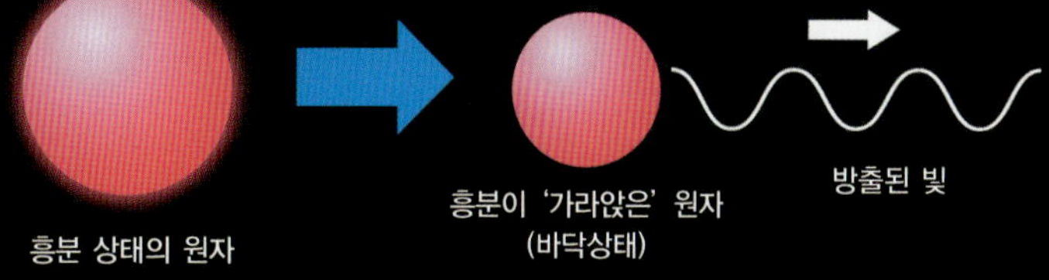

2. 유도 방출

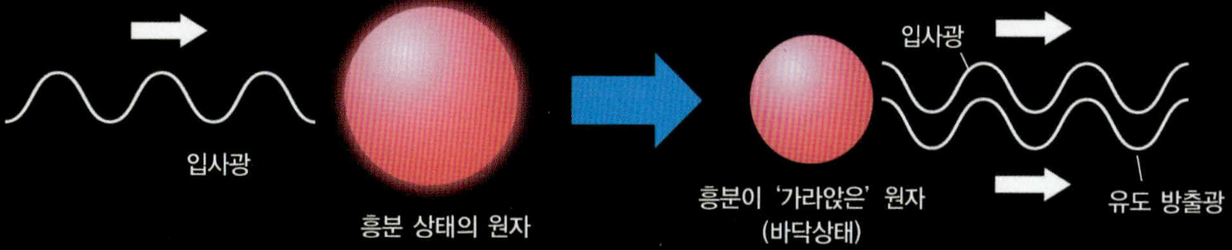

입사광과 유도 방출광은 진행 방향, 진동 방향, 파장이 같아서 마루와 골의 위치도 완전하게 일치한다

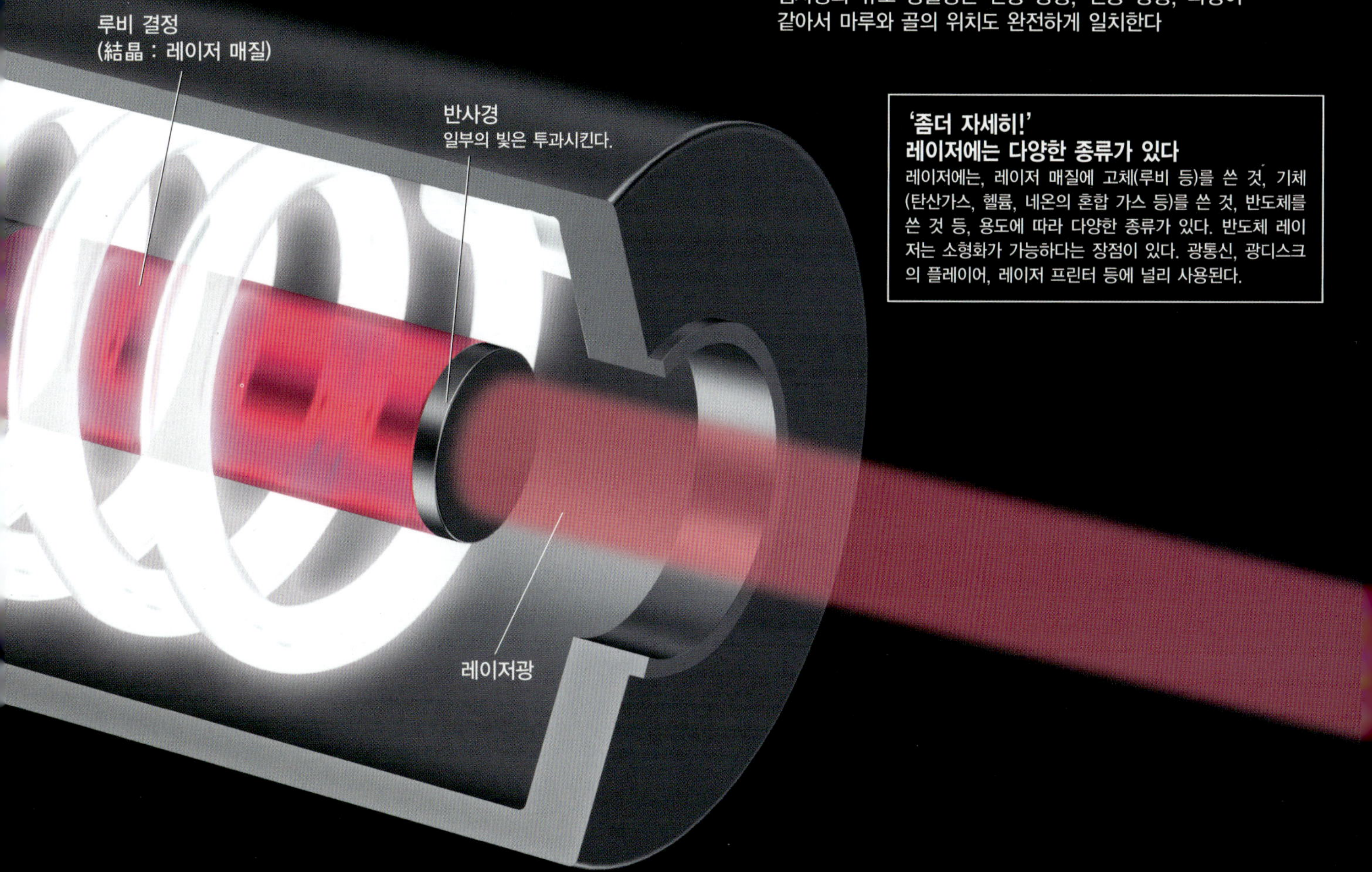

'좀더 자세히!'
레이저에는 다양한 종류가 있다

레이저에는, 레이저 매질에 고체(루비 등)를 쓴 것, 기체(탄산가스, 헬륨, 네온의 혼합 가스 등)를 쓴 것, 반도체를 쓴 것 등, 용도에 따라 다양한 종류가 있다. 반도체 레이저는 소형화가 가능하다는 장점이 있다. 광통신, 광디스크의 플레이어, 레이저 프린터 등에 널리 사용된다.

3-b. 유도 방출이 연쇄적으로 일어난다

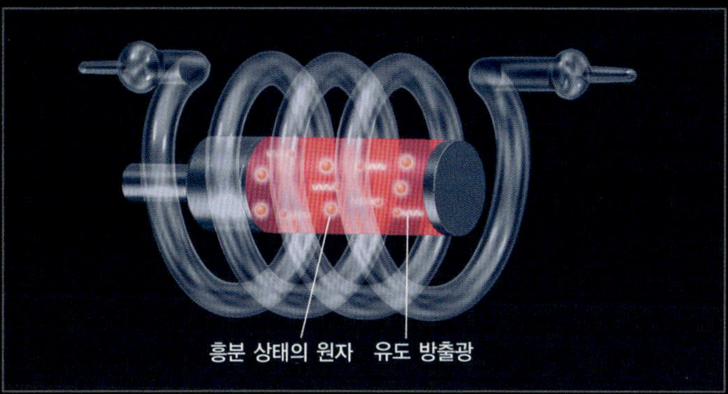

3-c. 2장의 거울 사이에서 레이저광이 증폭된다

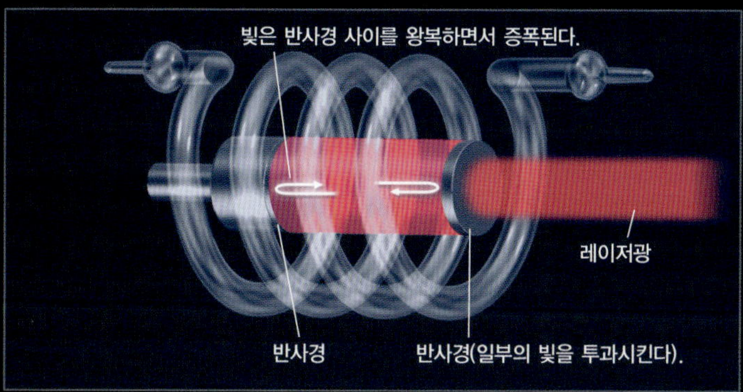

고속 통신의 '광섬유'는 투명한데도 빛이 새지 않는다

레이저광은 광통신에도 사용된다. '0'과 '1'의 디지털 신호를 레이저광의 강약으로 표현하는 것이다. **레이저광은 유리나 플라스틱으로 만든 '광섬유'를 통해 먼 곳까지 보내진다.**

광섬유는 유리 안의 수분을 제거하는 등의 작업을 해서 빛의 흡수를 억제한다. 그래서 먼 거리를 전송하더라도 빛이 거의 약해지지 않는다. 광통신에 사용하는 레이저광은 파장이 1.3~1.6 μm의 근적외선(적외선 가운데 파장이 짧은 것)이다. 이 파장 영역의 근적외선은 유리에 가장 흡수되지 않아 통신에 적합하다.

일반적으로 진동수(주파수)가 많은 전자기파 쪽이 같은 시간에 보낼 수 있는 정보량이 많아진다. 정보를 전자기파의 진동에 실어 보낼 수 있기 때문이다. 휴대 전화 등의 무선 통신에는 진동수가 적은 전자기파인 전파가 사용된다. 한편 광통신에서는 전파보다 진동수가 많은 근적외선을 사용하므로 고속 통신이 가능해진다.

가장 단순한 광섬유인 '다중 모드 계단형'은 동심원 모양의 2층 구조로 되어 있다(1). 안쪽의 '코어'에는 굴절률이 큰 물

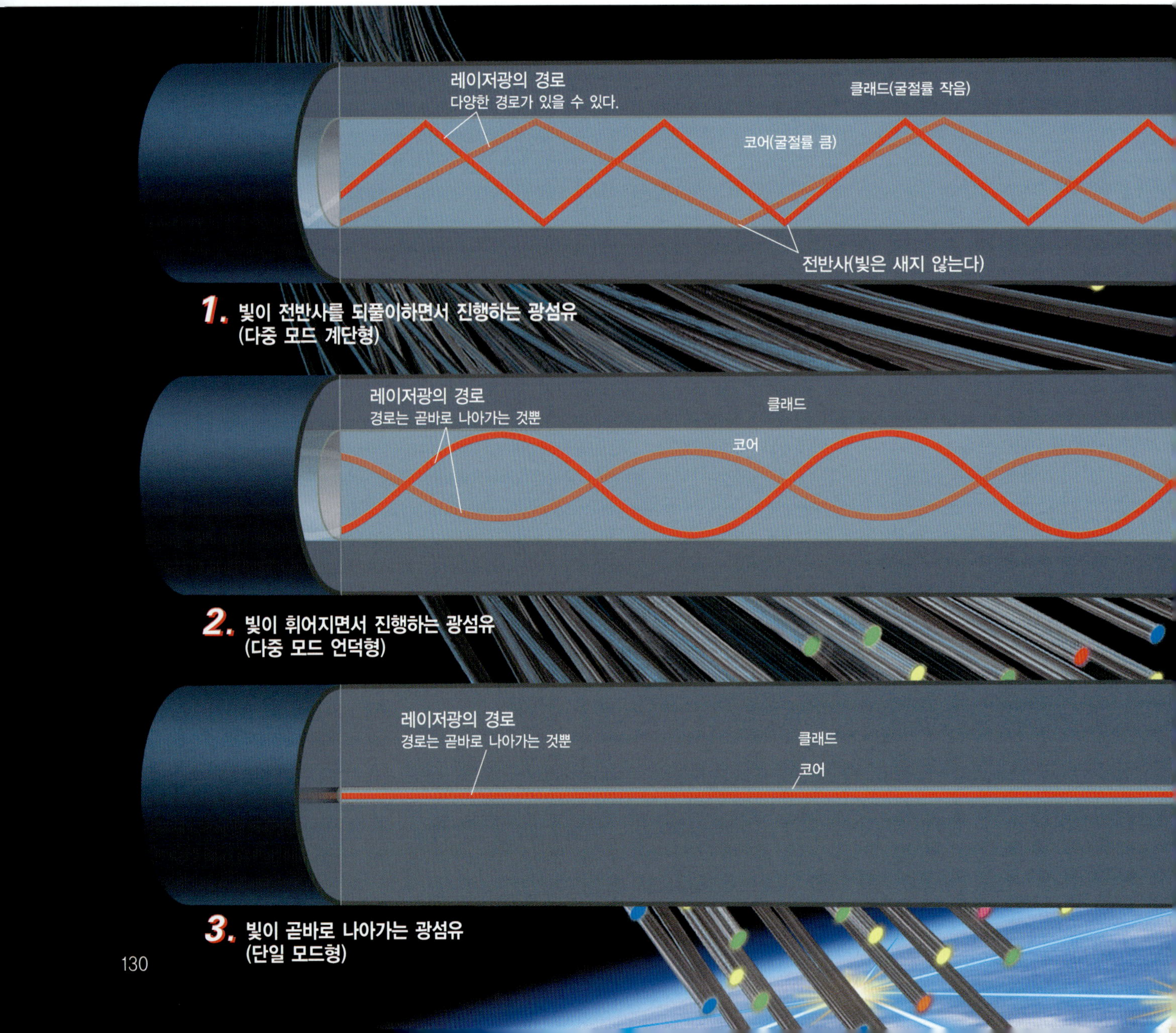

1. 빛이 전반사를 되풀이하면서 진행하는 광섬유 (다중 모드 계단형)

2. 빛이 휘어지면서 진행하는 광섬유 (다중 모드 언덕형)

3. 빛이 곧바로 나아가는 광섬유 (단일 모드형)

질(빛의 감속이 큰 물질), 바깥쪽의 '클래드'에는 굴절률이 적은 물질이 사용된다(클래드는 코어를 감싸는 부분). **코어와 클래드 모두 투명하지만, 빛은 전반사(32쪽)를 반복하므로 밖으로 새지 않고 나아간다.**

코어의 중심에서 가장 굴절률이 높고 클래드에 접근함에 따라 굴절률이 연속적으로 낮아지는 '다중 모드 언덕형'도 있다(2). 이 경우 클래드와의 경계면에서 전반사를 하는 것이 아니라, 대기에서의 굴절(24쪽)과 마찬가지로 레이저광이 휘어져 코어에 갇힌 채 나아간다.

장거리 전송에는 극세(極細) 코어의 광섬유

이상의 두 광섬유의 경우, 레이저광에는 다양한 경로가 있을 수 있다. 광섬유의 같은 길이를 나아가는 경우에도 각각의 광선 경로에 따라 나아가는 거리가 달라지므로, 장거리를 나아가는 가운데 도착 시간이 어긋나게 되어 광신호 전체로는 교란된다. 그래서 이들은 장거리 통신에는 적합하지 않다.

장거리 전송에 쓰이는 것이 '단일 모드형'이다(3). 구조는 다중 모드 계단형과 같지만, 코어의 지름이 5㎛ 정도로 매우 가늘다. 작은 통에 거의 같은 지름의 막대를 집어넣은 것을 상상하기 바란다. 막대를 곧바로 넣는 것밖에는 선택의 여지가 없다. 단일 모드형도 레이저광은 곧바로 입사해 코어를 따라서만 나아간다. 그래서 경로에 따른 도착 시간의 차가 생기지 않아 장거리 전송에 알맞다.

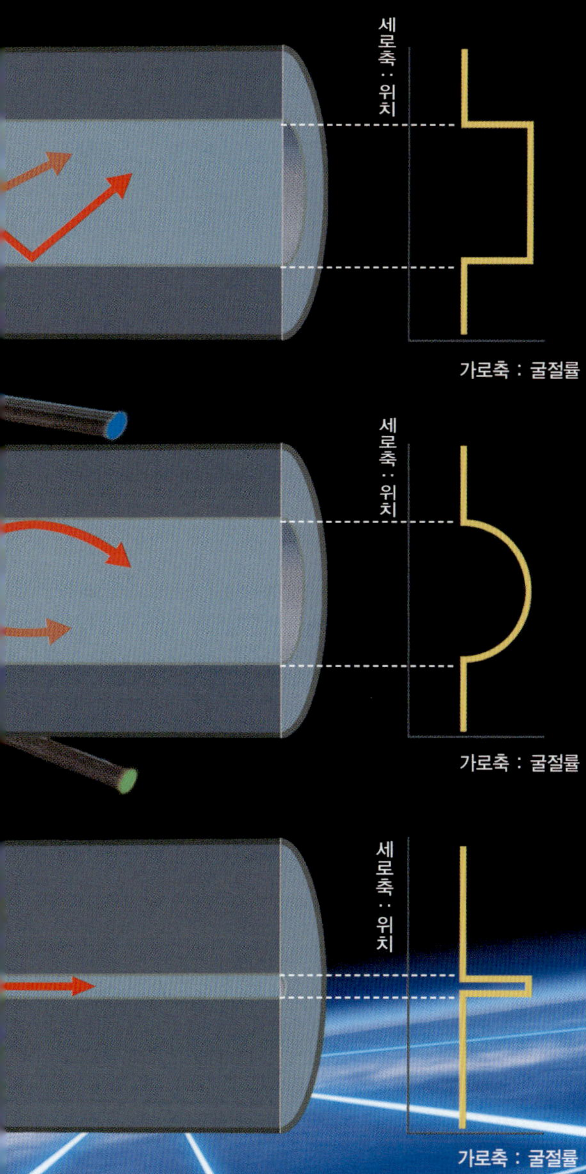

[실험] 물로 만드는 광섬유(아래)
투명한 페트병의 바닥 가까이에 작은 구멍을 낸다. 구멍에는 빨대를 짧게 자른 것을 꽂아 둔다(물의 흐름을 조절하기 위해). 구멍을 손가락으로 누르면서, 페트병에 물을 붓고, 옆에서 구멍을 향해 레이저 포인터로 레이저광을 닿게 한다. 이때 방을 어둡게 해 둔다.
손가락을 떼면 물의 흐름을 따라서 빛이 전반사하고 휘어지면서 나아가고, 물을 받는 그릇에 빛이 유도되는 것을 알 수 있다. 물이 광섬유의 역할을 하는 것이다. 또 물에 몇 방울의 우유를 넣으면, 빛의 궤적이 잘 보인다.

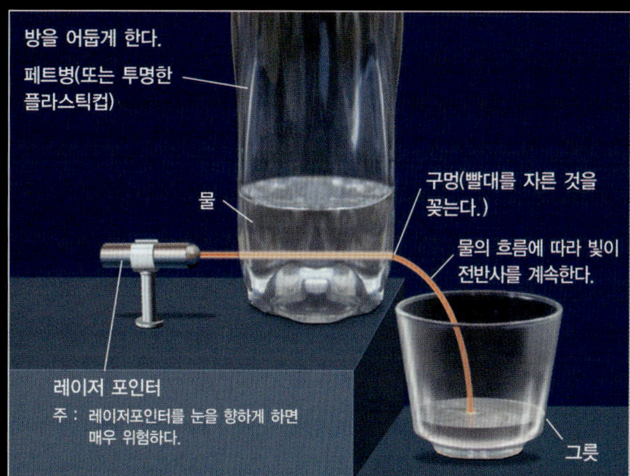

배경은 광섬유와 광통신 네트워크의 이미지

좀더 알고 싶다!

Q&A

이 코너에서는 '박사와 학생의 대화'를 통해 빛에 관해 더욱 깊이 이해하는 것을 돕는다.

Q9 블루레이 디스크나 HD DVD는 왜 대용량인가?

학생 — DVD의 재생과 녹화 장치에서는 레이저광(a)을 사용해 데이터를 읽거나 쓰고 있지요? 화제가 되고 있는 '블루레이 디스크'나 'HD DVD'는 종래 DVD의 3~5배(기록층이 1층인 경우)나 되는 대용량이라고 하는데 무엇이 다른가요?

박사 — **블루레이 디스크나 HD DVD에서는 기록층에 더욱 가늘게 데이터가 기록되어 있습니다. 이것이 가능해진 이유는 새로 개발된, 파장이 짧은 푸른 보라색 레이저광을 사용하기 때문입니다. 종래의 DVD는 파장이 긴 붉은색 레이저광이었습니다.**

학생 — 파장이 짧으면 왜 대용량화할 수 있습니까?

박사 — 레이저광은 말하자면 펜 끝입니다. 레이저광을 렌즈로 작은 점에 모음으로써, 디스크에 데이터를 적어 넣거나 디

a. 레이저광과 일반적인 빛의 차이는?

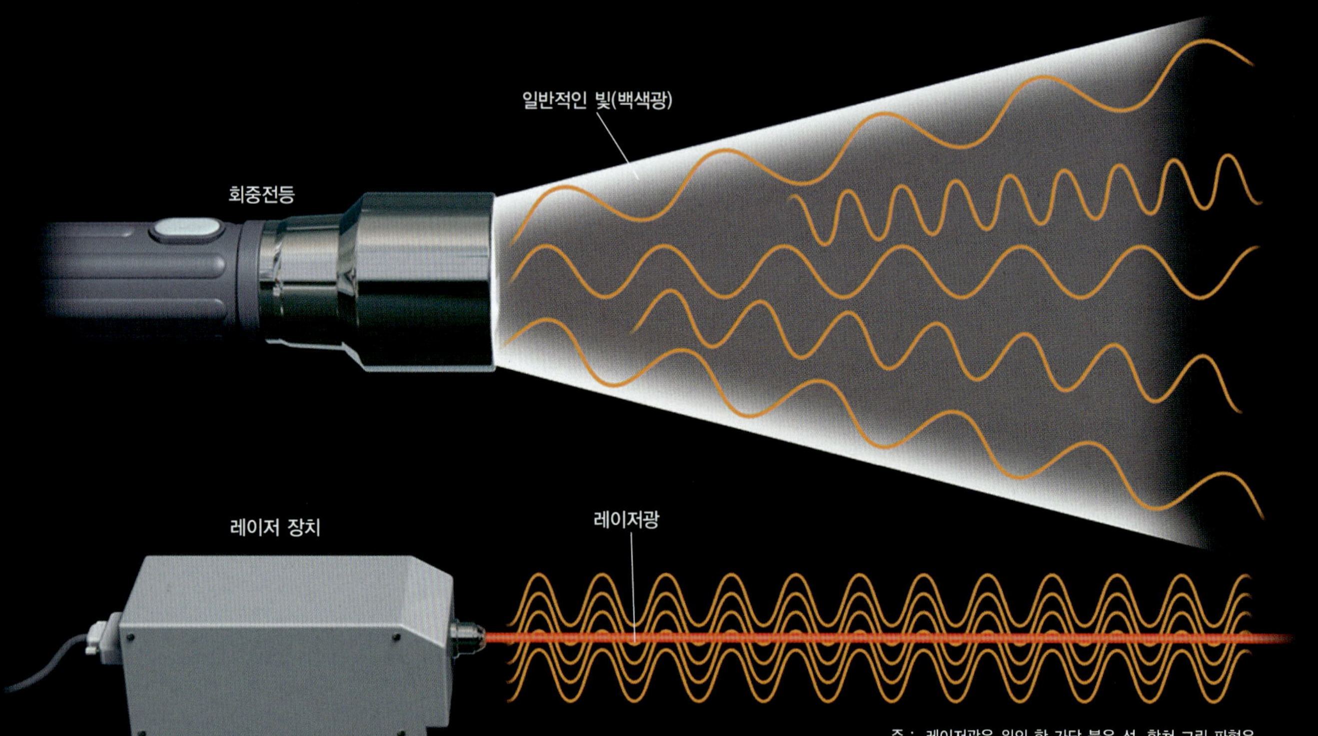

주 : 레이저광은 위의 한 가닥 붉은 선. 합쳐 그린 파형은

스크에서 데이터를 읽습니다. **푸른 보라색의 레이저광은 붉은색보다 작은 점을 만들 수 있으므로, 대용량화가 가능합니다**(*b*).

학생 — 푸른 보라색의 레이저광은 어떻게 작은 점으로 모을 수 있습니까?

박사 — 레이저광을 렌즈로 모으더라도 완전히 한 점에 모을 수는 없습니다. 이것은 Q2에서도 설명한 '회절 한계' 때문입니다. 예컨대 휴대 전화의 전파(파장이 긴 전자기파)는 장애물이 있더라도 그 뒤로 돌아서 퍼져 나갑니다. 이것이 '회절'이라는 현상입니다. **가시광선도 전파와 마찬가지로 전자기파이므로 회절을 일으켜 퍼져 나가려는 성질이 있습니다. 그래서 렌즈를 사용했다고 하더라도 어느 정도의 크기를 가진 점밖에 될 수 없습니다. 파장이 길수록 퍼지려는 성질이 강하므로, 붉은색의 빛은 푸른 보라색의 빛보다 점이 커지게 됩니다.**

학생 — 그러면 훨씬 파장이 짧은 레이저광을 광디스크용으로 개발하면 더욱 대용량화가 가능합니까?

박사 — 원리상으로는 그렇지만, 기술적으로는 어렵습니다. 푸른 보라색의 빛보다 파장이 짧아지려면 자외선이나 X선이 되어 버립니다. 그렇게 되면 가시광선 영역에서 사용되는 렌즈나 거울로 집광이나 반사가 이루어지지 않습니다. 더욱 큰 용량의 광기록 매체를 실현하려면 전혀 새로운 원리에 근거해야 할 필요가 있습니다.

학생 — 예컨대 어떤 것입니까?

박사 — 하나의 예로는 홀로그램의 원리를 이용한 '홀로그램 메모리'가 있습니다. 홀로그램은 지폐나 신용 카드 등에서도 볼 수 있습니다. 시선의 각도를 바꾸면 무늬가 바뀌어 보입니다. 홀로그램 메모리도 이와 마찬가지로 빛을 쪼이는 각도를 바꾸면 같은 곳에서 서로 다른 데이터가 재생될 수 있습니다. 홀로그램 메모리는 기록 매체에 3차원적으로 정보를 기록하기 때문에, 대폭적인 대용량화가 가능하리라고 기대됩니다.

학생 — 광기술의 장래가 흥미롭군요.

박사 — 레이저를 중심으로 빛을 이용한 과학 기술은 더욱 발전해 나갈 것입니다. 21세기의 과학 기술에서는 빛이 매우 중요한 키워드가 될 것입니다.

주 : 의문점(Q)에 대한 답(A)에 해당하는 부분을 굵은 글자로 나타냈다.

b. 종래의 DVD와 블루레이 및 HD DVD의 차이는?

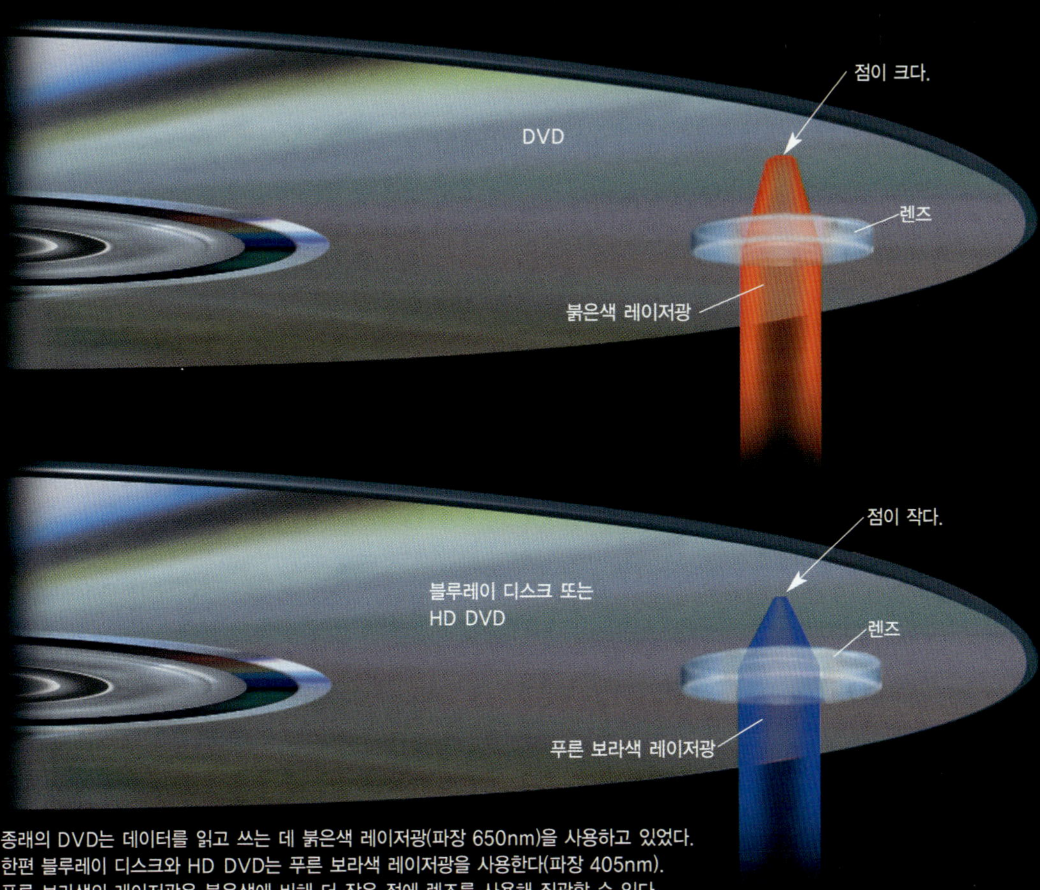

종래의 DVD는 데이터를 읽고 쓰는 데 붉은색 레이저광(파장 650nm)을 사용하고 있었다. 한편 블루레이 디스크와 HD DVD는 푸른 보라색 레이저광을 사용한다(파장 405nm). 푸른 보라색의 레이저광은 붉은색에 비해 더 작은 점에 렌즈를 사용해 집광할 수 있다. 그래서 디스크에 더욱 가늘게 데이터를 기록해 넣을 수 있어 대용량화를 실현했다.

제 5 장

놀라운 최첨단 연구

빛의 과학은 현재 인류가 빛을 자유자재로 다룰 수 있는 영역에까지 이르고 있다. 여러 가지 연구가 이루어지고 있는 가운데 특히 눈에 띄는 것이 1000조분의 1초 동안만 빛나는 섬광 '펨토초 레이저'와, 빛을 자전거로 쫓아갈 수 있을 정도까지 '극단적으로 느리게' 한 연구이다.
앞으로 이러한 연구가 구체적으로 어떻게 응용되어 갈 것인지, 연구 개발의 제1인자 에릭 이펜 박사와 레네 하우 박사에게 이야기를 들었다.

1000조분의 1초 정도만 빛나는 '궁극의 플래시'

현대 광과학의 연구 영역은 대단히 넓어서 그 모두를 소개할 수는 없지만, 제5장에서는 특히 흥미진진한 최첨단 연구 두 가지를 소개한다. '인류의 지혜가 마침내 여기까지 이르렀는가?' 할 정도로 놀랍다는 생각이 들 것이다.

첫째는 **1000조분의 1초 정도만 빛나는 궁극의 플래시(섬광)인 '펨토초 레이저'이다.** 1펨토초란 1000조분의 1초를 의미한다. 펨토초 레이저는 1~100펨토초 정도의 극히 짧은 시간만 빛나는 '초단 펄스광(超短pulse光)'을 발생시키는 장치

1. 1000조분의 1초 정도만 빛나는 초단 펄스광
단, 가시광선에서는 2펨토초 정도가 이론적인 한계이다.

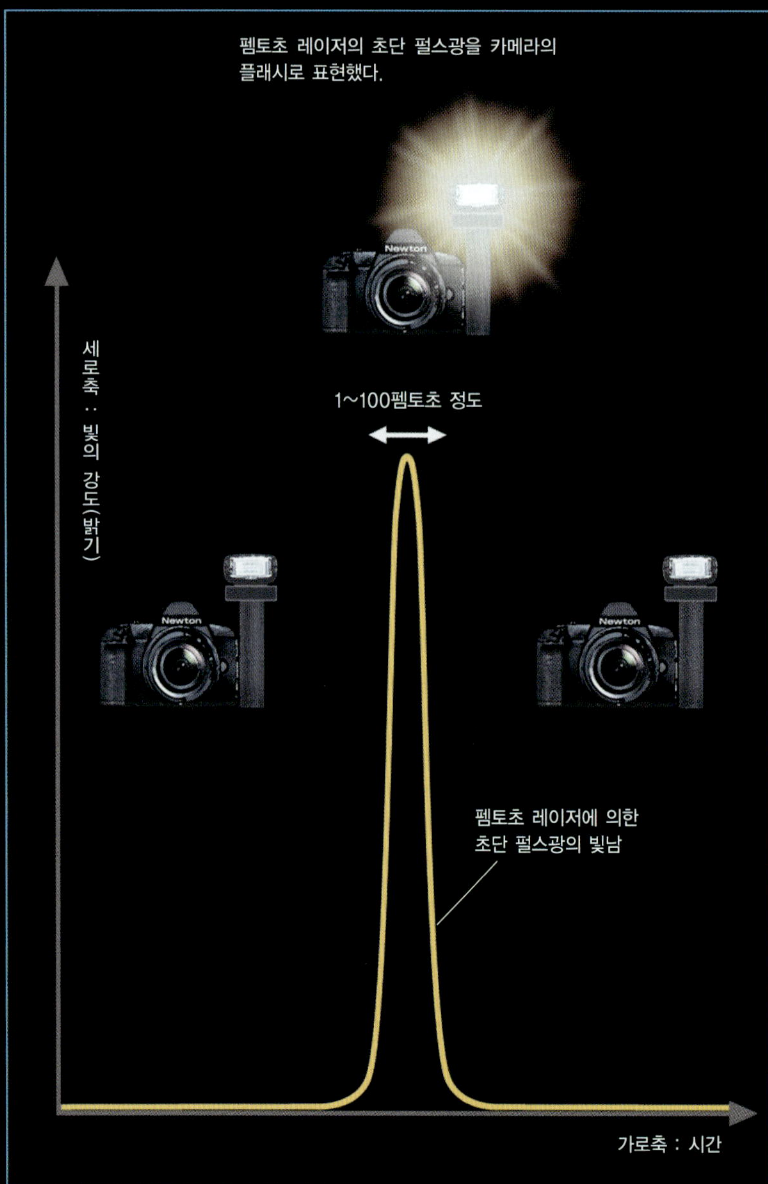

이다(1).

펄스광이란 한순간만 빛나는 빛을 말한다. 카메라의 플래시가 빛나는 시간이 마이크로초(1마이크로초는 100만분의 1초) 정도이므로, 펨토초의 초단 펄스광은 그 10억분의 1정도의 시간밖에 빛나지 않는다.

광속은 초속 30만 km(1초 동안 지구를 일곱 바퀴 반 돈다.)라는 엄청난 속도이지만, 빛이라 하더라도 1펨토초 동안 나아가는 거리는 겨우 0.3μm(1만분의 3mm)밖에 되지 않ms다(2).

2. 1펨토초 사이에는 빛이라 해도 바이러스 크기 정도밖에 진행하지 못한다

※ 그림으로 나타낸 에이즈 바이러스, SARS 바이러스, 박테리오파지는 모두 크기가 0.1μm 정도의 바이러스이다.(μm는 100만분의 1m)

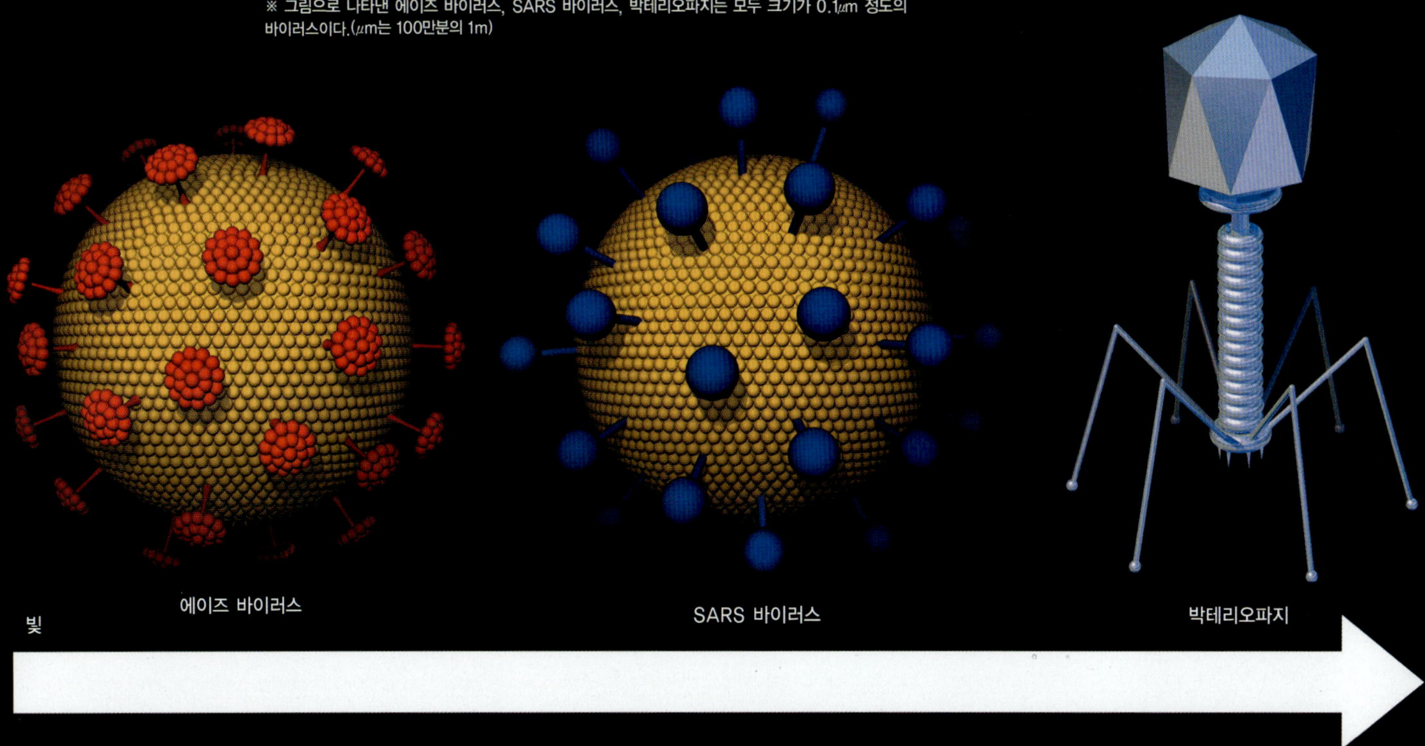

폭넓은 응용 가능성이 기대된다

플래시를 사용해 촬영하면, 움직이고 있는 물체의 한순간의 모습을 '잘라 낼' 수 있다. 마찬가지로 **펨토초 레이저를 플래시로 사용하면, 맹렬한 속도로 진행되는 화학 반응의 과정조차도 프레임 단위로 볼 수 있다.** 이에 따라 펨토초 레이저를 사용해, 지금까지 알려지지 않았던 화학 반응의 수수께끼가 차례차례 밝혀지게 되었다.

일반적으로 화학 반응은 '활성화 상태'라 불리는, 에너지가 높은 중간 상태를 거치고 나서 진행된다. 활성화 상태의 존재는 1889년에 스반테 아레니우스(1859~1927)가 이론적으로 예언했지만, 극히 짧은 순간밖에 존재하지 않으므로 직접 관측할 수는 없었다. 그러나 1980년대 후반, 드디어 펨토초 레이저에 의해 그 존재가 직접 증명되었다. *1*은 펨토초 레이저를 사용

1. 펨토초 레이저에 의한 초단 펄스광을 플래시로 사용하면, 화학 반응이 한 토막씩 보인다

그림은 1999년도 노벨 화학상에 관한 노벨 재단의 발표 자료 등을 참고로 그린 것이다. 이 상을 수상한 미국의 아메드 즈웨일 박사는 펨토초 레이저를 써서 그림과 같은 화학 반응을 토막 영상으로 관측하고, 화학 반응의 수수께끼를 차례차례 규명했다.

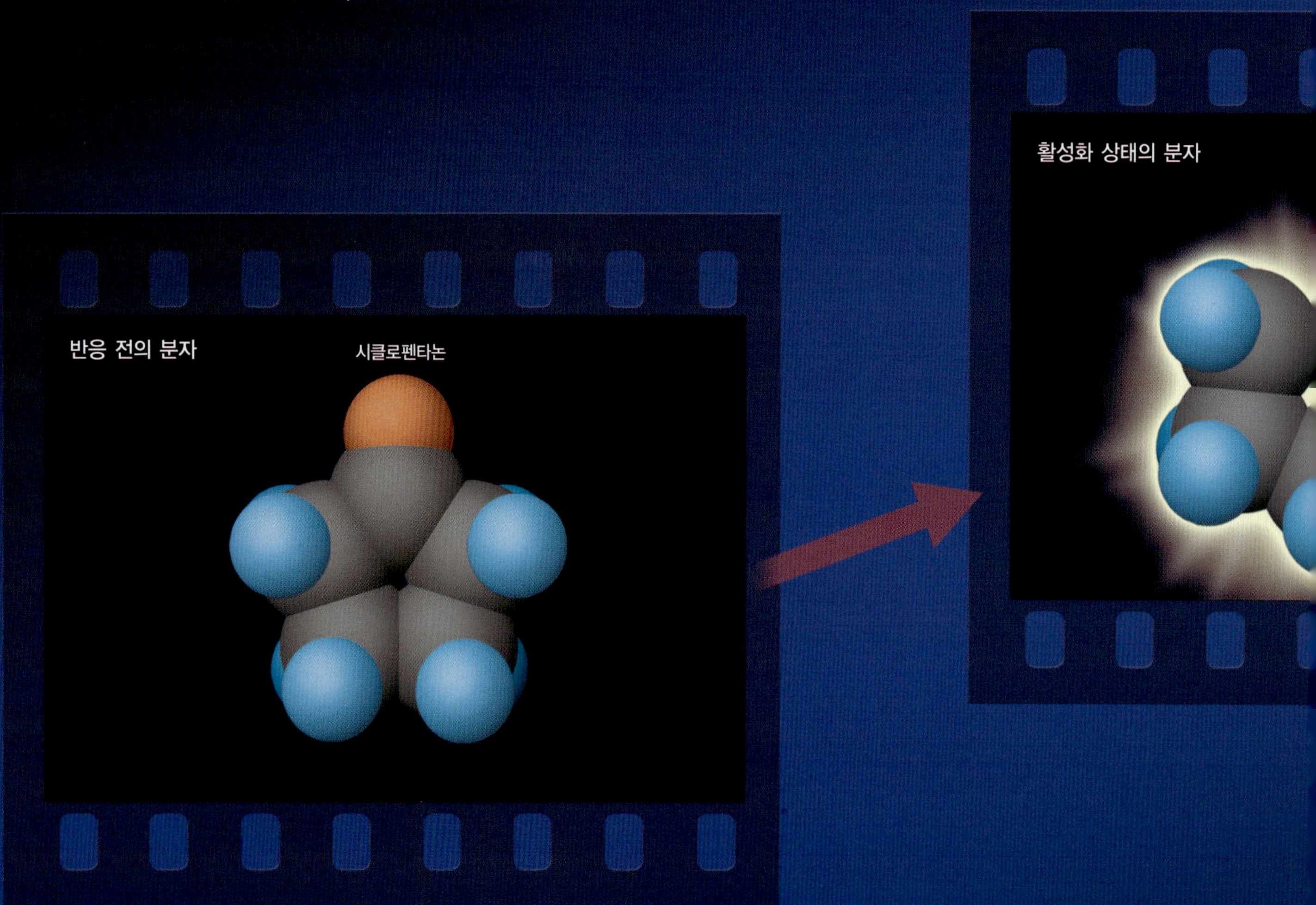

해 밝혀진 화학 반응의 한 예이다. 시클로펜타논이라는 분자가 활성화 상태를 거쳐 일산화탄소와 두 에틸렌 분자로 분해되고 있다.

펨토초 레이저는 1980년대에 개발되었지만, 그 후 계속 소형화 · 고성능화해서 현재는 물리, 화학, 생명과학, 의학, 공학 등 폭넓은 분야에서 이용되며 크게 주목받고 있다. 정보의 운반체로 초단 펄스광을 사용하면, 광통신을 더욱 고속화할 수 있다. 차세대의 에너지원으로 기대되는 '핵융합' 연구에서는 연료에 '점화' 하는 초고출력 레이저로 이용되고 있다.

다음 페이지에서는 펨토초 레이저 연구의 권위인 미국 매사추세츠 공과대학의 에릭 이펜 교수에게 그 응용 가능성 등에 대해 자세히 듣기로 한다.

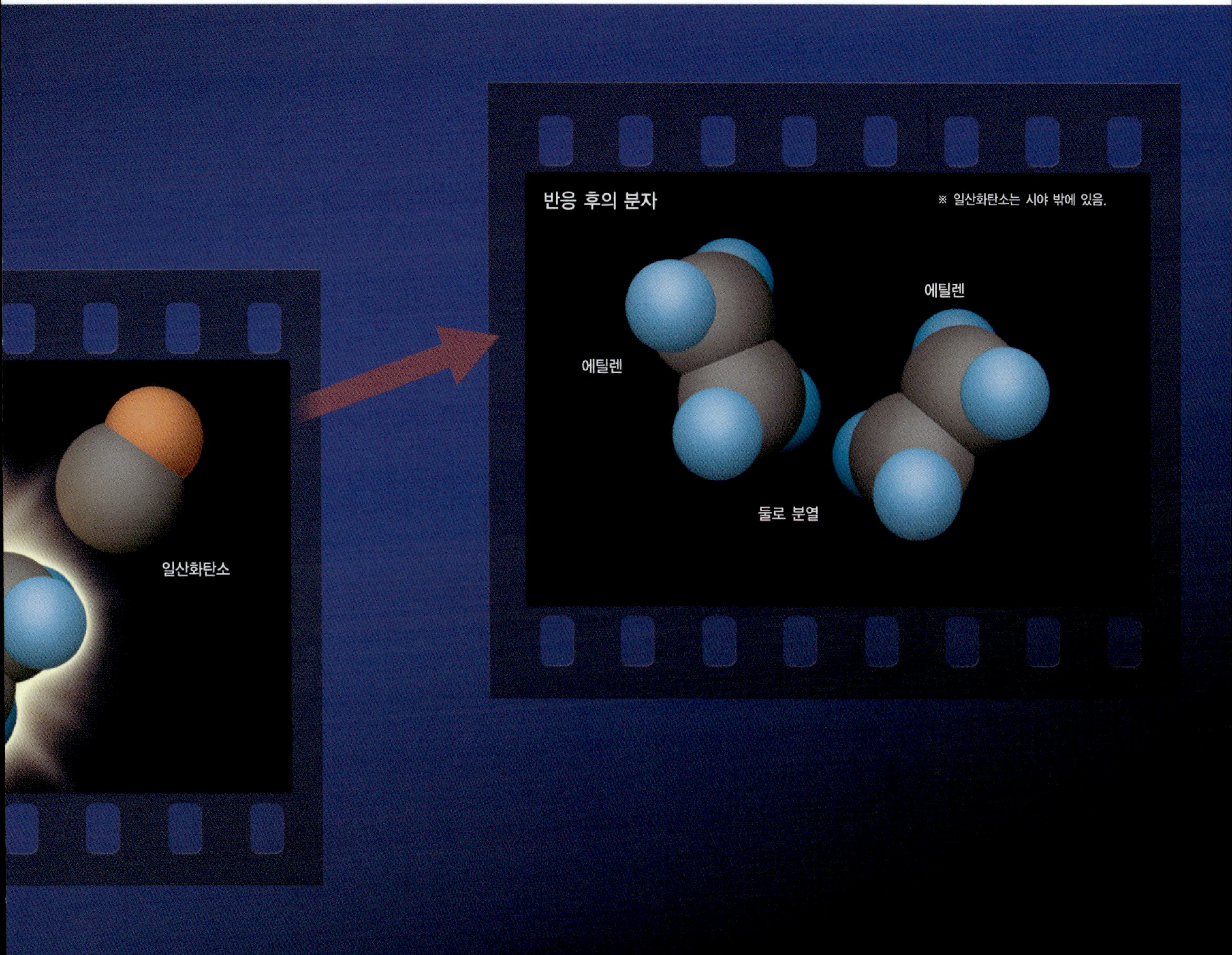

특별 인터뷰

에릭 이펜
Erich P. Ippen
미국 매사추세츠 공과대학 교수

빛의 과학은 생물학, 화학, 물리학 등 폭넓은 분야에 새로운 가능성을 펼친다

21세기의 기술에서 주역의 하나는 '빛'이다. 펨토초 레이저의 개발과 발전에 공헌하고 미국 광학회(OSA) 회장을 역임한 에릭 이펜 박사에게 펨토초 레이저의 응용 가능성을 중심으로 '빛의 과학'의 미래에 대해 들어 보았다.

Newton — 21세기는 빛을 이용하는 '포토닉스(광전자공학)'의 시대라고 일컬어지고 있지요?

이펜 — 포토닉스나 레이저의 기술은 급속히 확대되고 있습니다. 일렉트로닉스(전자공학) 기술은 결코 우리의 세계에서 사라지는 일이 없을 것입니다. 앞으로는 포토닉스가 일렉트로닉스와 손을 잡고, 통신이나 컴퓨터의 분야 등에서 다양한 새로운 가능성을 개척할 것이라는 큰 기대를 가지고 있습니다.

Newton — 빛을 이용하는 이점은 무엇일까요?

이펜 — 컴퓨터와 통신 분야에서 포토닉스의 강점은, 어느 지점에서 다른 지점까지 막대한 양의 정보를 거의 손실 없이 운반할 수 있다는 것입니다.

Newton — 컴퓨터나 통신 기술의 대대적인 대용량화, 고속화를 기대할 수 있다는 말씀이군요?

이펜 — 우리가 하고자 하는 것은 포토닉스의 기술을 컴퓨터에 집어넣어, 전자 칩을 보조하는 일입니다. 전자 칩이 더욱 복잡해지고, 몇십억이나 되는 회로가 탑재되고, 배선이 곳곳에 마구 놓인다면, 컴퓨터 내부의 배선이 기능 향상의 제약 요소가 되고 맙니다. 그러나 빛을 쓰면 정보 전달을 더욱 빨리 할 수 있고, 그 제약이 없어집니다.

Newton — 광섬유를 사용한 통신은 이미 일반적인 것이 되었는데, 빛의 배선이 컴퓨터 내부에 들어가는 셈이군요. 그 밖에 포토닉스의 분야에서 주목되는 연구는 어떤 것입니까?

이펜 — '포토닉 결정(結晶, 142쪽 그림 *1*)'은 매우 자극적인 새로운 연구 테마입니다. 빛의 궁극적인 제어는 실제로 포토닉 결정에 의해 가능해질 것입니다.

Newton — 빛이라고 하면, 엄청난 스피드로 똑바로 진행한다는 이미지가 있습니다. 포토닉 결정을 사용하면, 빛의 진로를 마음대로 휘어지게 할 수 있다고 들었습니다. 앞으로의 연구 진전이 기대됩니다.

레이저의 펄스광으로 세포를 죽이지 않고 수술

Newton — 이펜 교수 자신이 개발하고 발전에 기여한 '펨토초 레이저'도 근년에 주목받는 것으로 알고 있습니다. 펨토초, 즉 1000조분의 1초 동안 정도만 빛나는 펄스광은 상상을 초월합니다.

이펜 — 펨토초의 세계에서는 빛마저 '동결'되어 그다지 멀리 나아가지 못합니다. 그러나 이 정도 시간에도 물질 안에서는 전자가 움직여 다니고 분자가 진동하며, 컴퓨터 칩 내부에서는 전자가 회로 안을 움직여 다니고 있습니다. 펨토초 펄스를 사용하면 이러한 현상을 '중지시켜', 무엇이 일어나고 있는지 조사할 수 있습니다. 현재 펨토초 레이저는 과학 세계에서 매우 널리 이용되고 있습니다.

Newton — '플래시'로서 시간을 멈추게 하는 것 이외에 어떻게 응용할 수 있나요?

이펜 — 펨토초 레이저를 사용하면, 금속에 최소 200nm(1만분의 2mm)의 극히 작은 구멍을 뚫을 수도 있습니다. 초단 펄스광(超短pulse光)을 만드는 일은, 빛을 짧은 시간에 압축하여 가두는 것을 의미합니다. 그래서 짧은 시간만이 초고출력을 얻을 수 있으며, 마법과 같은 효과가 일어납니다. 펨토초의 펄스를 쬐게 되면 물질은 원자 단위에서 뿔뿔이 흩어지게 됩니다. 물질은 불려 날아가고, '불탄 자국'이 만들어집니다. 그러나 펄스광의 강도가 계속되는 것은 극히 단시간뿐이므로, 주위에 여분의 손상이 생기지 않습니다. 그래서 매우 미세한 구멍을 낼 수 있는 것입니다. 예컨대 살아 있는 세포를 죽이지 않고 구멍을 낼 수도 있습니다.

Newton — 세포를 '수술'할 수 있다는 말씀입니까?

이펜 — 펨토초 레이저는 원자핵물리학 분야에도 큰 충격을 주고 있습니다. 펄스광은 매우 강한 전기 마당을 가지고 있으므

인터뷰에서 답하는 에릭 이펜 박사. 펨토초 레이저의 발전에 기여하고, 그 응용 연구를 하고 있다. 미국 광학회(OSA)의 회장을 지냈다.

로, 1펨토초 이하에서 전자를 광속에 가까운 속도까지 가속시킬 수 있습니다.

Newton — 그렇군요. 전자를 가속하는 '가속기'에 응용할 수 있다는 말씀이군요.

조직의 3차원 영상을 촬영

이펜 — 펨토초 레이저의 펄스광을 사용하면, 대상의 3차원 영상을 극히 정밀하게 촬영할 수 있습니다. 3차원 영상 촬영에는 매우 중요한 의학적 용도가 있습니다. 이것은 '빛간섭단층계(-干涉斷層計, Optical Coherence Tomography, OCT)'라는 커다란 분야입니다. 이것은 펨토초 레이저를 이용해 살아 있는 조직, 살아 있는 세포의 3차원 영상을 촬영하는 일입니다.

Newton — 왜 펄스광이 필요한가요?

이펜 — 시간적으로 매우 짧은 펄스를 만들기 위해서는, 매우 넓은 범위의 빛이 필요합니다(**2**). 펨토초의 펄스를 만들려면, 가시광선의 모든 색깔의 빛을 동시에 겹치게 해야 합니다. 이들 모든 색깔의 빛을 동시에 조사하고, 무엇이 일어나고 있는지를 관찰하는 것입니다. 이 광범위한 색깔을 이용하면, 대상의 3차원 영상을 극히 정밀하게 촬영할 수 있습니다.

Newton — 어떻게 해서 3차원 영상을 얻을 수 있습니까?

이펜 — 예컨대 매우 짧은 펄스광이 피부에 닿는다고 가정합시다. 펄스광은 피부의 표면에서 반사하지만, 펄스광의 어느 정도는 피부 속으로 들어갑니다. 피부의 내부는 많은 층으로 되어 있고, 피부에 들어간 펄스광은 작은 펄스광이 되어 부딪쳐 되돌아옵니다. 결국 반사광 안에 포함되는 이들 다양한 펄스광의 '메아리'로부터 피부 내부의 구조를 알 수 있습니다.

Newton — 항공기나 선박 등에서 쓰이는 레이더(전파 탐지기)와 같은 원리로군요?

이펜 — 안과에서는 실제로 큰 실용성을 가지고 있습니다. 눈의 내부에 있는 망막의 3차원 영상을 촬영할 수 있고, 의사는 조직에 문제가 없는지를 조사할 수 있습니다. 이것은 눈에 국한된 일이 아니며, 광섬유로 레이저를 몸 속에 보내면, 다양한 기관의 모든 조직을 조사할 수 있습니다. 장래에 암에 걸릴 것인지에 대해서도 조사할 수 있습니다.

원자시계보다 정확한 초정밀 시계를 향해

Newton — **이펜** 교수는 빛을 이용한 극히 정확한 시계를 만들어 내는 연구를 하고 계시다면서요?

이펜 — 가시광선을 쓰면 극히 정확한 시간을 측정할 수 있습니다. 펨토초 레이저를 이용한 시계는 최근 몇년간 세계 최고의 시계가 되었습니다. 시계가 정확해지면 차량 내비게이션에 사용되는 GPS(위성 위치 확인 시스템)도 더욱 성능이 좋아질 것입니다.

Newton — 어떻게 해서 가시광선으로 정확한 시계가 만들어지나요?

이펜 — 펨토초 레이저를 쓴 시계의 메커니즘은 대단히 복잡하므로 여기에서는 상세한 설명은 피하겠습니다. 정확한 시계란 '정확한 타이밍'이라고 할 수 있습니다. 모든 시계는 '진자(흔들

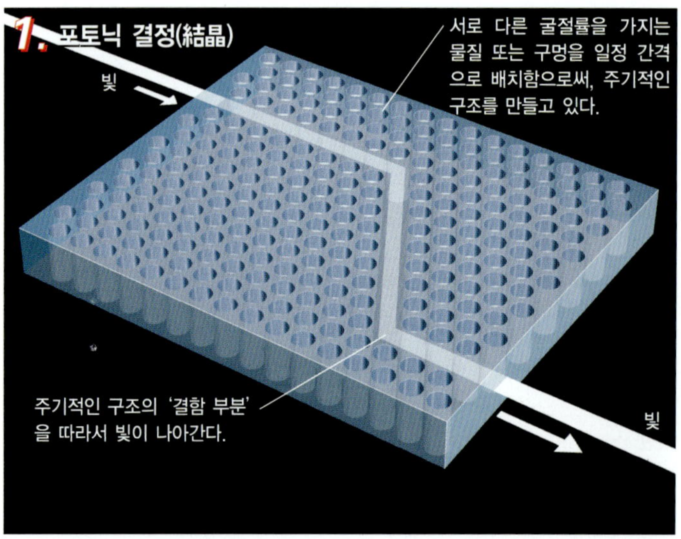

위의 그림은 포토닉 결정(結晶)의 예이다. 포토닉 결정은 서로 다른 굴절률의 물질을 교대로 주기적으로 배열시킨 구조의 재료를 말한다. 위의 예에서는 주기적 구조를 가지는 부분은 빛이 지나가지 못하도록 되어 있으며, 주기적 구조의 '결함 부분'을 따라서 빛이 나아간다. 포토닉 결정은 빛의 진로 등을 자유로이 조종할 수 있는 기술로, 근년에 주목받고 있다. 그 분야에서는 일본이 연구를 선도한다고 한다.

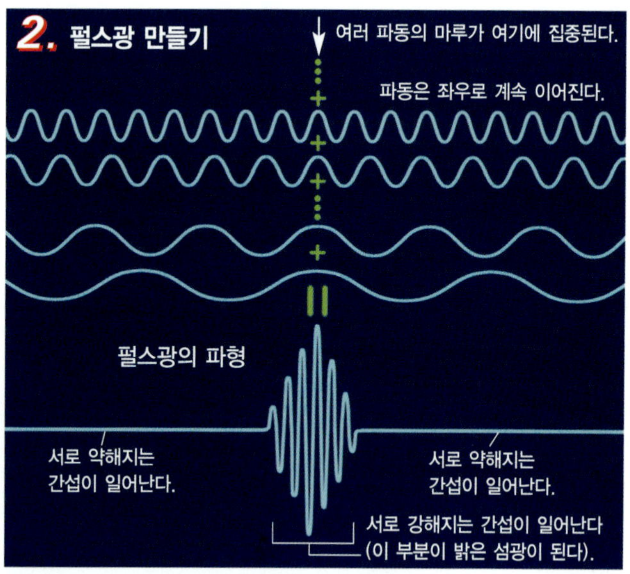

펄스광은 다양한 파장의 빛이 겹침으로써 만들어진다. 위의 그림 한가운데서는 모든 파장의 빛의 마루가 모이며, 서로 강해지는 간섭이 일어난다. 중심에서 멀어지면 다양한 파장의 빛이 겹쳐져, 서로 약해지는 간섭이 일어나 상쇄된다.

이)'와 '톱니바퀴'를 가지고 있습니다. 진자는 정확한 진동수(1초 동안의 진동 횟수)를 가지며, 톱니바퀴는 초침을 움직입니다. 더 정확한 시계를 만들고 싶다면, 더 높은 진동수의 진자를 써야 합니다. '수정시계(水晶時計 : 진자 대신 진동하는 수정을 쓰는 시계)'는 진자시계보다 정확한데, 그것은 수정의 진동자(振動子)가 1초당 더 많이 진동하기 때문입니다(3).

Newton — 정확한 시계에는 높은 진동수가 필요하군요?

이펜 — 예. 현재 시간의 기준이 되는 것은 '세슘 원자시계'입니다(3). 그 진동수는 약 9.2GHz(기가헤르츠. G는 10억, Hz는 진동수의 단위로, 1초당 진동 횟수)입니다.

Newton — 원자시계는 세슘 원자가 가지는 고유 진동수(104쪽)와 그 진동수에 일치하는 마이크로파를 진자 대신 이용하고 있다지요?

이펜 — 가시광선은 마이크로파의 진동수보다 훨씬 높아, 10~100만 배 이상의 진동수를 가지고 있습니다. 결국 가시광선을 쓰면 100만 배 정도 정확한 시계가 되는 셈입니다. 이미 실험실 수준에서는 가시광선을 이용한 세계 최고 성능의 시계가 나오고 있습니다.

Newton — 원자시계는 수천만 년에 1초밖에 틀리지 않는다고 들었습니다. 그 원자시계를 웃돌다니……. 빛을 자유자재로 제어할 수만 있다면, 그와 같은 정확한 시계를 만들 수 있군요.

이펜 — 이러한 극히 정확한 시계 하나를 이 방에 놓고, 또 하나의 시계를 아래층의 내 사무실에 가져간다고 생각해 보지요. 1시간이 지나면 두 시계는 같은 시각을 가르키지 않게 됩니다. 이것은 두 층 사이에 '중력 마당(중력장)'의 차이가 있기 때문입니다. 이것은 상대성 이론의 효과에 의해 일어나는 현상입니다. 중력 마당의 시간에 대한 영향으로, 아래층 시계가 위층 시계보다 느려집니다. 시계가 더욱 정확하게 되면, 마침내는 손과 발에서도 시간이 달라집니다.

Newton — '중력에 의해 시간의 진행이 느려진다.'는 상대성 이론의 효과가 간단히 체험된다는 말씀이군요!

펨토초를 넘어, '아토초'의 세계로

이펜 — 우리는 이미 펨토초보다 더 짧은, '아토초(atto秒)'의 영역으로 나아가고 있습니다(1아토초는 1펨토초의 1000분의 1). 아토초 동안만 '빛나는' X선 펄스입니다. 이것을 쓰면, 생물 분자의 구조를 조사할 수도 있습니다. 그들을 3차원으로 시각화하고, 그 움직임을 매우 짧은 시간 단위로 관찰하게 될 것입니다.

Newton — 펨토초도 상상을 초월하는데, 그 1000분의 1의 세계라니……! 현대 과학이 어마어마한 영역에 발을 들여놓는 상황이 되는군요.

이펜 — 아토초 X선 펄스를 쓰면, 앞으로 어떤 일이 가능해지는가는 확실하지 않습니다. 하여간 아토초 테크놀로지는 이제부터 개척해 나가야 할 새로운 연구 영역입니다. 중요한 것은 계속 전진해야 한다는 사실입니다.

Newton — 아토초의 펄스를 가시광선으로 만들 수는 없습니까?

이펜 — 펄스를 짧게 하기 위해서는, 더욱 짧은 파장의 빛을 사용해야 합니다. 예를 들면 빨간색 가시광선으로 펄스를 만드는 경우, 그 파장보다 짧은 펄스는 만들 수 없습니다. 결국 어떤 파장의 빛으로 만드는 가장 짧은 펄스는, 반드시 그 파장과 거의 같은 정도가 됩니다. 가시광선에서는 2펨토초 정도가 그 한계입니다. 그래서 아토초의 펄스는 더 파장이 짧은 X선이나 감마선이 될 것입니다.

Newton — 빛의 광학에 흥미를 가지는 독자에게 한 말씀 해 주시지요.

이펜 — 포토닉스는 다양한 일을 가능하게 하는 테크놀로지이며, 지금 특히 자극적인 분야라고 하겠습니다. 빛의 과학은 생물학, 화학, 물리학 등 많은 과학의 분야에 걸쳐 있습니다. 포토닉스는 다양한 분야의 새로운 가능성을 개척해 나갈 것입니다. 아직도 연구해야 할 일이 많이 남아 있습니다.

Newton — 대단히 감사합니다.

3. 시계에 필요한 '진자'

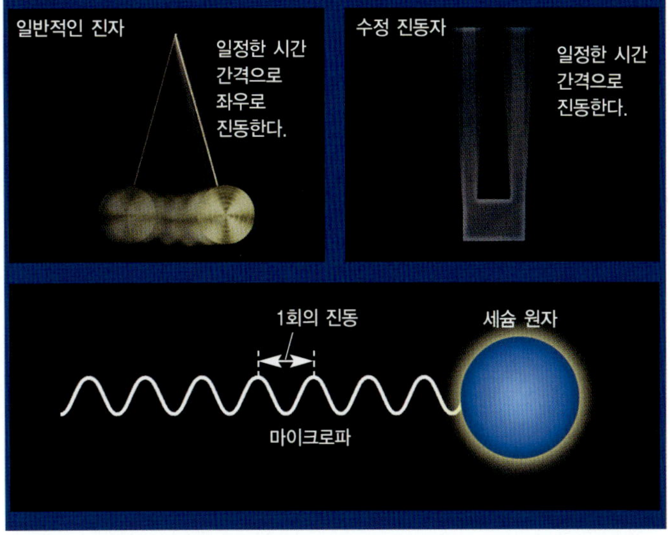

옛날 시계는 진자의 규칙적인 진동을 이용해 시간을 정했다. 수정시계(水晶時計)는 수정의 진동자를 이용한다. 수정 진동자에 전압을 걸면 일정한 간격으로 진동하므로, 이것을 진자 대신 쓴다. 원자시계는 세슘 원자가 흡수하는 마이크로파를 이용한다. 이 마이크로파가 91억 9263만 1770회 진동하는 시간을 1초로 하고 있다.

자전거로 추월할 수 있을 정도로 느린 빛이 실현되었다!

미국의 하버드 대학 교수인 레네 하우 박사팀은 1999년 빛을 초속 17m까지 감속시키는 데 성공했다. 진공 속을 나아가는 광속의 약 1800만분의 1에 해당하며, 놀랍게도 자동차로도 추월할 수 있는 빠르기이다(1). 그 후 빛을 자전거로 추월할 수 있는 정도까지 감속시키는 데도 성공했다. 여기에서는 간단히 개략적인 내용을 소개한다(2).

절대 온도 0°(−273.15℃) 가까이 극저온으로 냉각시킨 나트륨 원자의 '구름'※1에, **진동수를 절묘하게 조절한 레이저광('제어용 레이저광'**이라 한다.)을 쬐면, 원자의 구름에 신비한 일이 일어난다. 이 원자의 구름에 다른 방향에서 제어용 레이저와는 다른 레이저의 펄스광을 쬐면, **펄스광의 속도가 원자의 구름 안에서만 극단적으로 느려진다.** 펄스광의 속도는 펄스광이 검출기에 도달할 때까지 걸리는 시간으로부터 구할 수 있다.

신기한 이야기이지만 감속의 메커니즘은 펄스광 만드는 방법에 있다. **펄스광은 조금씩 파장이 다른 수많은 빛의 겹침으로써 실현된다**(3). 펄스광을 만드는 수많은 빛은 3의 화살표 위치에서 마루의 위치가 집중된다. 그래서 겹쳐지게 하면 이 위치에 가장 큰 마루를 가진 펄스광이 생기는 것이다. 펄스의 폭보다 바깥쪽은 수많은 빛이 간섭(36쪽)에 의해 서로 소멸된다. 3의 수많은 파장의 빛이 모두 같은 초속 30만 km로 나아가면, '다수의 파동이 겹쳐 서로 강해지는 곳' 즉 펄스광도 초속 30만 km로 나아간다.

그러나 **원자의 구름 안에서는 파장에 따라 빛의 속도가 서로 달라져 있다.** 이 경우, '다수의 파동이 겹쳐 서로 강해지는 곳(펄스광의 정점)'은 속도가 완전히 집중된 경우에 비해 진행 방향의 뒤쪽에서 어긋나게 된다. 즉 펄스광이 감속되는 것이다(4).

진동수를 절묘하게 조절한 '제어용 레이저광'을 쬔 원자의 구름 안에서는 '파장에 따라 빛의 빠르기가 현저하게 변한다.'는 특수한 상황이 만들어진다※2. 그 결과 감속의 효과가 매우 커져 펄스광의 빠르기는 진공 속의 1800만분의 1이라는 극단적으로 느려진다.

※1 : '보스-아인슈타인 응축체'라는 특수한 가스 모양의 상태.

※2 : 양자역학을 바탕으로 하는 특수한 효과를 이용한다.

1. 자동차나 자전거보다 느린 빛

상상할 수 없을 정도의 느린 속도로 나아가는 펄스광

2. 빛을 느리게 하는 실험의 개념도

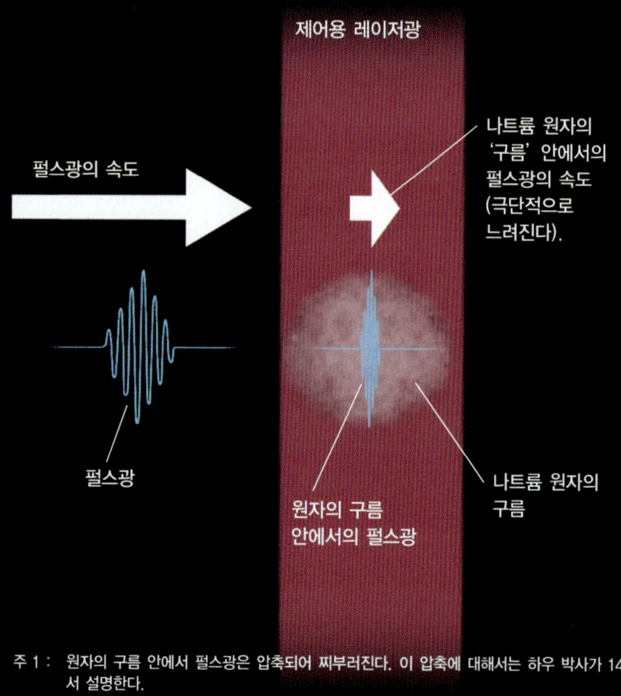

주 1 : 원자의 구름 안에서 펄스광은 압축되어 찌부러진다. 이 압축에 대해서는 하우 박사가 148쪽에서 설명한다.

주 2 : 실제로 펄스광은 그림의 화살표로 표현한 것보다 훨씬 극단적으로 늦어진다(약 1800만분의 1). 또 펄스의 폭도 그림보다 더 극단적으로 압축된다.

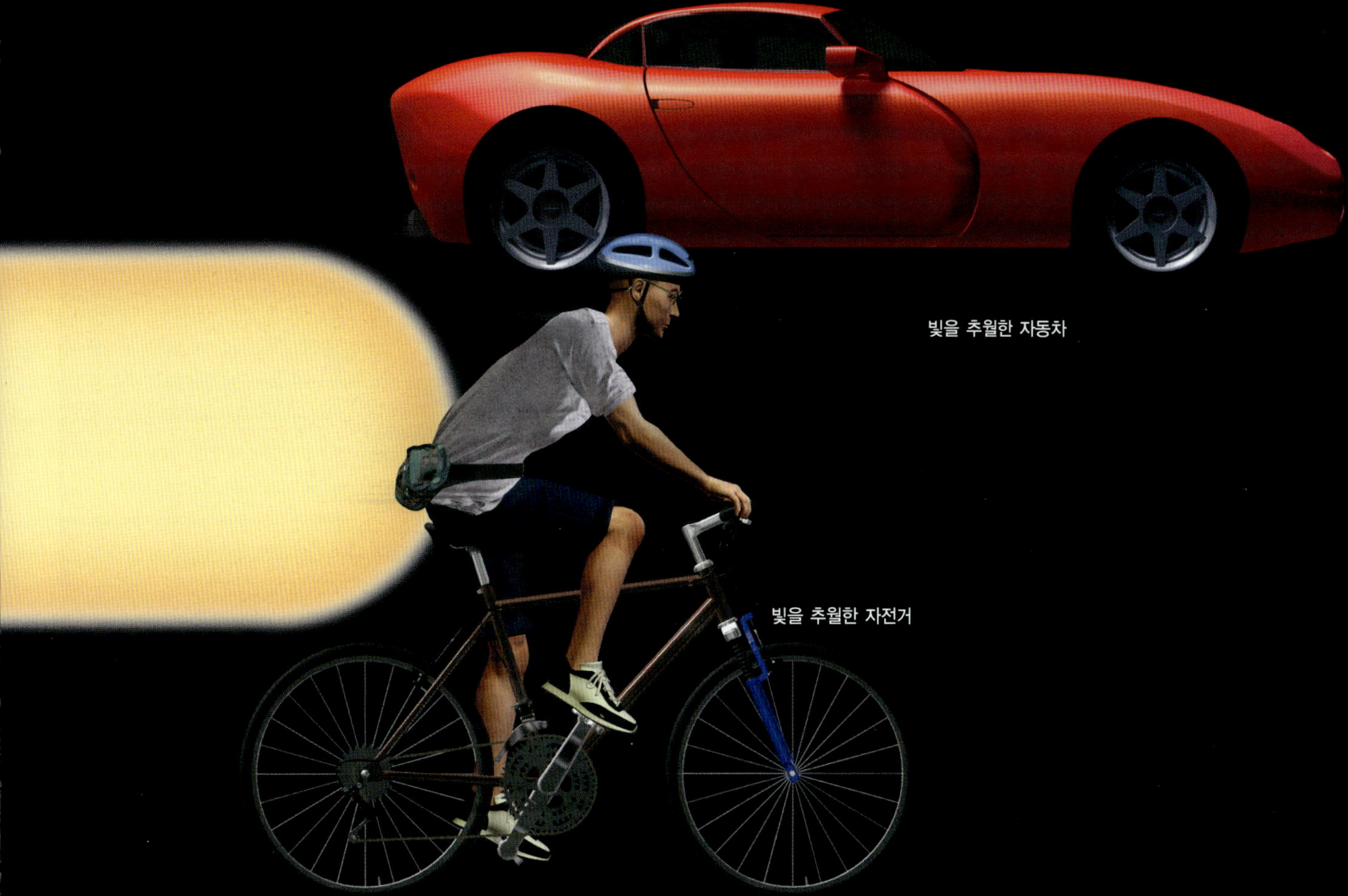

3. 펄스광은 파장이 다른 다수의 파동의 중첩

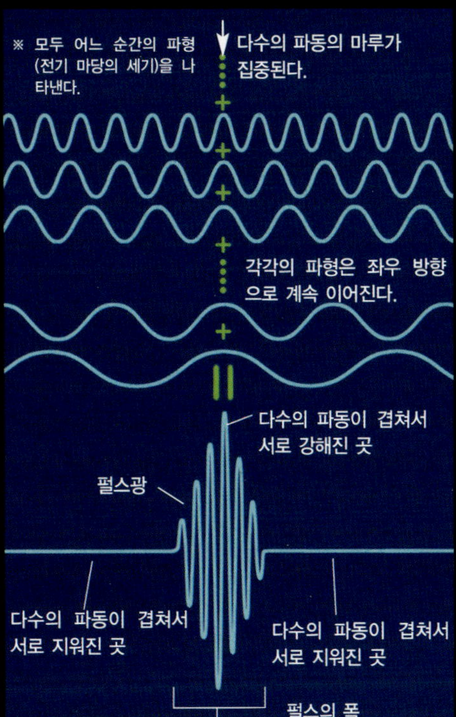

4. 펄스광의 속도는 펄스광을 만들고 있는 빛의 속도와는 다르다

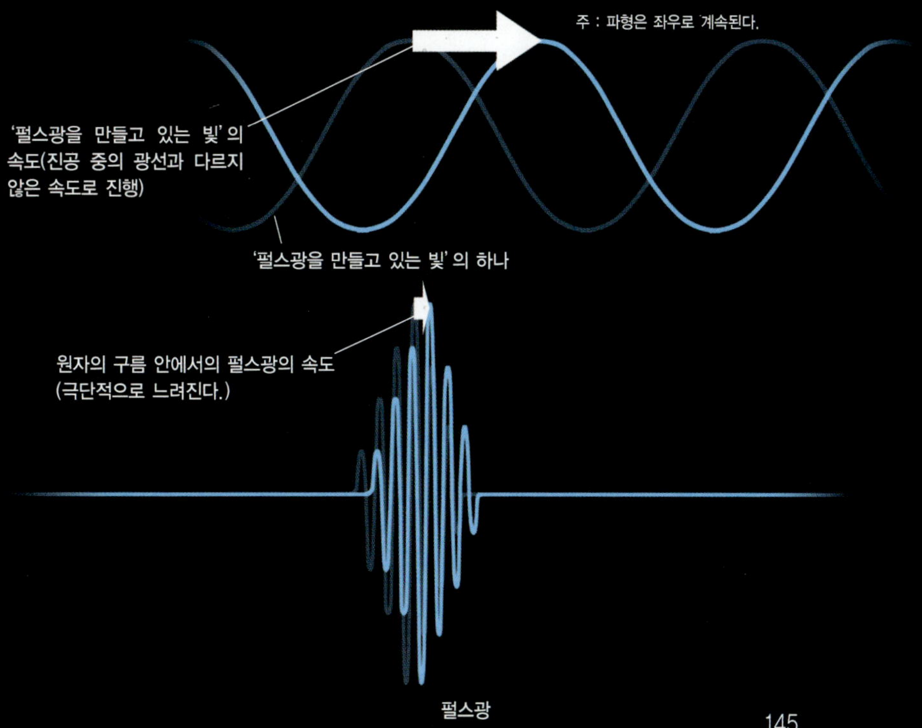

특별 인터뷰

인터뷰에 응하는 레네 하우 박사. 극저온에서 빛을 자유자재로 다루는 연구로 세계의 주목을 받는 연구자이다. 영국의 권위 있는 과학 논문지 〈nature〉 2007년 2월 8일호에서도 '극단적으로 느린 빛'과 관련한 연구로 표지를 장식했다.

빛을 자유자재로 조작하는 시대가 왔다

레네 하우
Lene Vestergaard Hau
미국 하버드 대학 교수

빛이라고 하면 '눈에 보이지 않는 빠르기로 나아간다.'는 인상이 강하지만, 레네 하우 박사팀은 그 상식을 뒤엎어 버렸다. 빛을 자전거의 속도까지 떨어뜨린 것이다. 이 실험 결과는 무엇을 의미할까? 그리고 어떤 과학 기술로 발전해 갈지, 하우 박사에게 들어 보았다.

'자전거보다 느린 빛'의 최초 목격자

Newton — 빛을 극단적으로 느리게 하는 실험을 시작하게 된 경위를 가르쳐 주십시오.

하우 — 처음에는 극저온까지 냉각한 특수한 원자 집단에 레이저광을 쬐면 어떤 일이 일어날지 조사했습니다. 그 과정에서 원자 집단 중에 아주 느린 빛을 만들어 낼 수 있지 않을까 하는 아이디어를 떠올렸습니다. 물론 아이디어를 떠올리는 일과 그것을 연구실에서 실현하는 일은 전혀 별개입니다. 1년간 이 문제에 몰두해 연구하면서 어떻게 잘 할 수 없을까, 어떻게 하면 잘 될까 계속 생각했습니다.

Newton — 빛의 극단적인 감속에 처음으로 성공한 것은 언제입니까?

하우 — 1998년 3월 어느 날, 처음으로 빛이 약간 감속하는 것이 관측되었습니다. 한밤중인 4시였습니다. 그리고 1998년 여름의 어느 시점에 비행기 속도까지 떨어뜨릴 수 있었습니다.

Newton — 일상적인 감각으로 말하면 비행기는 매우 빠르지만, 지구를 1초 동안에 일곱 바퀴 반 돌 수 있는 본래의 광속을 기준으로 보면 아주 느린 것이지요.

하우 — 나는 그 실험을 하는 중에 강의 약속이 되어 있어서, 덴마크 코펜하겐의 '닐스 보어 연구소'로 갔습니다. 그 비행기가 이륙했을 때 '지금 펄스광을 보낸다면, 그 펄스광은 나보다 1시간 늦게 도착할 거야.'라고 생각했습니다. 코펜하겐에서 1주일간 지내고 나서 서둘러 돌아가 연구를 계속해, 9월에는 빛을 자전거의 속도까지 떨어뜨릴 수 있었습니다. 나는 인간이 이동하는 것과 같은 속도로 움직이는 빛을 본, 역사상 최초의 인간이 되었습니다. 빛의 속도를 자전거로 앞지를 수 있을 정도까지 감속시키는 체험은 놀라운 것이었습니다.

Newton — 빛과 경주해 이긴다는 것은 매우 불가사의한 이야기로군요.

펄스광은 느려지는 동시에 강하게 압축된다

Newton — 빛을 느리게 하는 실험에 왜 극저온(원자가 거의 멈춘 상태)의 '원자의 구름'이 필요합니까?

하우 — 일상적인 온도에서 원자의 운동 속도는 매우 빠릅니다. 그러므로 원자가 레이저광 안을 움직이면 '도플러 효과'가 일어납니다. 이것을 피하기 위해 극저온이 필요합니다.

Newton — 도플러 효과는 구급차의 사이렌에서 실감할 수 있지요(다음 페이지의 1). 구급차가 가까이 올 때는 음파의 진동수가 높아지므로 높은 음으로 들리고, 멀어질 때는 진동수가 낮아지므로 낮은 음으로 들립니다. 빛도 파동이므로, 같은 현상이 일어나겠네요. 이 경우는 반대로, 빛의 파동의 발생원(레이저)은 멈추어 있고, 원자 쪽이 움직이고 있겠습니다만.

하우 — 일상적인 온도에서는 원자가 다양한 속도, 다양한 방향으로 움직이고 있으니까, 각각의 원자는 그 레이저광을 실질적으로 다른 진동수(파장)의 빛으로 '느끼는' 셈이 됩니다(원자마다 도플러 효과의 정도가 다르다). 이것이 원자 집단 안에서 빛을 느리게 하는 효과를 없애 버립니다.

Newton — 레이저광의 진동수가 모든 원자에서 같아야만, 빛이 느려지는군요. 그런데 유리 안에서도 빛의 속도는 몇 퍼센트인가 느려집니다(10쪽). 교수는 이것과는 원리적으로 다른 실험을 하고 있습니까?

하우 — 유리의 굴절률은 진공의 굴절률보다 조금 높으므로, 유리 안에서는 빛을 조금 느리게 할 수 있습니다. 그러나 우리는 굴절률이 아주 큰 물질을 만들어 냄으로써 빛의 속도를 떨어뜨리는 것은 아닙니다. 우리는 완전히 다른 내용의 일을 하고 있습니다(145쪽의 3, 4 참조).

Newton — 유리 안에서의 빛의 감속과는 원리적으로 다른 것을 하고 있군요.

하우 — 원자 집단 안에서, 펄스광이 속도를 떨어뜨릴 때 펄스광은 공간적으로 압축됩니다. 원자 집단의 '구름'의 길이는 약 0.1mm입니다. 펄스광의 앞쪽 끝이 구름으로 들어가기 시작하면 속도가 떨어지기 시작하지만, 펄스광의 뒤쪽은 아직 밖에 있어서 보통의 광속으로 움직이고 있으므로, 바로 펄스광의 앞쪽 끝으로 쫓아가는 것입니다.

Newton — 어느 정도 압축되나요?

하우 — 펄스광은 처음에 2km 정도의 폭을 가지고 있지만, 머리카락 지름의 절반 이상 정도까지 압축되어, 원자 집단의 구름 안에 완전히 들어갑니다.

Newton — 빛이 자전거 정도로 아주 느려지면 그런 불가사의한 일이 일어나는군요.

펄스광의 정보를 원자의 구름에 복사한다

하우 — 빛을 느리게 하는 실험에서 더욱 진전해, 원자의 구름 안에서 펄스광을 '저장'하고 시간을 조금 두고 펄스광을 되살리는 데도 성공했습니다. 원자의 구름에 펄스광의 '홀로그램'을 새겨 넣는 것입니다. 펄스광을 아주 높은 정밀도로 되살릴 수 있습니다.

Newton — 홀로그램은 단순한 사진 필름이 아니라 물체의 3차원 정보를 기록한 필름으로, 빛을 쬐면 입체 영상을 재생할 수 있는 것이지요?

하우 — 펄스광이 감속해 압축되어서 원자의 구름 안에 갇힐 때, 제어용 레이저광을 갑자기 차단합니다(2). 그러면 펄스광은 강제로 멈추고, 펄스광 자체가 사라져 버립니다. 그러나 원자에 새겨진 홀로그램은 없어지지 않으므로, 펄스광의 정보는 유지됩니다. 조금 후에 제어용 레이저의 스위치를 다시 넣으면 그 펄스광을 되살릴 수 있습니다.

Newton — 펄스광이 사라지거나, 되살아나는 일은 매우 신기하군요.

하우 — 우리의 실험 시스템에서는, 빛의 속도를 다이내믹하게 바꿀 수 있습니다. 또 원자 집단 안에서 사라진 펄스광을 재생할 때, 전부가 아니고 펄스광을 2개 또는 3개의 작은 부분으로 나누어 재생할 수 있습니다.

Newton — 빛을 자유로이 조작한다는 뜻입니까?

하우 — 그렇습니다. 펄스광의 길이를 바꿀 수도 있지만, 진폭을 바꾸는 것도 가능합니다. 이 시스템에서는 펄스광의 다이내믹한 조작이 가능합니다.

Newton — 극저온의 물질을 사용하지 않고, 도플러 효과의 영향을 잘 피해서 빛을 극단적으로 느리게 하는 일은 불가능합니까?

하우 — 우리의 실험 결과에 이어서, 온도가 높은 가스나 상온의 결정(結晶) 등으로 빛을 느리게 하는 데 성공한 연구실도 있

1. 도플러 효과

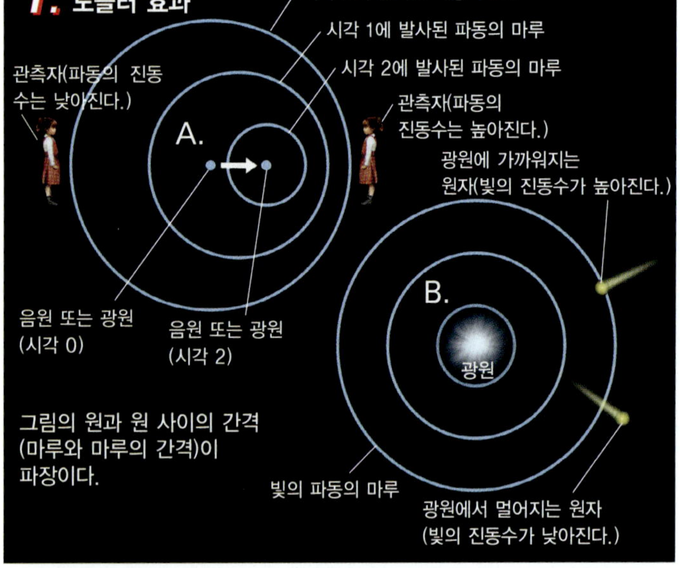

A : 음원이나 광원이 관측자에 가까워질 때, 파동의 마루가 빽빽해지므로 진동수가 높아진다. 음원이나 광원이 멀어질 때는 진동수가 낮아진다.
B : 원자가 광원을 향해 나아갈 때, 원자에서 보면 광원이 가까워지는 것과 같으므로, 원자에서의 빛의 진동수는 높아진다. 반대로 광원과는 반대 방향으로 원자가 나아갈 때, 원자에서의 빛의 진동수는 낮아진다.

2. 펄스광의 정보는 원자의 구름에 새겨진다

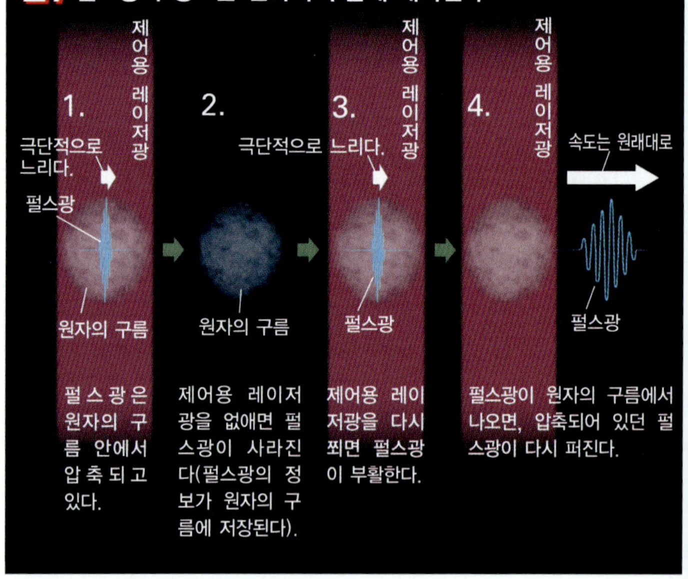

펄스광이 원자의 구름 안에 있는 동안, 제어용 레이저광을 없애면 펄스광이 사라진다(1, 2). 이때 펄스광이 가지고 있던 정보는 원자의 구름 안에 저장된다. 다시 제어용 레이저광을 쬐면 펄스광이 부활해 밖으로 나온다(3, 4). 펄스광은 원자의 구름 안에 있을 때는 압축되어 있지만, 밖으로 나오면 퍼진다.

습니다. 그들은 다양한 시스템으로, 열심히 연구하고 있습니다.

블랙홀을 시뮬레이션

하우 — 우리가 만들어 낸 원자의 구름은 매우 기묘한 굴절률의 특성을 가집니다. 실은 이 원자의 구름은 아인슈타인이 일반 상대성 이론에서 예언하고 있는 '휘어진 시공간(시간과 공간)'에 매우 가까운 것입니다.

Newton — 거대한 중력을 가진 블랙홀 가까이에서는 공간이 휘어져 있으므로, 빛의 진행 방향이 휘어진다는 이야기로군요(3). 하우 교수팀이 만들어 낸 원자의 구름과 휘어진 공간은 어떤 점이 비슷한가요?

하우 — 우리 시스템은 일반 상대성 이론에 기술된 중력 마당과 수학적으로 같고, 완전한 유사성이 있습니다. 원자 집단 속의 원자들을 작은 회오리바람처럼 회전시킴으로써 블랙홀의 유사물을 만들 수 있다고 제안되어 있습니다.

Newton — 말하자면 축소판 블랙홀을 실험실에서 만들어, 블랙홀이 빛을 빨아들이는 모습을 시뮬레이션할 수 있다는 말씀입니까?

하우 — 그렇습니다. 물론 그것이 블랙홀과 같다고 할 수는 없지만, 매우 비슷한 특성을 가졌을 가능성이 있습니다.

양자 컴퓨터의 실현으로 이어질 성과

Newton — 하우 교수의 연구는 종래의 컴퓨터와는 완전히 다른 원리로 움직이는 '양자 컴퓨터'의 실현으로도 연결되겠군요? 양자 컴퓨터가 실현되면 종래의 컴퓨터로는 몇만 년이나 걸리는 계산을 순식간에 마칠 수 있다고 들었습니다.

하우 — 빛을 이용한 양자 컴퓨터는 빛에 정보를 실어 '양자 비트'로 이용합니다.

Newton — 종래의 컴퓨터에서 정보의 최소 단위인 '비트', 즉 디지털의 '0'과 '1'을 대신하는 것이 양자 비트*이지요?

하우 — 빛은 조작하기가 매우 어렵다는 문제점이 있습니다. 그러나 우리의 방법으로 하면, 정보를 실은 펄스광을 물질로 '교환'할 수 있습니다. 물질의 형태로 된 정보는 조작하기 쉬워집니다.

Newton — 그렇군요. 앞에서의 방법으로 펄스광의 정보를 원자 집단에 끼워 넣으면, 그 후 원자 집단 쪽에 조작을 가하는 것이군요?

하우 — 펄스광을 원자 집단 안에서 되살리면, 물질에 조작된 변경은 펄스광의 변경으로 나타납니다. 이와 같이 해서 양자 컴퓨터의 계산이 이루어집니다.

Newton — 양자 컴퓨터 이외에 응용할 가능성도 있습니까?

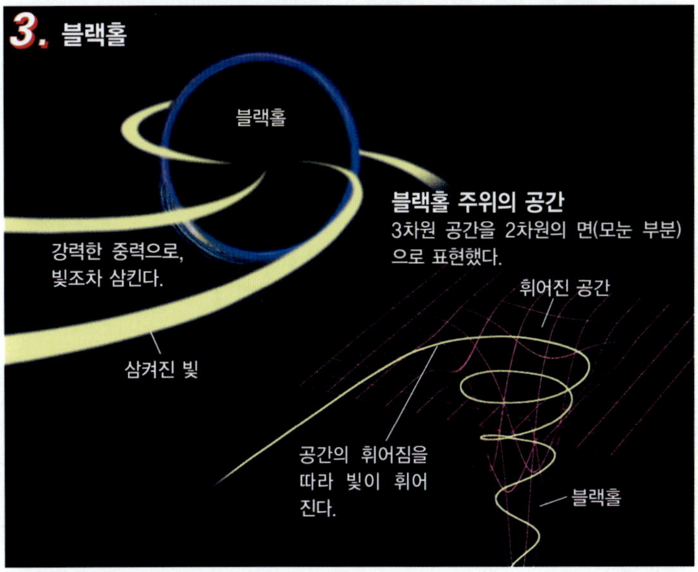

블랙홀은 강력한 중력으로, 빛조차 삼켜 버리는 천체이다. 블랙홀 가까이에서는 '공간이 휘어져 있다.'고 한다. 공간의 휘어짐은 그림으로 나타낼 수 없으므로, 위의 그림 오른쪽에서는 공간을 평면으로 표현하고, 그 휘어짐을 시각화했다. 빛은 공간의 휘어짐을 따라 나아가기 때문에 블랙홀에 빨려들어간다.

하우 — 광통신에 응용할 수 있으리라 생각합니다. 빛에 실은 정보를 조작하는 경우, 일반적으로는 그것을 읽어 전기 신호로 하고, 그 전기 신호를 조작한 다음, 다시 빛으로 변환해서 되돌리는 일을 합니다. 그 처리 중에 펄스광이 가진 정보는 일부 없어져 버립니다. 그러나 우리의 시스템에서는 펄스광의 완전한 복사물을 만들 수 있어서, 빛의 진폭이나 위상(파동의 마루와 골의 위치를 정하는 양) 등의 정보도 사라지지 않습니다. 중요한 점은, 우리가 완전히 새로운 영역에 발을 들여놓는다는 것입니다. 새로운 응용 가능성이 생겨날 것으로 기대되기 때문이지요.

Newton — 하우 교수의 연구는 단순히 빛을 극단적으로 느리게 했다는 것뿐만 아니라, 빛이 가지고 있는 정보를 물질로 변환함으로써 완전히 새로운 과학의 세계를 창조한 것이로군요. 앞으로의 발전을 기대하겠습니다. 대단히 감사합니다.

* 양자 비트는, 양자 컴퓨터에서 사용되는 정보의 최소 단위이다. 종래의 컴퓨터의 비트는 '0'과 '1' 중 한쪽을 취한다. 한편 양자 비트는 '0'과 '1'의 중간 상태(더욱 정확하게는 양자 역학적인 겹침의 상태)를 취할 수 있다.
종래의 컴퓨터에서는, 예컨대 '00' '01' '10' '11'의 네 가지 데이터를 4회로 나누어 입력해, 따로따로 계산해야만 한다. 그러나 양자 비트는 이것들을 동시에 입력해서 동시에 계산할 수 있다. 이와 같은 '초병렬 처리'가 가능하기 때문에, 양자 컴퓨터는 종래의 컴퓨터를 훨씬 웃도는 속도로 계산할 수 있다고 한다.

이 코너에서는 '박사와 학생의 대화'를 통해 빛에 관해 더욱 깊이 이해하는 것을 돕는다.

Q10 빛의 빠르기는 불변이며, 자연계의 최고 속도가 아닌가?

학생 — 상대성 이론의 이야기에서 '광속도 불변의 원리'(*a*, *b*)라는 것을 들은 적이 있습니다. '빛의 속도는 초속 30만 km이며 언제나 변함이 없다.'고 기억하는데, 물 속에서는 빛의 속도가 느려진다고 하니 혼란스럽습니다(Q2 참조).

박사 — **광속도 불변의 원리는 '진공 속에서 빛의 빠르기는 어떤 관측자가 보더라도 언제나 일정하다.'는 것을 의미합니다. 그러므로 물 속에서 빛의 속도가 느려지는 것과는 모순되지 않습니다.**

물 속에서는 빛을 추월하는 것도 가능

학생 — '광속은 자연계의 최고 속도'라는 이야기도 들은 적이 있습니다. 물 속에서는 빛의 빠르기가 초속 22.5만 km까지 느려진다면, 물 속에서의 최고 속도는 초속 22.5만 km라는 뜻입니까?

박사 — 그렇지 않습니다. **물 속에서 뛰어넘을 수 없는 자연계의 최고 속도는 초속 30만 km(진공 속에서의 광속)이지, 물 속에서의 빛의 속도가 아닙니다.** 예컨대 우주에서 날아오는 방사선인 '우주선(宇宙線)' 가운데는 물 속에서의 빛의 빠르기를 뛰어넘을 정도로 빠른 속도의 입자가 실제로 존재합니다. 그러나 우주선의 입자도 자연계의 최고 속도인 초속 30만 km를 넘을 수는 없습니다.

학생 — 물 속이라면 빛을 추월할 수 있다는 것이로군요.

박사 — 전자 등 전기를 띤 입자가 물 속에서의 빛의 빠르기를 뛰어넘을 때는 재미있는 현상이 일어납니다. 입자가 '체렌코프광'이라는 빛을 복사(輻射)하는 것입니다.

학생 — 2002년도 노벨 물리학상을 수상한 일본의 고시바 마사토시(小柴昌俊) 박사의 연구로 유명한 중성미자 관측 장치 '카미오칸데'나 '슈퍼 카미오칸데'에서는 그 체렌코프광을 관측하지요?

박사 — 그렇습니다. 우주에서 날아온 중성미자라는 입자가 물 분자와 충돌하면 물 분자 속의 전자가 튀어나옵니다. 이 전자의 속도가 물 속의 빛의 속도를 뛰어넘어 체렌코프광을 복사합니다. 이 체렌코프광을 관측 장치로 포착함으로써 간접적으로 중성미자가 온 것을 알 수 있습니다.

학생 — 이 책의 146~149쪽에서는 하버드 대학의 레네 하우 박사가 '자전거보다 느린 빛'을 실현했다고 하는데, 광속도 불변의 원리와 모순되는 것은 아닌가요?

박사 — 하우 박사는 절대 온도 0°(온도의 하한, −273.15℃)에 매우 가까운 극저온 나트륨 가스 속에서 빛의 속도를 자전거보다 느리게 하는 데 성공했습니다. 이 실험으로 진공 속에서의 광속이 바뀐 것은 아닙니다. 가령 하우 박사가 실현한 '느린 빛'을 자전거로 추월했다고 하더라도, 광속도 불변의 원리나 상대성 이론과 모순되는 것은 아닙니다.

주 : 의문점(Q)에 대한 답(A)에 해당하는 부분을 굵은 글자로 나타냈다.

a. 광속은 초속 30만 km

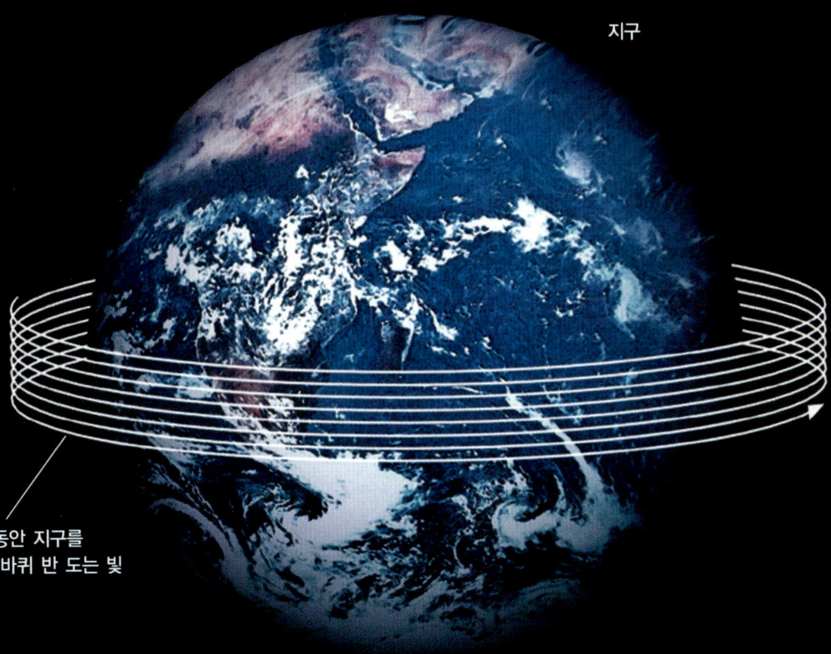

진공 속에서의 광속은 초속 30만 km (정확하게는 초속 29만 9792.458km)이다. 지구의 둘레가 약 4만 km이므로 빛은 1초 동안 지구를 일곱 바퀴 반 돌 수 있는 셈이다(*a*). 아인슈타인의 상대성 이론에 의하면, 진공 속에서의 광속은 관측자나 광원의 운동에 관계 없이 언제나 일정하다. 이것을 '광속도 불변의 원리'라고 한다(*b*).
즉 관측자가 아무리 빠른 속도로 운동하더라도 광속은 초속 30만 km로 관측되며, 광원이 아무리 빠른 속도로 운동하더라도 광속은 초속 30만 km로 관측되는 것이다.
그리고 관측자와 광원 양쪽 모두 운동하고 있는 경우라도 광속은 반드시 초속 30만 km로 관측된다. 예컨대 시속 40km로 다가오는 자동차에 대해 시속 10km의 자전거로 맞은편에서 달려가면, 자전거를 탄 관측자에서는 자동차의 속도가 시속 50km로 보인다. 그러나 광속도 불변의 원리에 의하면 빛에 관해서는 이런 단순한 '빠르기의 덧셈'은 성립하지 않는다. 이 신기한 원리를 토대로 상대성 이론이 만들어졌다.

b. 광속도 불변의 원리

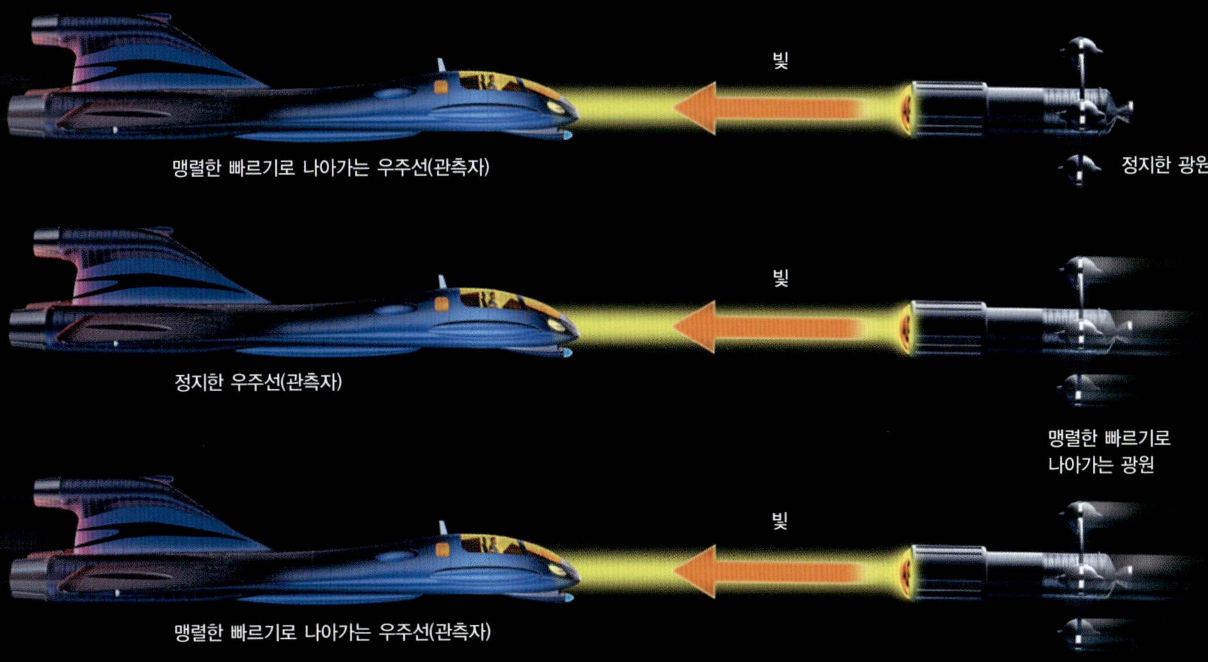

어느 경우라도 관측자는 빛의 빠르기를 '초속 30만 km'로 관측한다.

제 6 장

에필로그

수수께끼 같은 성질을 가진 빛. 친숙하면서도 불가사의한 이 존재는 지금까지 수많은 과학자의 연구를 통해 그 정체가 서서히 밝혀졌다. 빛은 파동의 성질, 그리고 반사, 굴절, 산란, 간섭 등의 성질을 가지며 여러 가지 현상을 일으킨다. 이제까지 이야기해 온 '빛'의 특성에 대해, 일본 조치(上智) 대학 이공학부의 에마 가즈히로(江馬一弘) 교수가 다시 알기 쉽게 해설한다.

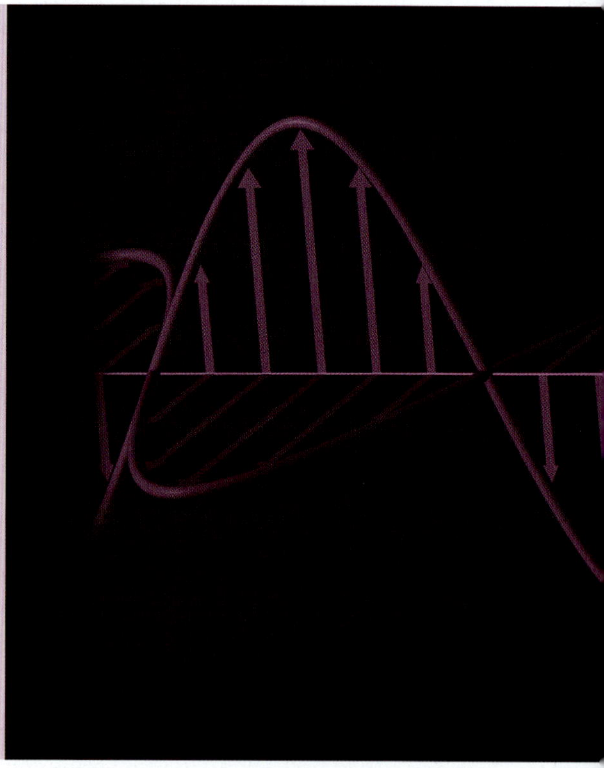

'빛'이란 결국 무엇인가? 154

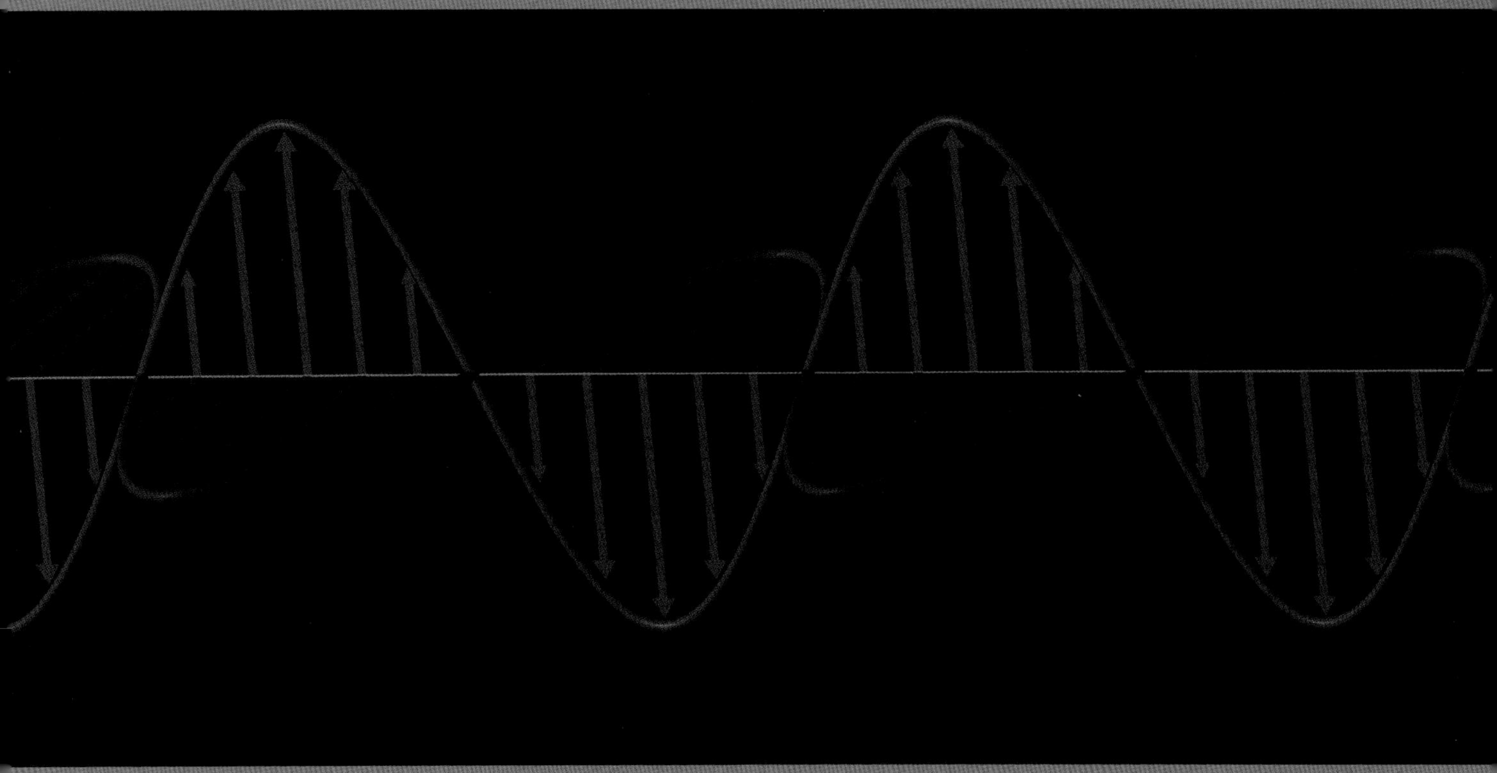

에필로그

'빛'이란 결국 무엇인가?

이번 대특집의 감수자인 일본 조치 대학 이공학부의 에마 가즈히로 교수. 독자 모니터와 함께한 편집 회의 때의 모습이다.

'빛'이란 결국 무엇인가?

에마 가즈히로
Kazuhiro Ema
일본 조치(上智) 대학 이공학부 교수

친숙한 존재인데도 불구하고 아무것도 포착할 수 없는 존재이기도 한 '빛'. 이 책에서는 주변에서 흔히 볼 수 있는 현상을 많이 다루면서 빛의 성질과 정체를 철저하게 규명해 왔다. 마지막으로 교수와의 대화 형식으로 '빛이란 결국 무엇인가?'에 대해 요약함으로써, 이 책을 마무리 한다.

Newton — 거울이나 무지개, 푸른 하늘 등 친숙한 예를 대상으로 반사와 굴절, 회절, 산란 등 빛의 여러 가지 성질을 알 수 있었습니다. 우리 주위에도 불가사의한 현상이 많이 숨어 있군요.

교수 — 빛이 이들 성질을 가진 것은, 빛이 파동이기 때문입니다. 수면의 파동이나 음파 등도 마찬가지 성질을 가집니다. 파동이란 어떤 장소에서의 진동이 주위로 퍼져 가는 현상이라 할 수 있습니다. 복수의 파동이 겹치면 강하게 어우러지거나 약해지기도 하는데, 이것이 수많은 불가사의한 현상을 만들어 냅니다(*1*).

Newton — 빛의 '간섭'이로군요.

교수 — 그렇습니다. 파동의 가장 특징적인 성질이라고 할 수 있을 것입니다. 역사적으로 보더라도, 19세기 초에 '빛은 간섭을 일으킨다.'는 실험 결과로부터 '빛은 파동'이라는 견해가 인식되었습니다.

Newton — 간섭이 일어난 비눗방울이나 CD 등의 색채는 참 신비합니다(36쪽 등)

교수 — 일반적인 물질은 조명의 백색광 중에서 특정한 색깔의 빛만 흡수하므로 반사된 나머지 빛이 착색되어 보입니다. 그러므로 어떤 각도에서 보아도 붉은 물체는 붉은 그대로입니다. 즉, '물질 자체가 색깔을 가지고 있다.'고 할 수 있습니다. 그러나 비눗방울의 얇은 막은 본래 투명해서 색깔을 가지고 있지 않습니다. **간섭의 효과는 색깔이 없는 물질에 색깔을 만들어 내는 것입니다.**

파장으로 나타나지 않는 색깔도 있다

Newton — '광선에 색깔은 없다.'는 아이작 뉴턴의 말도 인상적입니다(58쪽).

교수 — 결국 색깔이란 물리적인 양이 아니라 심리적인 양입니다. 확실히 빛의 색깔은 물리적인 양인 파장에 대응합니다. 붉은색 빛은 파장이 약 700nm(1만분의 7mm) 정도입니다. 그러나 **파장으로 나타나지 않는 색깔도 많이 있습니다.** 예컨대 분홍색에 대응하는 빛의 파장은 없습니다. 분홍색은 다양한 파장이 섞여서 주변 색깔의 효과로 실현됩니다.

Newton — 색깔과 파장은 1 대 1 대응하지 않는군요.

교수 — 그렇습니다. 빛이 섞이는 방법이 달라도(스펙트럼이 달라도) 눈 뒤쪽의 색깔 센서(원추세포, 60쪽)의 반응 방식이 같다면, 인간은 그것들의 빛의 색깔을 '같다'고 간주합니다. 어디까지나 색깔은 인간의 시각에 바탕을 두고 있습니다.

1. 빛의 간섭

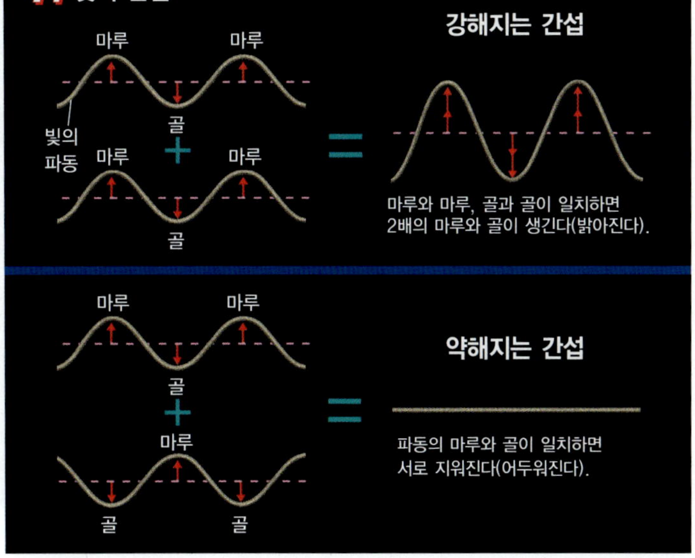

빛은 전자를 움직이고, 전자가 움직이면 빛이 발생한다

Newton — 빛의 정체는 '전자기파'(70쪽 등)입니다. 그러면 전자기파란 무엇인가요?

교수 — 전자기파란 '전기 마당과 자기 마당 진동이 공간을 퍼져 가는 현상'이라 할 수 있습니다. 더 간결하게 말하면, **전자기파란 '하전 입자(전기를 띤 입자. 전자 등)를 흔들어 움직이게 하는 것'이라 할 수 있습니다**(2, 86쪽). 예컨대 가시광선이 눈에 보이는 것은 눈 뒤쪽의 망막에 있는 감광 색소의 전자를 흔들어 움직이기 때문입니다.

Newton — 그렇게 설명을 들으면, 빛이 전자기파라는 이미지를 떠올릴 수 있겠군요.

교수 — **'전자가 전자기파의 에너지를 흡수해 흔들려 움직인다.'**는 것은 전파에서 가시광선, 감마선까지를 포함한 전자기파 모두의 작용에 공통됩니다.

Newton — 과연 그렇군요. 직관적으로는 알기 어렵지만, 전파도 감마선도 모두 빛의 무리로군요.

교수 — **'하전 입자(전자 등)가 흔들려 움직이면 전자기파가 발생한다.'**는 것은 전자기파 모두에 공통됩니다(2, 97쪽). 수면의 파동은 거기에 떠 있는 공을 흔듭니다. 반대로, 수면에 뜬 공을 흔들면 수면에는 파동이 발생합니다. 전자기파도 이와 같은 것입니다.

'분광(分光)'은 다양한 분야에 활용된다

Newton — 인간이 직접 갈 수 없는 먼 별에서 오는 색(스펙트럼)을 분석함으로써, 거기에 어떤 물질이 있는지를 안다는 것은 놀라운 일입니다(90쪽).

교수 — 현대 천문학에서는 가시광선뿐만 아니라 전파에서부터 감마선에 이르기까지 폭넓은 파장의 전자기파를 사용해 관측하고 있습니다. **원소가 방출, 흡수하는 것은 유독 가시광선만이 아닙니다. 다양한 전자기파로 관측해, 어떤 파장의 전자기파가 어**

2. 전자기파(빛)란?

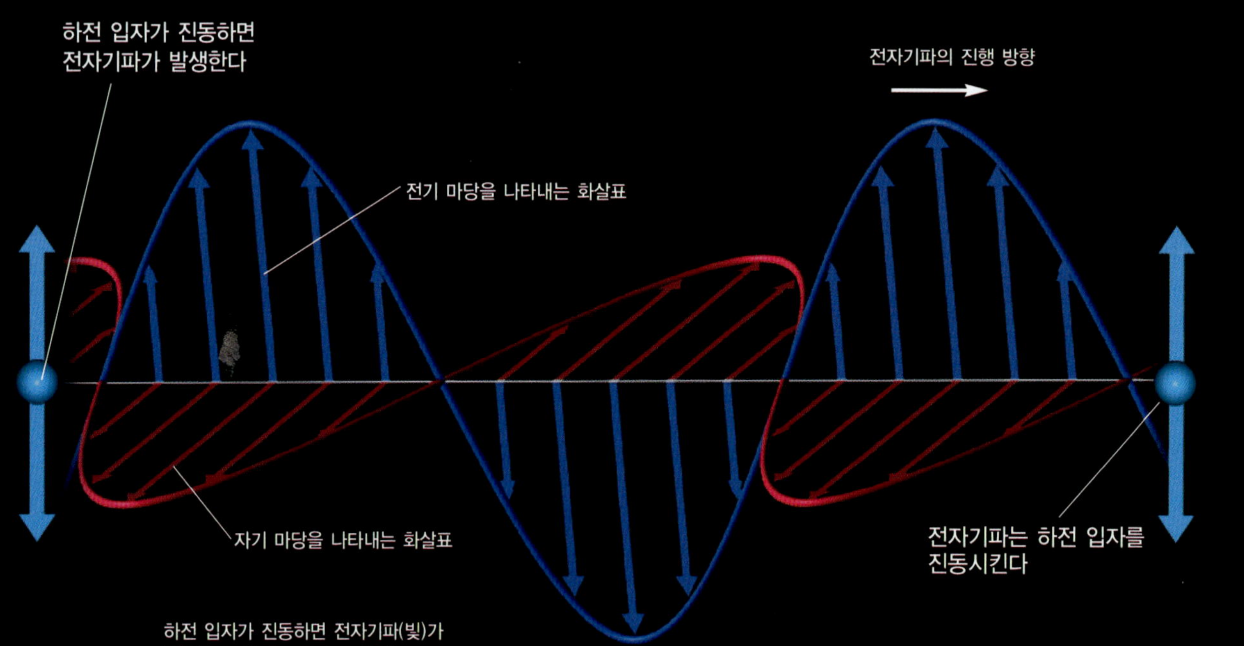

하전 입자가 진동하면 전자기파(빛)가 발생한다. 반대로 전자기파(빛)는 하전 입자를 진동시킨다.

3. 1000조분의 1초 정도만 빛나는 초단 펄스광

그러나 가시광선에서는 최단이라도 2펨토초 정도가 이론적인 한계이다.

4. 자동차와 자전거보다 느린 빛

느 정도 포함되어 있는지 조사하면 그 천체의 정보를 더욱 상세하게 알 수 있습니다.

Newton — 그것이 이른바 '분광 관측(파장별로 전자기파를 나누어, 그 강도 분포 등을 조사하는 것)' 이군요.

교수 — 분광은 천문학만의 이야기는 아닙니다. 화학 물질의 분석 등에서도 빈번하게 사용되고 있습니다. **물질이 어떤 파장의 빛(전자기파)을 방출하거나 흡수하는지를 조사함으로써, 그 물질이 무엇인지를 알아 낼 수 있습니다.**

Newton — '빛은 에너지 덩어리로 행동한다.' 는 것도 신비한 개념입니다(112쪽).

교수 — 빛이 가진 에너지의 최소 단위를 '광자' 라 합니다. **미세한 세계에서는 빛을 광자라는 '덩어리' 의 집합체로 생각할 필요가 생깁니다.** 전자(원자)가 흡수하거나 방출하는 것은 기본적으로 광자 하나입니다. 광자 절반을 방출하거나 흡수하는 일은 불가능합니다. 이러한 견해를 토대로 한 것이 현대 물리학의 토대가 되는 '양자역학(양자론)' 입니다. 현대의 일렉트로닉스(전자공학), 그리고 포토닉스(광전자공학)는 양자역학을 기초로 구축되어 있습니다.

'빛을 자유자재로 조작하는 테크놀로지'를 목표로

Newton — '1000조분의 1초의 섬광' (**3**, 136쪽)과 '자전거보다 느린 빛' (**4**, 144쪽) 이야기는 정말 놀라운 일이 아닐 수 없습니다.

교수 — 이들 연구는 분명히 최첨단 과학이기 때문에 어려운 내용도 포함되어 있으리라 생각됩니다. 그러나 이들 연구에 대한 소개를 통해서 **'현대 과학은 빛을 자유자재로 조작하는 기술을 개발하고 있다.'** 는 현실을 실감할 수 있지 않을까요?

Newton — 최첨단 과학은 그저 놀라울 따름입니다.

교수 — 빛을 조작하는 기술인 포토닉스나 빛의 물리학은 우리 사회의 장래를 바꿀 잠재 능력을 가지고 있습니다. 장래에 〈Newton〉의 젊은 독자들이 '빛의 세기' 를 개척해 나가기 바랍니다.

Newton
GRAPHIC SCIENCE MAGAZINE
월간 과학 잡지

과학의 기초부터 첨단까지 비주얼로 본다

〈Newton〉은 세계 수준의 Graphic Science Magazine입니다

〈Newton〉은 문화체육관광부가 주관하는 '우수 잡지', 그리고 한국잡지협회에서 주관하는 '우수 전문잡지'로 선정되어 그 우수성과 전문성이 입증되었습니다.

우주 THE UNIVERSE

천문학 / 행성과학 / 물리학 / 상대성 이론 / 그리고 다양한 우주론…. 신비한 수수께끼로 가득 찬 우주의 모습을 어디까지 규명할 수 있을 것인가?

지구 THE EARTH

지구과학 / 고고학 / 과학사 / 지리 · 기행 / 환경 문제…. 사라져 가는 원시림과 생물들. 지구 환경을 보존하기 위해 할 수 있는 일은 무엇인가?

생명 NATURE AND LIFE

생명과학 / 의학 / 건강 / 생물 / 자연 / 화석 / 고생물…. 생명체의 불가사의와 감동. 인간은 생존을 위한 힌트를 자연계에서 얼마나 배울 수 있을까?

기술 TECHNOLOGY

컴퓨터 / 생명공학 / 나노 공학 / 우주 개발 / 건축 / 거대 시설…. 인간의 끝없는 욕구와 호기심. 과학 기술은 앞으로 어떻게 발전해 나갈 것인가?

02-553-0513

www.newtonkorea.co.kr

Newton GRAPHIC SCIENCE MAGAZINE 정/기/구/독 신청 안내

정기 구독 신청 방법

1 **홈페이지**(www.newtonkorea.co.kr)에 접속해서 신청해 주세요.

2 Newton 정기 구독 담당자에게 **직접 전화나 팩스**로 신청해 주세요.

정기 구독료 안내

- **정기 구독료 1년 정가** 162,000원 ➡ 10% 할인가 **145,800원**
- **정기 구독료 2년 정가** 324,000원 ➡ 20% 할인가 **259,200원**
- 정기 구독료는 선불입니다.
- 입금 계좌 : 국민은행 076937-04-010864 (주)아이뉴턴

TEL 080.553.0513 / FAX 02.553.0670

정기 구독 회원에 대한 혜택

혜택 하나 정기 구독 사은품

USB 메모리 32G

※ 사은품은 사전 예고 없이 변경될 수 있습니다.

혜택 둘 정기 구독 회원에 대한 특전

1 정기 구독 기간 중 정가가 바뀌어도 인상분을 적용하지 않습니다.

2 당사에서 출판하는 **단행본**을 **20% 할인**해 드립니다.

3 국내 우송료는 당사에서 부담합니다. (Newton은 매월 25일 발행됩니다.)

과월호 판매 안내

홈페이지(www.newtonkorea.co.kr)의 **과월호 신청란**을 이용하시거나
정기 구독 담당자를 통해 신청해 주세요. (과월호의 Newton Special 목록은 144쪽에 소개되어 있습니다.)

Photograph

25	Alamy/PPS
43	尾崎守宏/Newton Press, 日本 兵庫縣立大學 松井眞二
63	Leonard Lessin/Photo Researchers/PPS
93	日本 國立天文臺 岡山天體物理觀測所
95	日本 岡山理科大學 大木一美, 니시하리마天文臺 時政典孝
141	Michael J. Maloney/Black Star/PPS
146	Michael J. Maloney/Black Star/PPS
154	尾崎守宏/Newton Press

Illustration

표지	다키 오노(다키 오노 스튜디오), Newton Press Design Team
2~20	Newton Press Design Team
21	宮崎 NORI
22~42	Newton Press Design Team
44~50	Newton Press Design Team
51	Newton Press Design Team, 山本 匠
52~62	Newton Press Design Team
64~91	Newton Press Design Team
92~95	小林 稔
96~99	Newton Press Design Team
100~103	小林 稔
104~123	Newton Press Design Team
124~127	宮崎 NORI
128~131	Newton Press Design Team
132	宮崎 NORI
133~139	Newton Press Design Team
142~145	Newton Press Design Team
148~153	Newton Press Design Team
155~157	Newton Press Design Team

감수
에마 가즈히로 江馬一弘 / 일본 조치(上智) 대학 이공학부 교수, 공학 박사

Newton HIGHLIGHT
빛이란 무엇인가?
주변의 현상에서 최첨단 연구까지

발행일 : 초판 8쇄 2022년 6월 15일
발행처 : ㈜아이뉴턴
발행인 : 이광호
주소 : 서울특별시 송파구 송파대로 167 문정역테라타워 A-810-1호
전화 : 02-553-0513
팩스 : 02-553-0670
홈페이지 : www.newtonkorea.co.kr
등록 번호 : 제2015-000321호
영업 : 김중호
번역 : 강금희
편집·미술 : 이보영, 최동환
인쇄·제본 : ㈜웰컴 피앤피

잘못 만들어진 책은 바꾸어 드립니다.

값 18,000원

ISBN 978-89-5537-806-1